Stützstrukturreduzierung mittels Partikelapplikation beim pulverbett-basierten Schmelzen von Metallen mittels Laserstrahl

Von der Fakultät für Ingenieurwissenschaften
der Universität Bayreuth
zur Erlangung der Würde eines
Doktor-Ingenieur (Dr.-Ing.)
genehmigte Dissertation

von

M. Sc. Andreas Hofmann

aus

Forchheim

Erstgutachter: Prof. Dr.-Ing. Frank Döpper
Zweitgutachter: Prof. Dr.-Ing. habil. Gerd Witt
Tag der mündlichen Prüfung: 23.10.2024

Lehrstuhl Umweltgerechte Produktionstechnik
Universität Bayreuth
2025

PRODUKTION.BESSER.MACHEN.

Andreas Hofmann

Stützstrukturreduzierung mittels Partikelapplikation beim pulverbettbasierten Schmelzen von Metallen mittels Laserstrahl

Herausgeber:
Prof. Dr.-Ing. Frank Döpper

Band 8

UNIVERSITÄT BAYREUTH

Bibliografische Information der Deutschen Nationalbibliothek
Die Deutsche Nationalbibliothek verzeichnet diese Publikation in der Deutschen Nationalbibliografie; detaillierte bibliografische Daten sind im Internet über https://portal.dnb.de abrufbar.

Andreas Hofmann:

Stützstrukturreduzierung mittels Partikelapplikation beim pulverbettbasierten Schmelzen von Metallen mittels Laserstrahl

1. Auflage, 2025

Gedruckt auf holz- und säurefreiem Papier, 100% chlorfrei gebleicht.

Wissenschaftsverlag des Instituts für Industriekommunikation und Fachmedien an der RWTH Aachen
Steinbachstr. 25, 52074 Aachen
Internet: www.apprimus-verlag.de, E-Mail: info@apprimus-verlag.de

Druck: CPI Druckdienstleistungen GmbH
Ferdinand-Jühlke-Straße 7 | 99095 Erfurt

ISBN 978-3-98555-254-2

Vorwort

Die vorliegende Dissertation entstand während meiner Tätigkeit als wissenschaftlicher Mitarbeiter am Lehrstuhl Umweltgerechte Produktionstechnik (LUP) der Universität Bayreuth sowie am Fraunhofer-Institut für Produktionstechnik und Automatisierung (IPA). Meine Tätigkeit ermöglichte mir durch die Bearbeitung und Leitung zahlreicher Forschungs- und Industrieprojekte einen intensiven fachlichen Austausch mit führenden Unternehmen aus dem Bereich der additiven Fertigung. In diesem Rahmen entstand die Idee zur vorliegenden Arbeit.

Mein besonderer Dank gilt Herrn Professor Dr.-Ing. Frank Döpper für die Gewährung einer umfassenden wissenschaftlichen Freiheit sowie für die Förderung und Unterstützung meiner Forschungsarbeit. Herrn Professor Dr.-Ing. Gerd Witt danke ich für die Übernahme des Koreferats und für das der Arbeit entgegengebrachte Interesse.

Weiterhin gilt mein herzlicher Dank Alexander Mahr, der mir im Rahmen unserer gemeinsamen Tätigkeit am LUP und IPA ein treuer Freund geworden ist, für die fortwährende Unterstützung und stete Motivation. Meinem Kollegen und Freund Dr.-Ing. Christian Bay danke ich für die Förderung meiner Forschungsidee sowie für das kritische Lektorat der Arbeit. Darüber hinaus bedanke ich mich bei allen Kollegen und Freunden aus der Arbeitsgruppe „Additive Fertigung“, insbesondere bei Jan Kemnitzer, Hajo Groneberg, und Nico Köstler.

Abschließend möchte ich meiner Familie, insbesondere meinen Eltern Martina und Roland, meiner Schwester Jana und meiner Frau Katharina für die liebevolle Unterstützung und den gewährten Freiraum zur Verwirklichung meiner Ziele danken.

Bayreuth, im November 2024 *Andreas Hofmann*

Inhaltsverzeichnis

1 Einleitung

1.1 Ausgangssituation und Motivation

Die Sicherung der internationalen Wettbewerbsfähigkeit Deutschlands ist ein zentrales Ziel, das durch die Zukunftsstrategie Forschung und Innovation vom *Bundesministerium für Bildung und Forschung* verfolgt wird [PRE24]. Die inhaltlichen Schwerpunkte der Zukunftsstrategie Forschung und Innovation liegen insbesondere in der Förderung einer ressourceneffizienten und international wettbewerbsfähigen Industrie sowie der Sicherung der technologischen Souveränität im Bereich von Schlüsseltechnologien. Letzteres meint in diesem Sinne Schlüsseltechnologien, die eine hohe Relevanz für die technologische und wirtschaftliche Entwicklung Deutschlands aufweisen, zu fördern und auszubauen. Die Zukunftsstrategie Forschung und Innovation dient dabei der strategischen Ausrichtung des Forschungs- und Innovationssystems mit dem Ziel, aktuelle Herausforderungen wie beispielsweise die Ressourcenverknappung und kürzer werdende Innovationszyklen bei steigender Produktkomplexität zu adressieren. Im Kontext dieser Zielsetzung bietet die additive Fertigung, die als Schlüsseltechnologie im produktionstechnischen Umfeld gilt, diverse Potentiale zur Bewältigung der genannten Herausforderungen [SCH20a, HEL23]. Hierunter fallen [GEB19]:

- Ressourceneffiziente Fertigung
- Effiziente Fertigung komplexer Geometrien mit integrierten Funktionen
- Effiziente Fertigung individualisierter und personalisierter Produkte
- Verkürzung von Innovationszyklen

Von besonderer Relevanz für die industrielle Anwendung ist das additive Fertigungsverfahren des pulverbettbasierten Schmelzens von Metallen mittels Laserstrahl (engl. powder bed fusion of metals with laser beam, PBF-LB/M), welches das am häufigsten eingesetzte additive Fertigungsverfahren für die Herstellung metallischer Bauteile repräsentiert [DEJ23, MUN24, WOH23]. Das PBF-LB/M umfasst einen zweistufigen, zyklischen Fertigungsprozess (vgl. Abbildung 1) [KRA16]. In der ersten Stufe erfolgt der Pulverauftrag. Die Bauplatte wird um eine Schichtdicke abgesenkt und der pulverförmige Ausgangswerkstoff wird aus dem Pulvervorratsbehälter mittels Beschichter auf die Bauplatte aufgetragen. Überschüssiges Pulver wird in einem Pulverüberlauf gesammelt und kann nach dem Fertigungsprozess wiederaufbereitet werden. Die zweite Stufe stellt die selektive Belichtung der aufgetragenen Pulverschicht durch einen Laserstrahl dar. Die Absorption der Laserstrahlung führt zu einem lokalen Temperaturanstieg der Partikel des Metallpulvers über den Schmelzpunkt und zur Ausbildung eines Schmelzbades [KRA16]. Die anschließende Abkühlung und Verfestigung des Schmelzbades resultiert in einer festen Verbindung mit der darunterliegenden Schicht [GEB19]. Durch Ablenkung des Laserstrahls mittels Spiegeloptik werden kontinuierliche Schmelzbahnen erzeugt, die zusammengesetzt den Querschnitt des Bauteils abbilden. Die beschriebenen Stufen des Fertigungsprozesses werden solange wiederholt, bis das gesamte Bauteilvolumen aufgeschmolzen und verfestigt wurde.

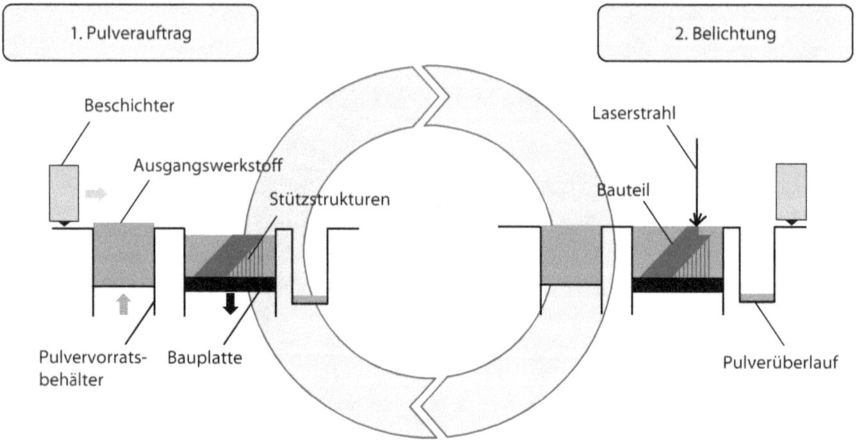

Abbildung 1: Zyklischer Prozessablauf des PBF-LB/M

Die Potentiale des PBF-LB/M werden in verschiedenen Branchen für die industrielle Fertigung metallischer Bauteile genutzt. Exemplarische Anwendungsfälle sind patientenindividuelle Dentalimplantate (Medizintechnik), Turbinenschaufeln und Triebwerkskomponenten für Raketen mit funktionsoptimierten Kühlkanälen (Luft- und Raumfahrttechnik) sowie hinsichtlich des Leichtbaus optimierte Fahrwerkskomponenten für Personenkraftwagen oder den Rennsport (vgl. Abbildung 2) (Automobiltechnik) [GEB19, WOH23].

Abbildung 2: Mittels PBF-LB/M gefertigter Lenkungskäfig aus Ti-6Al-4V

Das PBF-LB/M weist neben den eingangs genannten Potentialen der additiven Fertigung eine Reihe von Herausforderungen auf, die Hemmnisse für einen breiten industriellen Einsatz des Fertigungsverfahrens darstellen [DEJ23]. Eine Vielzahl dieser Herausforderungen ist auf die thermische Prozessführung beim PBF-LB/M zurückzuführen [XU18, ILL20]. Der zeitliche Temperaturverlauf sowie die lokale Temperaturverteilung während des PBF-LB/M stellen zentrale Einflussfaktoren auf die Bauteilqualität (insbesondere relative Dichte, Oberflächenqualität sowie Form- und Maßhaltigkeit) dar. Diese Einflussfaktoren sind maßgeblich abhängig von den aus der Bauteilgeometrie und -orientierung resultierenden lokal unterschiedlichen Wärmeleitungsbedingungen, welche durch die Differenz der Wärmeleitfähigkeit der bereits verfestigten Bauteilbereiche und der vergleichsweise geringen effektiven Wärmeleitfähigkeit[1] des Pulverbettes entstehen [WEI18]. Dies führt dazu, dass die mittels Laserstrahl eingebrachte thermische Energie in überhängenden Bauteilbereichen unzureichend abgeleitet wird, was lokale Überhitzungen zur Folge hat. Diese Überhitzungen resultieren in einer erhöhten Porosität und Oberflächenrauheit sowie in einer verringerten Form- und Maßhaltigkeit der zu fertigenden Bauteile [CHE17,FEN21,YAS16]. Zusätzlich begünstigen inhomogene Wärmeleitungsbedingungen und lokal unterschiedliche Abkühlverläufe die Entstehung von thermisch induzierten Eigenspannungen und Verzug [PAT17]. In Abbildung 3 ist ein exemplarisches Fehlerbild bei der Fertigung überhängender Bauteilbereiche mittels PBF-LB/M dargestellt.

Abbildung 3: Exemplarisches Fehlerbild bei der Fertigung überhängender Bauteilbereiche mittels PBF-LB/M: Deformationen und Pulveranhaftungen an der Überhangfläche eines Prüfkörpers mit einem Überhangwinkel von 12,5°

Zur Vermeidung von Prozessfehlern in überhängenden Bauteilbereichen werden Stützstrukturen eingesetzt, um eine ausreichende Ableitung der thermischen Energie sowie homogene Wärmeleitungsbedingungen zu gewährleisten [HAN21,BAR19]. Darüber hinaus nehmen Stützstrukturen mechanische Kräfte auf, die infolge von prozessbedingten Eigenspannungen im Bauteil auftreten [PAT17]. Jedoch ist die Verwendung von Stützstrukturen mit einer Reihe von Nachteilen verbunden, wie einer Erhöhung der Fertigungsdauer, des Werkstoffbedarfs und des Nachbearbeitungsaufwandes sowie einer Beeinträchtigung der Oberflächenqualität [ILL20,CHE17,GAN16, FOX16]. Weiterhin ist die Gestaltung der Stützstrukturen nach *Hoeren und Witt* sowohl bauteil- als auch anwenderspezifisch und beeinträchtigt daher die Reproduzierbarkeit der Bauteilqualität [HOE12].

[1] Die Wärmeleitfähigkeit ist eine physikalische Eigenschaft von isotropen Stoffen. Für anisotrope Stoffgemische wie das Pulverbett wird die effektive Wärmeleitfähigkeit zur Beschreibung des Wärmetransports durch einen Körper verwendet [BUG99]. Die effektive Wärmeleitfähigkeit des Pulverbettes beträgt etwa 3 % der Wärmeleitfähigkeit des Vollmaterials [WEI18].

Den beschriebenen Potentialen des PBF-LB/M zur effizienten Fertigung komplexer Metallbauteile stehen somit Herausforderungen gegenüber, die sich aus den bauteil- und orientierungsabhängigen Wärmeleitungsbedingungen und der daraus resultierenden Notwendigkeit von Stützstrukturen ergeben. Der Abbau dieser Hemmnisse für den breiten industriellen Einsatz des PBF-LB/M stellt die zentrale Motivation der vorliegenden Arbeit dar.

1.2 Handlungsbedarf

Aus der beschriebenen Ausgangssituation ergibt sich ein Handlungsbedarf in verschiedenen Bereichen. Einerseits ist es notwendig, geometrieunabhängig gleichbleibende Bauteileigenschaften wie Porosität, Mikrostruktur und mechanische Eigenschaften sicherzustellen. In diesem Zusammenhang gilt es bauteil- und anwenderspezifische Einflüsse auf die im Fertigungsprozess vorherrschenden Wärmeleitungsbedingungen wie die Gestaltung von Stützstrukturen zu minimieren.

Andererseits muss die Wirtschaftlichkeit des PBF-LB/M über die gesamte Prozesskette gesteigert werden, um eine breite industrielle Anwendung des Fertigungsverfahrens zu ermöglichen. Hierfür ist eine Reduzierung des Aufwandes für die Datenvorbereitung – insbesondere für die Generierung von Stützstrukturen – sowie des dafür benötigten Technologiewissens erforderlich. Weiterhin ist eine Steigerung der Produktivität des PBF-LB/M-Prozesses notwendig, um neue wirtschaftliche Anwendungsfälle zu erschließen. Neben der Steigerung der Maschinenproduktivität liegt hier insbesondere Potential in der Minimierung nicht wertschöpfender Teile des PBF-LB/M-Prozesses, wie der Fertigung von Stützstrukturen. Einen weiteren signifikanten Einfluss auf die Wirtschaftlichkeit des PBF-LB/M hat nach *Gebhardt et al.* der Nachbearbeitungsaufwand [GEB19]. In diesem Kontext ist insbesondere die Entfernung von Stützstrukturen anzuführen, die einen erheblichen Teil der Herstellungskosten darstellt und durch ihre meist manuelle Ausführung eine Automatisierung der PBF-LB/M-Prozesskette hemmt [BAY22, DOG23].

Insgesamt ergibt sich somit ein ausgeprägter ingenieurwissenschaftlicher Handlungsbedarf zur Entwicklung von innovativen Lösungen zur Reduzierung der Stützstrukturen beim PBF-LB/M.

2 Grundlagen und Stand der Technik

2.1 Pulverbettbasiertes Schmelzen von Metallen mittels Laserstrahl

2.1.1 Physikalische Grundlagen

Absorption und Energieeintrag

Die zum Aufschmelzen des Werkstoffes erforderliche Energie wird durch einen Laserstrahl in das Pulverbett eingebracht. Für das PBF-LB/M werden in der Regel modulierte Dioden- oder Faserlaser mit einer Wellenlänge von 1,06 µm eingesetzt [MEI99]. Die Laserstrahlung wird bei der Belichtung des Pulverbettes anteilig absorbiert, reflektiert und transmittiert[2] (vgl. Gl. (2.1)) [COR99].

$$A_b + R_e + T_r = 1 \qquad (2.1)$$

A_b: Absorptionsgrad

R_e: Reflexionsgrad

T_r: Transmissionsgrad

Für den Fertigungsprozess nutzbar ist der durch die Partikel im Pulverbett absorbierte Teil der Strahlung. Der Absorptionsgrad von Metallpulvern für die additive Fertigung beträgt ausgehend von einer Wellenlänge von 1,06 µm typischerweise 0,5 bis 0,8 und ist abhängig von der Form, Oberflächenrauheit und chemischen Zusammensetzung der Partikel im Pulverbett sowie von der Wellenlänge, der Polarisationsrichtung und dem Einfallswinkel der Laserstrahlung [COR99, MEI99, TOL00, WAG02]. Im Pulverbett wird die Laserstrahlung durch die vorhandenen Hohlräume mehrfach zwischen einzelnen Pulverpartikeln reflektiert [MEI99]. Hierdurch weisen Pulverwerkstoffe im Vergleich zu den entsprechenden Werkstoffen als Vollmaterial typischerweise einen 1,5- bis 2,5-fach höheren Absorptionsgrad auf [TOL00]. Die elektromagnetische Energie der Laserstrahlung wird durch die Absorption im Pulverbett in Wärme umgewandelt, wodurch die Temperatur des Pulverbettes in der Wechselwirkungszone von Laserstrahl und Pulverbett lokal ansteigt.

Wärmetransport

Der lokale Temperaturanstieg der Partikel im Pulverbett in Folge der Belichtung mittels Laserstrahl bewirkt einen Wärmetransport in die umliegenden Bereiche der Wechselwirkungszone und führt bei Überschreitung der Schmelztemperatur des Werkstoffes zur Ausbildung eines Schmelzbades [GRO94]. In Abbildung 4 sind die aus dem Energieeintrag des Laserstrahls resultierenden Wärmeströme beim PBF-LB/M, unterteilt nach den auftretenden Wärmeübertragungsmechanismen, dargestellt.

---

[2] Der transmittierte Teil der Strahlung kann nach *Coremans* auf Grund der geringen optischen Eindringtiefe von Metallen vernachlässigt werden [COR99].

$\dot{Q}_{F,WL,I}$: Wärmeleitung innerhalb des bereits verfestigten Feststoffes

$\dot{Q}_{F,WS,O}$: Wärmestrahlung der Feststoffoberfläche

$\dot{Q}_{F,K,O}$: Konvektion an der Feststoffoberfläche

$\dot{Q}_{S,WL,I}$: Wärmeleitung innerhalb des Schmelzbades

$\dot{Q}_{SF,WL}$: Wärmeleitung zwischen Schmelzbad und Feststoff

$\dot{Q}_{SP,WL}$: Wärmeleitung zwischen Schmelzbad und Pulverbett

$\dot{Q}_{SP,WS}$: Wärmestrahlung zwischen Schmelzbad und Pulverbett

$\dot{Q}_{S,WS,O}$: Wärmestrahlung an der Schmelzbadoberfläche

$\dot{Q}_{S,K,I}$: Konvektion innerhalb des Schmelzbades

$\dot{Q}_{S,K,O}$: Konvektion an der Schmelzbadoberfläche

$\dot{Q}_{P,WL,I}$: Wärmeleitung innerhalb des Pulverbettes

$\dot{Q}_{P,WS,I}$: Wärmestrahlung innerhalb des Pulverbettes

$\dot{Q}_{P,WS,O}$: Wärmestrahlung an der Pulverbettoberfläche

$\dot{Q}_{P,K,O}$: Konvektion an der Pulverbettoberfläche

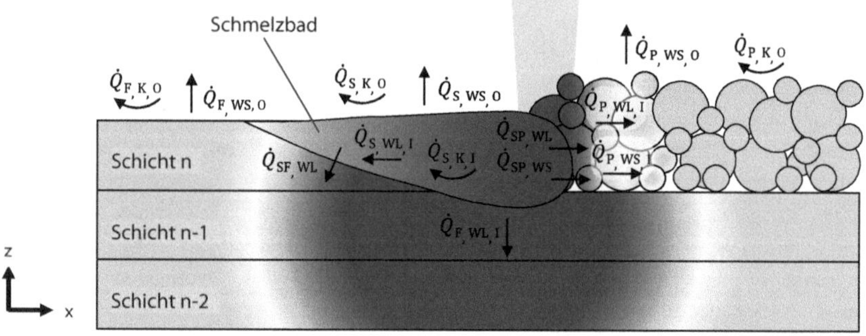

Abbildung 4: Übersicht der aus dem Energieeintrag des Laserstrahls resultierenden Wärmeströme beim PBF-LB/M, unterteilt nach den auftretenden Wärmeübertragungsmechanismen, in Anlehnung an [KRA16]

Der Großteil des Wärmetransportes innerhalb des bereits verfestigten Werkstoffes und des Pulverbettes erfolgt durch Wärmeleitung und kann durch die allgemeine Wärmeleitungsgleichung beschrieben werden [CAR08, HAH12].

$$\rho c_p(T)\frac{\partial T}{\partial t} = \nabla(\lambda\nabla T) + Q(r_Q) \tag{2.2}$$

ρ:	Dichte
c_p:	spezifische Wärmekapazität
T:	Temperatur
λ:	Wärmeleitfähigkeit
Q:	Wärmequelle

Für das PBF-LB/M kann der Energieeintrag durch den Laserstrahl in das Pulverbett durch eine sich bewegende zweidimensionale Wärmequelle mit gaußförmiger Intensitätsverteilung abgebildet werden (vgl. Gl. (2.3)[PIT18, LI19].

$$Q(r_Q) = \frac{2P_Q}{\pi r_g^2} e^{-\frac{2r_Q^2}{r_g^2}} \tag{2.3}$$

P_Q:	Leistung der Wärmequelle
r_g:	Strahlradius der Wärmequelle
r_Q:	radialer Abstand vom Zentrum der Wärmequelle

Innerhalb des Schmelzbades erfolgt der Wärmetransport primär durch Wärmeleitung und Konvektion. Auf Grund der Temperaturunterschiede zwischen dem Randbereich des Schmelzbades und der unmittelbaren Wechselwirkungszone mit dem Laserstrahl kommt es auf Grund der Temperaturabhängigkeit der Oberflächenspannung zu Oberflächenspannungsgradienten. Diese wiederum resultieren in einem thermokapillaren Fluss der Schmelze von Bereichen mit niedriger Oberflächenspannung hin zu Bereichen höherer Oberflächenspannung. Dieses Phänomen wird als Marangoni-Konvektion bezeichnet und trägt maßgeblich zum Wärmetransport innerhalb des Schmelzbades bei [KRU07a]. Die Strömungsrichtung der Schmelze wird durch das Vorzeichen des Gradienten der Oberflächenspannung bestimmt und beeinflusst die Ausbildung der Schmelzbadgeometrie [ROM06, SHR19].

Schmelzbadstabilität

Die Erzeugung eines lückenlosen Werkstoffverbundes setzt ein stabiles Schmelzbad mit konstanter Schmelzbadgeometrie voraus. Die Stabilität des Schmelzbades wird neben der Schmelzbadströmung maßgeblich von der Schmelzbadgeometrie bestimmt. Bei steigendem Verhältnis von Schmelzbadlänge zu -breite nimmt die Stabilität des Schmelzbades ab [KRU04]. Dieser Effekt wird als Plateau-Rayleigh-Instabilität bezeichnet und ist auf im Schmelzbad wirkende Kapillarkräfte zurückzuführen [GUS07]. Diese führen unter Minimierung der Oberflächenenergie letztendlich zum Zerfall des Schmelzbades in einzelne sphärische Strukturen (vgl. Abbildung 5) [KRU04]. Dieser sogenannte Balling-Effekt tritt unter anderem auf, wenn die Schmelzbadgeometrie bei steigender Scangeschwindigkeit zunehmend länger und schmaler wird (vgl. Unterabschnitt 2.1.2) [LI12]. Die Folgen des Balling-Effekts sind lokale Bauteilüberhöhungen, die zu Kollisionen mit dem Beschichter führen können, eine reduzierte relative Dichte des aufgeschmolzenen Werkstoffes sowie eine Steigerung der Oberflächenrauheit [LI12, ABO14].

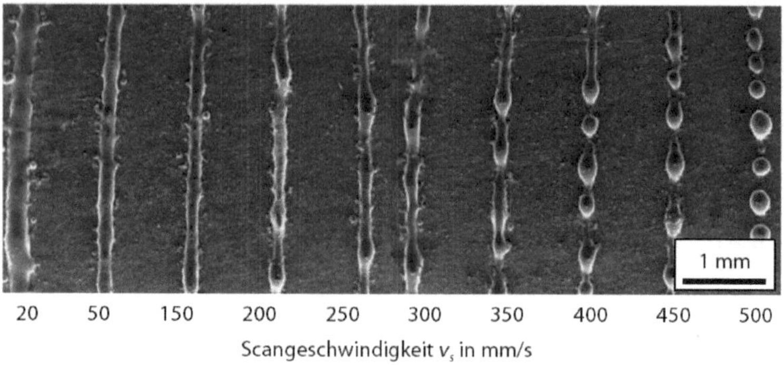

Abbildung 5: Ausprägung des Balling-Effektes in Abhängigkeit der Scangeschwindigkeit v_s bei konstanter Laserleistung P_L am Beispiel einzelner Schmelzbahnen, in Anlehnung an [LI12]

Benetzung

Neben der Schmelzbadstabilität stellen die Benetzungseigenschaften der Schmelze einen entscheidenden Einflussfaktor auf die resultierenden Bauteileigenschaften dar. Für einen lückenlosen Werkstoffverbund ist eine ausreichende Benetzung von bereits verfestigten Schichten und nicht verfestigten Pulverpartikeln durch das Schmelzbad notwendig. Der Grad der Benetzung wird über den Kontaktwinkel θ bestimmt und ist abhängig von der Oberflächenspannung der metallischen Schmelze, von der Grenzflächenenergie zwischen bereits verfestigten Schichten und dem Schutzgas sowie von der Grenzflächenenergie zwischen Schmelzbad und Schutzgas (vgl. Abbildung 6) [MEI99]. Verunreinigungen des Pulverwerkstoffes oder der Prozessumgebung mit Sauerstoff führen zu einer Reduzierung der Oberflächenspannung und beeinträchtigen die Benetzungseigenschaften der Schmelze [KRU07a]. Dies hat den Zerfall der Schmelzbahn in einzelne kugelförmige Tropfen zur Folge [ROM06, LI12].

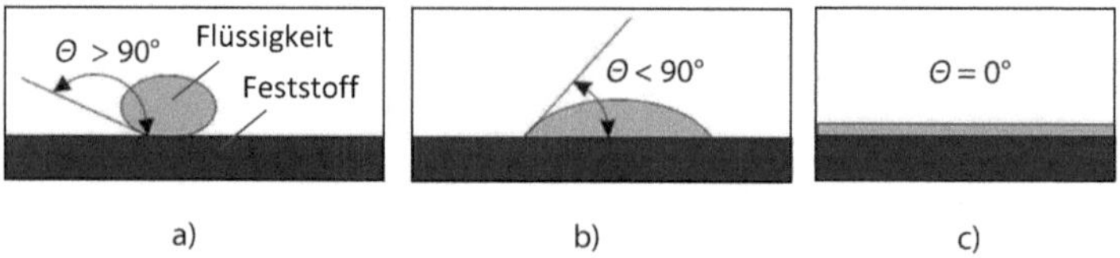

Abbildung 6: Darstellung des Grades der Benetzung einer Feststoffoberfläche mit einer Flüssigkeit über den Kontaktwinkel: a) keine Benetzung, b) teilweise Benetzung, c) vollständige Benetzung, in Anlehnung an [MEI99]

Verdampfung und Spritzerbildung

Beim PBF-LB/M kann die Temperatur in Bereichen des Schmelzbades deutlich über die Schmelztemperatur ansteigen, was zu einer Verdampfung des Werkstoffes führt [KRU04, YAD09]. Die Ausdehnung des Werkstoffes beim Übergang von der flüssigen in die gasförmige Phase verursacht eine lokale Druckerhöhung über dem Schmelzbad, was zu einer Einebnung des Schmelzbades führt [KRU04].

Gleichzeitig entstehen bei einer abrupten Verdampfung oder Sublimation des Pulverwerkstoffes nach *Meiners* Spritzer in Form von aus dem Schmelzbad geschleuderten Schmelzetropfen [MEI99]. Die Ausprägung der Verdampfung und Spritzerbildung ist neben den Prozessparametern abhängig vom Druck der Prozessatmosphäre [MAS15a]. Ein niedriger Druck der Prozessatmosphäre begünstigt demnach die Verdampfung und Spritzerbildung, da sich Schmelz- und Siedepunkt des Werkstoffes annähern.

Eigenspannungen und Verzug

Die Temperaturerhöhung der Partikel im Pulverbett in Folge des Energieeintrags durch den Laserstrahl und das anschließende Abkühlen des Schmelzbades nach der Überfahrt des Laserstrahls erfolgen in kurzen Zeitabschnitten. Nach *Wagner* treten beim PBF-LB/M Temperaturgradienten von $10 \cdot 10^3$ K/s bis $10 \cdot 10^6$ K/s auf [WAG02]. Diese Temperaturgradienten verursachen die Ausbildung von Eigenspannungen im verfestigten Werkstoff. Eigenspannungen stellen innere Spannungen dar, die ohne Einwirkung äußerer Lasten einen Gleichgewichtszustand zwischen Bauteilbereichen mit Zugspannungen (σ_{Zug}) und solchen mit Druckspannungen (σ_{Druck}) bilden [RAD92]. Überschreiten die Eigenspannungen die Elastizitätsgrenze des Werkstoffes, kommt es zu Verzug in Form von plastischen Verformungen. [KRU04] erklärt die Entstehung von Eigenspannungen und Verzug beim PBF-LB/M mit Hilfe des Temperature Gradient Mechanism (TGM). Der kurzzeitige hohe lokale Energieeintrag durch den Laserstrahl führt zu hohen Temperaturgradienten zwischen der Wechselwirkungszone der aktuellen Schicht *(n+1)* und dem darunterliegenden bereits verfestigten Werkstoff *(n)* (vgl. Abbildung 7 a)). Der erhitzte Werkstoff in der Wechselwirkungszone dehnt sich aus, wobei die Ausdehnung durch die darunterliegenden Schichten behindert wird. Hierdurch entstehen elastische Druckeigenspannungen, welche bei Überschreitung der temperaturabhängigen Elastizitätsgrenze des Werkstoffes zu einer plastischen Verformung und Kompression des Werkstoffes führen. In Folge des Abkühlens des Werkstoffes zieht sich dieser zusammen, was auf Grund der plastischen Verformung und Kompression der Bearbeitungszone zu einer Biegung des Werkstoffes in Richtung des Laserstrahls führt, die über den Ursprungszustand hinausgeht.

Ein weiteres Modell zur Beschreibung der Entstehung von Eigenspannungen und Verzug beim PBF-LB/M ist das Cool-down Phase Model (CDPM) (vgl. Abbildung 7 b)) nach *Meiners* [MEI99]. Dabei wird infolge des thermischen Energieeintrags durch den Laserstrahl die aktuelle Schicht *(n+1)* erwärmt, wodurch die Temperatur dieser Schicht (T_{n+1}) über die Temperatur der darunterliegenden Schicht (T_n) ansteigt. Die Schicht *(n+1)* ist durch den Schmelz- und Erstarrungsvorgang fest mit der darunterliegenden Schicht *(n)* verbunden. In Folge der Abkühlung der Schicht *(n+1)* zieht sich diese zusammen. Die Kontraktion wird durch die darunterliegende Schicht *(n)* behindert, wodurch Zugeigenspannungen in der Schicht *(n+1)* sowie Druckeigenspannungen in der Schicht *(n)* entstehen [MER06]. Diese Spannungen resultieren wiederum in einer Biegung des Werkstoffes in Richtung des Laserstrahls.

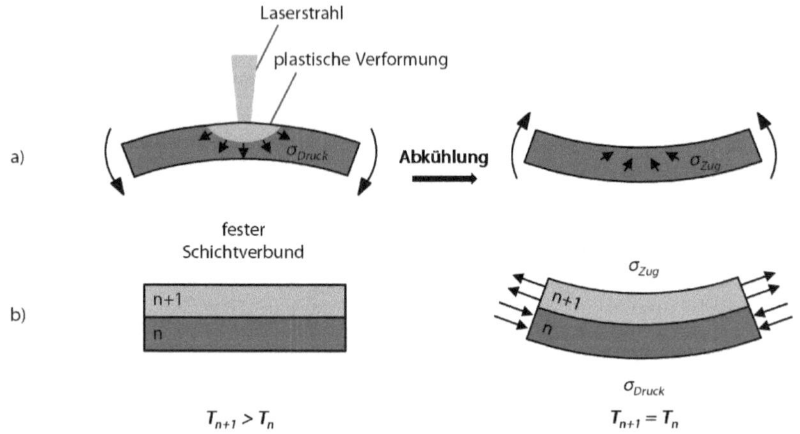

Abbildung 7: Schematische Darstellung des a) TGM, in Anlehnung an [KRU04] und b) CDPM, in Anlehnung an [MEI99]

2.1.2 Prozessparameter

Das PBF-LB/M zeichnet sich durch eine Vielzahl an Prozessparametern und Einflussgrößen aus, die miteinander in Wechselwirkung stehen und die Prozessstabilität sowie die resultierenden Bauteileigenschaften beeinflussen [SEH10, REH10]. Nach *Krauss* und *Kleszczynski* sind die für die Verfestigung einzelner Schmelzbahnen relevantesten Prozessparameter die Laserleistung, die Scangeschwindigkeit, der Fokusdurchmesser des Laserstrahls, die Schichtdicke sowie der Schmelzbahnabstand [KRA16, KLE18]. In Abbildung 8 sind die genannten Prozessparameter schematisch dargestellt.

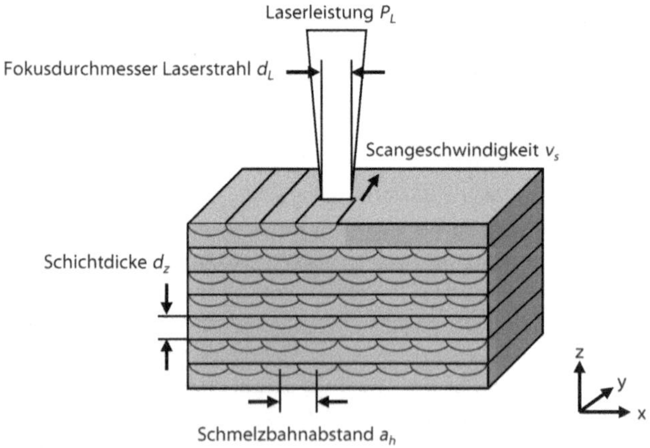

Abbildung 8: Schematische Darstellung der für die Verfestigung der Schmelzbahnen relevanten Prozessparameter beim PBF-LB/M, in Anlehnung an [OVE03, SEY18]

Aus den genannten Prozessparametern lässt sich der Energieeintrag pro Volumenelement in das Pulverbett nach Gleichung (2.4) ermitteln [MEI99]. Für einen konstanten Energieeintrag pro Volumenelement ist somit bei steigender Schichtdicke und steigendem Schmelzbahnabstand eine Erhöhung der Laserleistung oder eine Reduzierung der Scangeschwindigkeit erforderlich.

$$E_v = \frac{P_L}{d_z a_h v_s} \tag{2.4}$$

E_v:	Volumenenergieeintrag
P_L:	Laserleistung
d_z:	Schichtdicke
a_h:	Schmelzbahnabstand
v_s:	Scangeschwindigkeit

Einzelbahnbelichtung

Bei der Belichtung des Pulverbettes mittels Laserstrahl bildet sich bei ausreichendem Volumenenergieeintrag in Folge des thermischen Gleichgewichtes aus Wärmezufuhr und -abfuhr ein Schmelzbad aus [GRO94]. Bei gleichbleibenden Wärmeleitungsbedingungen nimmt das Schmelzbad eine konstante Geometrie an, die abhängig von der Wahl der Prozessparameter ist. Vergleichsweise hohe Laserleistungen und Scangeschwindigkeiten bei gleichzeitig geringer Wärmeleitfähigkeit des Werkstoffes (z. B. Werkstoff Ti-6Al-4V) führen nach *Ramos et al.* zur Ausbildung eines kometenförmigen Schmelzbades, wohingegen niedrige Laserleistungen und Scangeschwindigkeiten bei hoher Wärmeleitfähigkeit des Werkstoffes (z. B. Werkstoff AlSi10Mg) zur Ausbildung einer sphärischen Schmelzbadgeometrie führen [RAM02]. Das Schmelzbad erstreckt sich dabei über den Bereich des Laserfokus hinaus, da umliegende Pulverpartikel durch Kapillarkräfte in das Schmelzbad mit aufgenommen werden und dieses so vergrößern [ROM06, YAD09]. Zur Realisierung einer ebenen Oberfläche und somit einer konstanten Schichtdicke sind ebene und kontinuierliche Schmelzbahnen notwendig, die nicht durch Instabilitäten wie dem Balling-Effekt unterbrochen werden. Zur Bestimmung eines geeigneten werkstoffspezifischen Prozessfensters werden in der Regel zunächst einzelne Schmelzbahnen mit unterschiedlichen Einstellungen der Laserleistung und Scangeschwindigkeit aufgeschmolzen, um Parameterkombinationen zu ermitteln, die bei vollständigem Aufschmelzen des Werkstoffes zu kontinuierlichen Schmelzbahnen ohne Poren führen (vgl. Abbildung 9) [WAG02, KRU04].

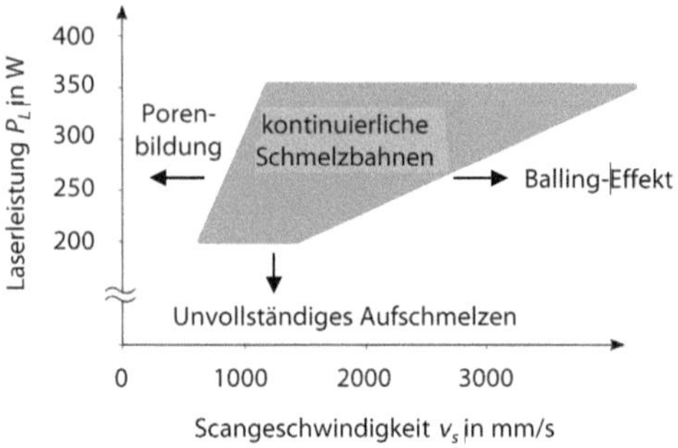

Abbildung 9: Werkstoffspezifisches Prozessfensters für AlSi10Mg, in Anlehnung an [GRO20]

Flächenbelichtung

Das Aufschmelzen von Schichten erfolgt durch die Aneinanderreihung einzelner Schmelzbahnen. Neben den für die Einzelbahnbelichtung relevanten Prozessparametern ist in diesem Zusammenhang der Schmelzbahnabstand a_h von besonderer Relevanz. Dieser beeinflusst nach *Mukherjee und DebRoy* die Ausbildung von Poren in Bauteilen [MUK18]. Für die Maximierung der relativen Dichte ist der Schmelzbahnabstand so zu wählen, dass eine Überlappung der einzelnen Schmelzbahnen von etwa 30 % erzielt wird [CAM14, KEM15, MEI99]. Neben der relativen Dichte beeinflusst der Schmelzbahnabstand den Temperaturverlauf innerhalb einer Schicht. Nach *Xia et al.* führt eine Verringerung des Schmelzbahnabstandes zu einer Erhöhung der auftretenden Maximaltemperaturen und Temperaturgradienten innerhalb der Schmelzbahnen [XIA16]. Weiterhin beeinflusst der Schmelzbahnabstand die resultierende Oberflächenrauheit der Schicht [XIA16].

Weitere Einflussgrößen auf die Schicht- und Bauteileigenschaften sind die Reihenfolge, die Orientierung und die Länge der einzelnen Schmelzbahnen, die durch die Scanstrategie (auch Belichtungsstrategie genannt) beschrieben werden. In Abbildung 10 ist eine Auswahl gängiger Scanstrategien dargestellt. Nach *Mercelis und Kruth* sowie nach *Wu et al.* und beeinflusst die Scanstrategie die bei der Verfestigung einer Schicht auftretenden Maximaltemperaturen, Temperaturgradienten sowie die Temperaturverteilung innerhalb der Schicht [MER06, WU21]. Die Beeinflussung der Temperaturgradienten und Temperaturverteilung innerhalb einer Schicht wirkt sich wiederum auf die entstehenden Eigenspannungen und damit den Verzug aus. Der Einfluss der Scanstrategie auf Eigenspannungen und Verzug ist in einer Reihe von Arbeiten festgestellt und untersucht worden [KRU04, MER06, ZAE10, KRU12, LIU16, MUG19]. Weiterhin beeinflussen die von der Scanstrategie abhängigen Temperaturgradienten die resultierende Mikrostruktur des verfestigten Werkstoffes [ANA14]. Neben den Schicht- und Bauteileigenschaften beeinflusst die Scanstrategie die Belichtungszeit und somit die Produktivität des PBF-LB/M [MUG19].

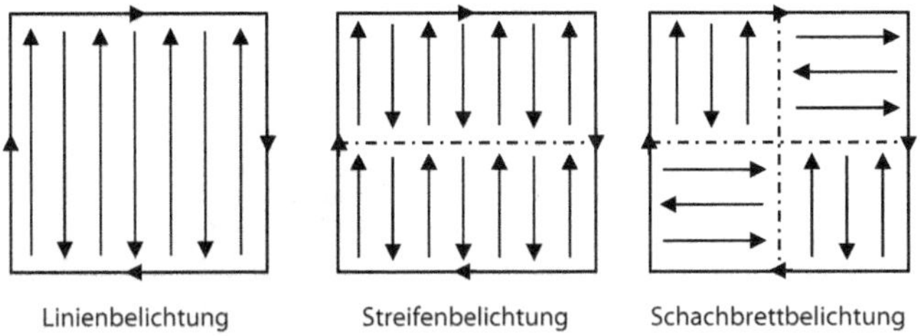

Abbildung 10: Gängige Scanstrategien, in Anlehnung an [GEB19]

2.1.3 Thermische Prozessführung

Im Kontext der thermischen Prozessführung des PBF-LB/M sind die lokalen Temperaturen, die Verweildauer auf einem bestimmten Temperaturniveau sowie die Abkühlrate des verfestigten Werkstoffes wesentliche Einflussgrößen auf die Werkstoff- und Bauteileigenschaften [ZEN12, KRA16]. Die genannten Einflussgrößen werden neben den gewählten Prozessparametern von den lokalen Wärmeleitungsbedingungen beeinflusst [KRA16, ILL20, MAS15b]. Besondere Bedeutung für die lokalen Wärmeleitungsbedingungen beim PBF-LB/M kommt dem Unterschied der Wärmeleitfähigkeit des verfestigten Werkstoffes und der vergleichsweise geringen effektiven Wärmeleitfähigkeit des Pulverbettes zu. Die effektive Wärmeleitfähigkeit des Pulverbettes beträgt nach *Wei et al.* unabhängig vom betrachteten Werkstoff[3] ca. 0,2 W/m·K und ist somit um Faktor 30 bis 70 geringer als die Wärmeleitfähigkeit der jeweiligen Werkstoffe als Vollmaterial [WEI18]. Die effektive Wärmeleitfähigkeit des Pulverbettes ist abhängig von der Art und dem Druck des verwendeten Schutzgases [WEI18], der Temperatur des Pulverbettes [ZHA19] und der Pulverbettdichte [CRI17, MOR18] (vgl. Unterabschnitt 2.2.5). Bedingt durch die vergleichsweise geringe effektive Wärmeleitfähigkeit des Pulverbettes wirkt dieses als thermischer Isolator, was dazu führt, dass ein Großteil der eingebrachten thermischen Energie beim PBF-LB/M durch Wärmeleitung über den bereits verfestigten Werkstoff in die Bauplatte abgeführt werden muss [ILL20, ROM15].

In überhängenden Bauteilbereichen wird die eingebrachte thermische Energie durch die geringe effektive Wärmeleitfähigkeit des darunterliegenden Pulverbettes in geringerem Maße abgeleitet als in Bauteilbereichen, die über bereits verfestigtem Werkstoff aufgebaut werden [GAN16]. Dies resultiert in verminderten Abkühlraten und somit in einer geringeren effektiven Temperaturleitfähigkeit[4] in überhängenden Bauteilbereichen (vgl. Abbildung 11). Die lokalen Wärmeleitungsbedingungen im PBF-LB/M-

[3] Von [WEI18] betrachtete Werkstoffe mit Angabe der Wärmeleitfähigkeit in Form von Vollmaterial: Inconel 718 (10,6 W/m·K), Inconel 625 (7,3 W/m·K), 17-4-PH (15,2 W/m·K), Ti-6Al-4V (6,6 W/m·K), 316L (13,4 W/m·K).

[4] Die effektive Temperaturleitfähigkeit beschreibt die zeitliche Veränderung der Temperatur in einem Stoff und ist abhängig von der effektiven Wärmeleitfähigkeit, der Dichte und der spezifischen Wärmekapazität [HAN18].

Prozess sind demzufolge abhängig von der Geometrie und Orientierung der zu fertigenden Bauteile [YEU19, ILI14].

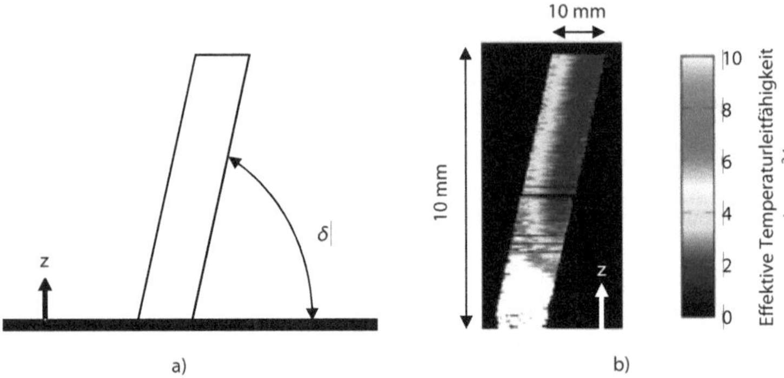

Abbildung 11: a) Schematische Darstellung eines überhängenden Bauteilbereiches mit dem Überhangwinkel δ und b) Darstellung der lokalen Wärmeleitungsbedingungen in diesem Bauteilbereich anhand der effektiven Temperaturleitfähigkeit, in Anlehnung an [ZEU14]

Die Folgen einer reduzierten lokalen Wärmeleitung sind eine Erhöhung der auftretenden Maximaltemperaturen [XU18, CHA19, CHE17, ILL20, KRA16, CRA12], eine reduzierte Abkühlrate [YAN21, FEN20, HOO18, ILL20, KRA16] sowie eine inhomogene Temperaturverteilung auf Schmelzbad-, Schicht- und Bauteilebene [CHE17, BAR19, ILL20, KRA16, CRA12].

Die Wärmeleitungsbedingungen auf Schmelzbadebene sind abhängig von der Kontaktfläche des Schmelzbades zum bereits verfestigten Werkstoff. In unterschiedlichen Prozesssituationen ergeben sich hierdurch Wärmeströme in unterschiedlicher Höhe (vgl. Abbildung 12), wodurch die Schmelzbadabmessungen beeinflusst werden [KRU10, CLI11]. Eine reduzierte Abkühlrate des Schmelzbades in Folge einer reduzierten Wärmeleitung in überhängenden Bauteilbereichen erhöht die Schmelzbadlänge [CLI11, DUA21]. Durch das wachsende Verhältnis von Schmelzbadlänge zu – breite nimmt die Stabilität des Schmelzbades ab, wodurch der Balling-Effekt auftreten kann (vgl. Unterabschnitt 2.1.1). Für geringe Überhangwinkel kann dies bis zum Prozessabbruch führen [YAV21]. Neben der Länge wird auch die Tiefe des Schmelzbades durch die lokalen Wärmeleitungsbedingungen beeinflusst. Nach *Paudel und Thompson* nimmt die Schmelzbadtiefe mit steigendem Überhangwinkel zu [PAU19]. Diese unkontrollierte Ausbreitung des Schmelzbades entgegen der Aufbaurichtung führt zu Pulveranhaftungen und somit zu einer reduzierten Oberflächenqualität [HAN18, CHA19, SKA20, DUA21, YAN21]. Neben einer Änderung der Schmelzbadabmessungen führt eine verminderte Wärmeleitung zu Überhitzungen und Wärmestauungen, was in einer Verdampfung des Werkstoffes und Porenbildung resultiert [CLI14, KRA16].

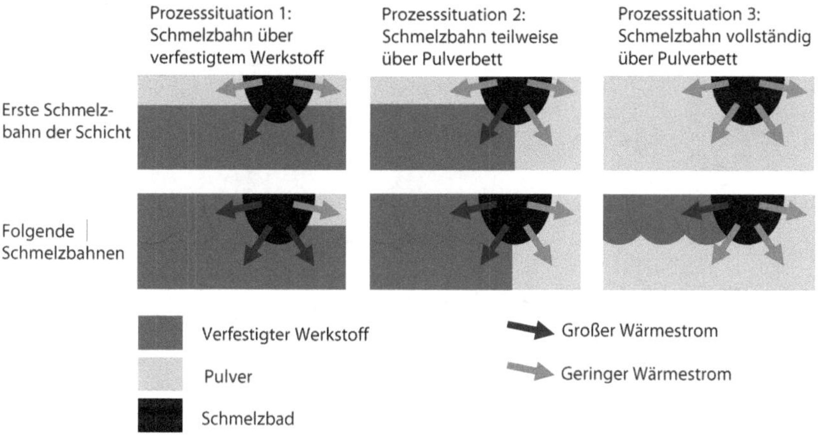

Abbildung 12: Wärmeströme in unterschiedlichen Prozesssituationen des PBF-LB/M, in Anlehnung an [CLI11, XU18]

Auf Schicht- und Bauteilebene führen lokal unterschiedliche Wärmeleitungsbedingungen und die daraus resultierende inhomogene Verteilung der Temperatur sowie lokal unterschiedliche Abkühlraten zu einer verstärkten Ausbildung von Eigenspannungen und Verzug [KRA16, COO18]. Die Temperaturentwicklung und -verteilung ist neben den lokalen Wärmeleitungsbedingungen abhängig von der verwendeten Scanstrategie (vgl. Unterabschnitt 2.1.2). Nach *Paudel* und *Thompson* begünstigen vor allem kurze Scanvektoren[5] Überhitzungen und Eigenspannungen [PAR19].

Neben den lokalen Wärmeleitungsbedingungen kommt der prozessbedingt auftretenden thermischen Zyklierung, also dem wiederholten Aufheizen und Abkühlen des Werkstoffes, eine entscheidende Bedeutung für die resultierenden Werkstoff- und Bauteileigenschaften zu [KRA16, MAS15b]. Die thermische Zyklierung erfolgt dabei zwischen aufeinanderfolgenden Schmelzbahnen, Scanfeldern und Schichten (vgl. Abbildung 13 a)).

[5] Für Scanvektoren mit einer Länge kleiner 2,5 mm wurden in [PAR19] ein erhöhtes Risiko für Überhitzungen und die Zunahme von Eigenspannungen identifiziert.

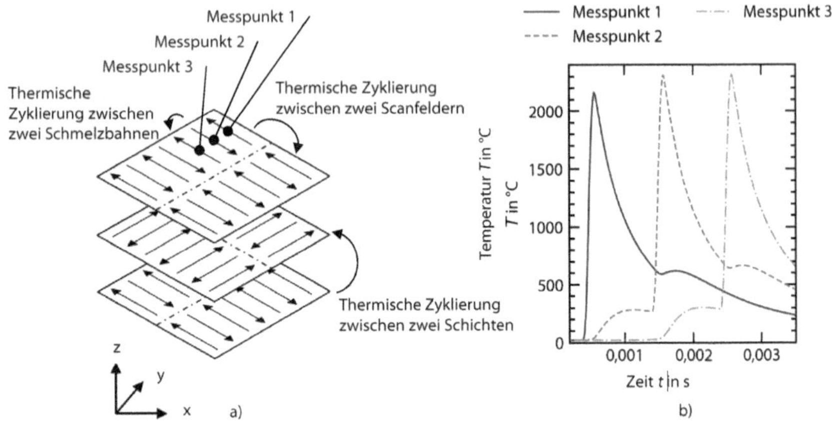

Abbildung 13: a) Ebenen der thermischen Zyklierung im PBF-LB/M-Prozess, in Anlehnung an [KRA16] und b) beispielhafte Darstellung der thermischen Zyklierung auf Schmelzbahnebene

Die thermische Zyklierung hat zur Folge, dass ein bestimmter Punkt einen wiederholten Energieeintrag durch die Belichtung von benachbarten Scanvektoren, Scanfeldern und nachfolgenden Schichten erfährt. Die thermische Zyklierung beeinflusst den Temperaturverlauf, die auftretenden Maximaltemperaturen sowie die Schmelzbadabmessungen [KRA16, ILL20, HEI20]. Abbildung 13 b) zeigt beispielhaft, wie der Temperaturverlauf unterschiedlicher Messpunkte durch die thermische Schmelzbahnzyklierung beeinflusst wird. Messpunkt 2 hat zum Zeitpunkt der direkten Überfahrt des Laserfokuspunktes bereits einen Energieeintrag durch den vorangegangenen Scanvektor erfahren und weist daher eine im Vergleich zu Messpunkt 1 erhöhte Maximaltemperatur auf. Der Abkühlprozess von Messpunkt 2 wird durch den erneuten Energieeintrag bei der Belichtung des nachfolgenden Scanvektors an Messpunkt 3 verlangsamt. Die thermische Schichtzyklierung kann abhängig von den aus der Bauteilgeometrie und -orientierung resultierenden lokalen Wärmeleitungsbedingungen dazu führen, dass eine Schicht nicht vollständig bis auf die Umgebungstemperatur abkühlt bis der Energieeintrag in die darauffolgende Schicht erfolgt [ILL20, YAV21, SCH21b]. Dieser Effekt tritt zum einen in Bauteilbereichen mit verminderter Wärmeleitung wie beispielsweise Überhängen auf [ILL20, YAV21, KRA16]. Zum anderen wird der Effekt durch kurze Zeitabstände zwischen der Belichtung zweier aufeinanderfolgender Schichten eines Bauteils begünstigt und ist somit abhängig von der Anzahl und Querschnittsfläche der im Bauraum platzierten Bauteile [GEB19, YAV21, NAN20]. Die Folge ist eine kontinuierliche Temperaturerhöhung des Bauteils über die Fertigungsdauer, was zu Überhitzungen, Änderungen der Schmelzbadabmessungen und Prozessinstabilitäten führt [YAV21, NAN20]. In Abbildung 14 a) ist die Temperaturentwicklung der Bauteiloberfläche von kegelförmigen Prüfkörpern mit zylindrischer Basis nach Ende der Belichtung jeder Schicht für unterschiedliche Überhangwinkel und somit für unterschiedliche lokale Wärmeleitungsbedingungen dargestellt. Die Temperatur der Bauteiloberfläche nach Ende der Belichtung bleibt für die zylindrische Basis zunächst nahezu konstant und steigt dann im Bereich der überhängenden kegelförmigen Geometrie sukzessive an. Für einen Überhangwinkel von 40° und in Folge dessen eine geringere Wärmeleitung ergibt sich ein stärkerer Temperaturanstieg über den Bauprozess. Für die gefertigten Prüfkörper ist in Abbildung 14 b) eine über den Bauprozess sinkende Abkühlrate der Bauteiloberfläche nach

Ende der Belichtung zu erkennen, welche wie die Temperaturentwicklung eine Abhängigkeit vom Überhangwinkel und somit von der lokalen Wärmeleitungsbedingungen aufweist. Dieser kontinuierliche Temperaturanstieg in Verbindung mit einer sinkenden Abkühlrate in Bauteilbereichen mit verminderter Wärmeleitung wurde in einer Reihe von Untersuchungen festgestellt [KRA16, HOO18, XU18, ILL20, DOW21].

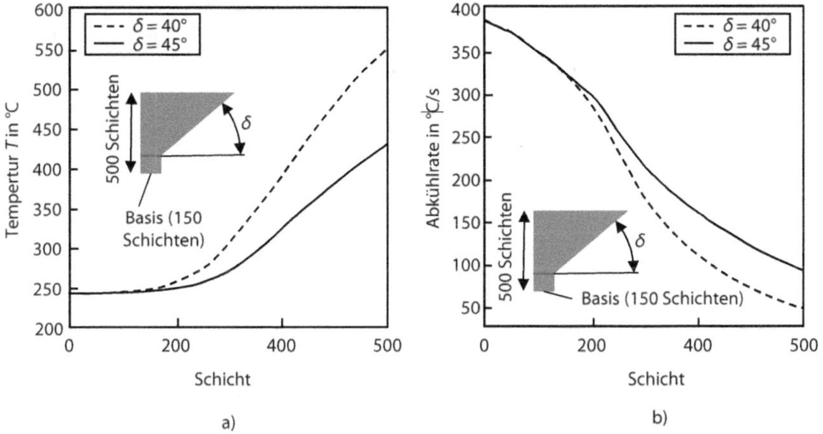

Abbildung 14: a) Entwicklung der Temperatur der Bauteiloberfläche und b) Entwicklung der Abkühlrate an der Bauteiloberfläche jeweils nach Ende der Belichtung jeder Schicht über den Baufortschritt, in Anlehnung an [YAV21]

Der Temperaturverlauf beim PBF-LB/M wirkt sich neben den bereits genannten Punkten wesentlich auf die resultierenden mechanischen Werkstoffeigenschaften aus [RAF13]. In diesem Zusammenhang ist die Korngröße der Mikrostruktur von besonderem Interesse, welche vorrangig von der Abkühlrate des Werkstoffes beeinflusst wird [AMA12, DEB18]. Eine geringere Abkühlrate führt zu größeren Korngrößen, da ein längerer Zeitraum für das Kornwachstum zur Verfügung steht [LI21, HAN21, DEB18]. Eine Erhöhung der Korngrößen geht dabei mit einer reduzierten Zugfestigkeit, Streckgrenze und Härte einher [HRA13]. In Abbildung 15 ist die Abhängigkeit der Korngrößen von der Bauteilgeometrie und in Folge dessen von der thermischen Zyklierung anhand eines Würfels und eines liegend gefertigten Quaders dargestellt. Auf Grund des kleineren Zeitraums zwischen der Belichtung zweier benachbarter Punkte und des kleineren Querschnittes zur Ableitung der Wärme ergeben sich geringere Abkühlraten für den Würfel, was wiederum zu einem gröberen Gefüge führt [NAN20].

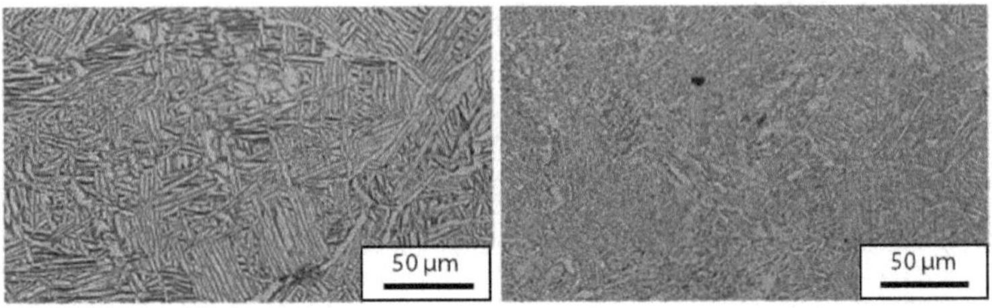

Abbildung 15: Mikrostruktur a) eines Würfels mit Kantenlänge 15 mm und b) eines liegend gefertigten Quaders mit den Abmessungen 100 mm x 15 mm x 15 mm aus dem Werkstoff Ti-6Al-4V, in Anlehnung an [NAN20]

2.1.4 Lösungsansätze und Entwicklungen zur Reduzierung von Stützstrukturen

Die Fertigung von Bauteilbereichen mit verminderter Wärmeleitung stellt auf Basis der vorangehenden Erläuterungen eine zentrale Herausforderung beim PBF-LB/M dar. Insbesondere in überhängenden Bauteilbereichen sind Stützstrukturen notwendig. Stützstrukturen (engl. Supports) dienen dazu, eine ausreichende Ableitung der thermischen Energie aus überhängenden Bauteilbereichen sowie eine Homogenisierung der Wärmeleitungsbedingungen zu gewährleisten [BAR19, HUA20, HAN21]. Weiterhin stellen die Stützstrukturen eine feste Anbindung an die Bauplatte dar, wodurch aus Eigenspannungen resultierende Kräfte aufgenommen werden und ein Verzug der Bauteile verhindert wird [LAN21]. Als allgemeiner Grenzwert für die prozessstabile Fertigung von überhängenden Bauteilbereichen ohne Stützstrukturen gilt ein kritischer Überhangwinkel von $\delta = 45°$ (vgl. Abbildung 16 a)) [THO09, VDI15]. Für Überhangwinkel von $\delta < 45°$ sind im allgemeinen Stützstrukturen notwendig. Dieser Grenzwert kann im Einzelfall je nach Werkstoff und verwendeten Prozessparametern abweichen [CLO13, SKA20, WEB21]. Die geometrische Gestaltung der Stützstrukturen kann je nach Anwendungsfall variieren [CLO13]. Eine Auswahl an gängigen Gestaltungsformen für Stützstrukturen ist in Abbildung 16 b) dargestellt.

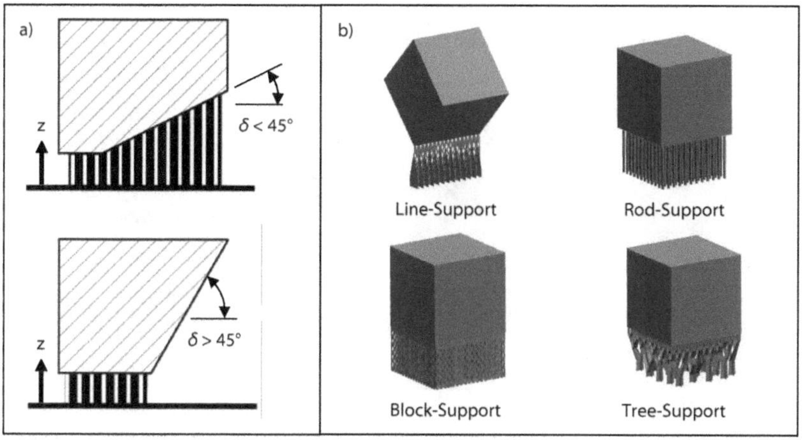

Abbildung 16: a) Schematische Darstellung des kritischen Überhangwinkels, in Anlehnung an [VDI15] und b) Auswahl an gängigen Gestaltungsformen von Stützstrukturen

Die Verwendung von Stützstrukturen geht mit einer Reihe von Nachteilen einher. Zum einen verlängert der Aufbau von Stützstrukturen die Dauer des Fertigungsprozesses und erhöht den Werkstoffbedarf [GAN16, JIA18]. Das Stützstrukturvolumen stellt dabei typischerweise einen signifikanten Anteil am aufzubauenden Gesamtvolumen dar (vgl. Tabelle 1) und nimmt somit Einfluss auf die Fertigungs- und Werkstoffkosten beim PBF-LB/M [BRI17, PRI18]. Zum anderen müssen die aufgebauten Stützstrukturen nach dem Fertigungsprozess vom Bauteil getrennt werden, was typischerweise manuell mittels Sägen, Feilen und Schleifen oder maschinell mittels spanender Fertigungsverfahren erfolgt [GEB19, BAY22]. In diesem Kontext ist die Zugänglichkeit der Stützstrukturen für entsprechendes Werkzeug zu berücksichtigen, was die Formgebungsfreiheit beim PBF-LB/M einschränkt. Die Kosten zur Entfernung der Stützstrukturen stellen einen wesentlichen Einflussfaktor auf die Bauteilkosten dar. In [DOG23] wurde am Beispiel einer Tragflächenrippe für die Luftfahrt ein Anteil von ca. 20 % der Herstellungskosten für die Entfernung der Stützstrukturen ermittelt. Insgesamt kann somit festgestellt werden, dass Stützstrukturen abhängig von der Bauteilkonstruktion und -orientierung einen erheblichen Teil der Herstellungskosten von mittels PBF-LB/M gefertigten Bauteilen verursachen.

Tabelle 1: Stützstrukturvolumen in Abhängigkeit der Bauteilorientierung am Beispiel einer topologieoptimierten Lagerhalterung für die Luftfahrt, in Anlehnung an [PRI18]

Bauteilorientierung			
Bauteilvolumen	39,33 cm^3	39,33 cm^3	39,33 cm^3
Stützstrukturvolumen	92,88 cm^3	11,99 cm^3	17,60 cm^3
Gesamtvolumen	132,88 cm^3	51,32 cm^3	56,93 cm^3
Anteil des Stützstrukturvolumens am Gesamtvolumen	70 %	23 %	31 %

Sowohl in der Wissenschaft, als auch in der Industrie existieren verschiedene Lösungsansätze und Entwicklungen, die darauf abzielen, Stützstrukturen zu vermeiden oder die benötigte Menge an Stützstrukturen zu reduzieren:

Anpassung der Bauteilkonstruktion

Eine Möglichkeit zur Reduzierung der benötigten Menge an Stützstrukturen ist die Anpassung der Bauteilkonstruktion bzw. eine Berücksichtigung der Bauteilorientierung und der sich daraus ergebenden Notwendigkeit von Stützstrukturen im Konstruktionsprozess. Entsprechende verfahrensspezifische Konstruktionsrichtlinien wurden hierfür in verschiedenen wissenschaftlichen Arbeiten erstellt [THO09, ATZ15, KRA15, ZHA18b, ZHA20]. Ziel ist es durch eine geeignete Bauteilkonstruktion und -orientierung Überhangwinkel von $\delta < 45°$ zu vermeiden. Bei der Bauteilkonstruktion ist dabei ein Kompromiss zwischen der Dauer des Fertigungsprozesses, der benötigten Menge an Stützstrukturen, der Prozessstabilität und der Bauteilqualität einzugehen [VDI15]. Das Potential der Formgebungsfreiheit des PBF-LB/M wird durch diese Restriktionen in der Bauteilkonstruktion eingeschränkt [ILL20, WEB21]. *Li et al.* zeigen die Auswirkungen von Stützstrukturen auf den Konstruktionsprozess anhand der Leichtbauoptimierung einer Querbalkenverstärkung für eine Schweißkonstruktion auf (vgl. Abbildung 17) [LI17]. Durch eine Topologieoptimierung konnte das Bauteilvolumen zunächst um 45 % reduziert werden. Auf Grund der benötigten Menge an Stützstrukturen und den daraus resultierenden Steigerungen von Fertigungsdauer, Werkstoffbedarf und Nachbearbeitungsaufwand, wurde die Bauteilkonstruktion in einem weiteren Optimierungsschritt so angepasst, dass keine Stützstrukturen benötigt werden. Die Volumenreduzierung des resultierenden stützstrukturoptimierten Modells im Vergleich zum Ausgangsmodell wurde hierdurch von 45 % auf 31 % gesenkt. Das Potential des PBF-LB/M zur wirtschaftlichen Fertigung von geometrisch komplexen Leichtbaukomponenten konnte folglich auf Grund der Notwendigkeit von Stützstrukturen für Überhangwinkel von $\delta < 45°$ nicht vollständig genutzt werden.

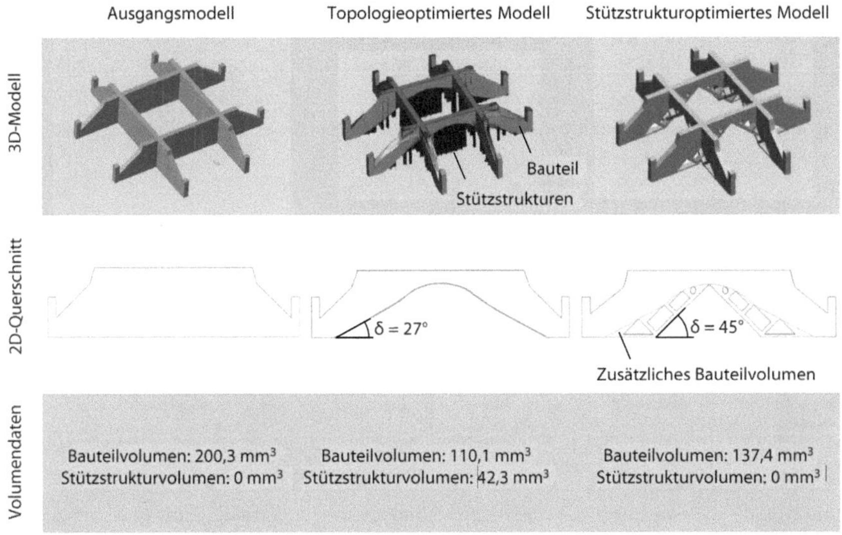

Abbildung 17: Iterativer Konstruktionsprozess am Beispiel einer mittels PBF-LB/M gefertigten Querbalkenverstärkung für eine Leichtbau-Schweißkonstruktion, in Anlehnung an [LI17]

Zusätzlich zu der erläuterten Einschränkung der Potentiale des PBF-LB/M ist eine Anpassung der Bauteilkonstruktion zur Vermeidung von Stützstrukturen nicht für alle Anwendungsfälle umsetzbar. Insbesondere im Bereich der Ersatzteilfertigung schränken Bauteilzertifizierungen und -fertigungsfreigaben die Anpassung der Bauteilkonstruktion ein. Die Anpassung der Bauteilkonstruktion ist somit nicht universell einsetzbar und nur bedingt zur Reduzierung von Stützstrukturen geeignet.

Anpassung der Prozessparameter

Ein alternativer Lösungsansatz zur Reduzierung der Stützstrukturen ist die Anpassung der Prozessparameter an die vorherrschenden lokalen Wärmeleitungsbedingungen [CLI11, CLO13]. Insbesondere durch eine Reduzierung des Volumenenergieeintrags mittels Variation von Laserleistung und Scangeschwindigkeit [WAN13, CHE17, CLO17, FEN21, ASH22] sowie durch eine Anpassung der Scanstrategie [ILL20] können die Fertigungsqualität[6] überhängender Bauteilbereiche verbessert und Stützstrukturen reduziert werden. Für die bauteilindividuelle Bestimmung an welcher Stelle und in welcher Höhe Parameteranpassungen notwendig sind bestehen nach *Clijsters* zwei Möglichkeiten [CLI11].

[6] Fertigungsqualität meint in diesem Zusammenhang die erzielbaren Prozess- (realisierbarer minimaler Überhangwinkel, auftretende Prozessfehler) und Bauteileigenschaften (rel. Dichte, Oberflächenrauheit, Verzug).

Die erste Möglichkeit ist eine Parameteranpassung im Vorfeld des PBF-LB/M-Fertigungsprozesses im Rahmen der Datenvorbereitung (Pre-Prozess). Die Grundlage hierfür bildet die Bauteilgeometrie. Diese kann mittels Algorithmen hinsichtlich überhängender Bauteilbereiche und den daraus resultierenden lokalen Wärmeleitungsbedingungen analysiert werden. In der Arbeit von *Xu* wird die Scangeschwindigkeit auf Basis eines sogenannten Geometriefaktors in Abhängigkeit des lokalen Überhangwinkels (vgl. Abbildung 18 a) und b)) angepasst [XU18].

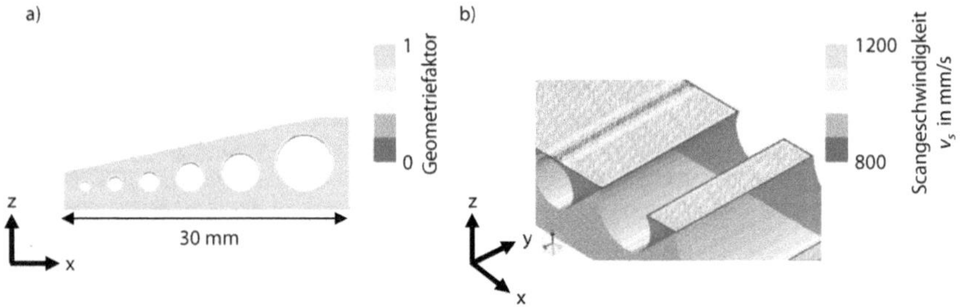

Abbildung 18: a) Bewertung der lokalen Wärmeleitungsbedingungen eines Prüfkörpers anhand des Geometriefaktors sowie b) die daraus abgeleitete Anpassung der Scangeschwindigkeit, in Anlehnung an [XU18].

Ein ähnlicher Lösungsansatz wird von *Yeung et al.* präsentiert [YEU18]. Die aus der Bauteilgeometrie resultierenden lokalen Wärmeleitungsbedingungen werden hier mittels eines sogenannten geometrischen Leitfähigkeitsfaktors (engl. Geometric Conductivity Factor, GCF) bewertet (vgl. Abbildung 19 a)). Der GCF wird dabei auf Voxelebene[7] mittels Algorithmus berechnet und ergibt sich aus der Menge an bereits verfestigtem Werkstoff, der unterhalb des betrachteten Voxels liegt und somit zur Wärmeableitung beiträgt. Auf dieser Basis wird die Laserleistung lokal angepasst (vgl. Abbildung 19b)). Die Höhe der jeweils notwendigen Parameteranpassungen muss sowohl für den Lösungsansatz von *Xu* als auch für den Lösungsansatz von *Yeung et al.* werkstoffspezifisch und in Abhängigkeit der Bauteilgeometrie experimentell bestimmt werden [XU18, YEU18].

[7] Ein Voxel stellt ein Volumenelement im dreidimensionalen Raum dar, analog zu einem Pixel im zweidimensionalen Raum.

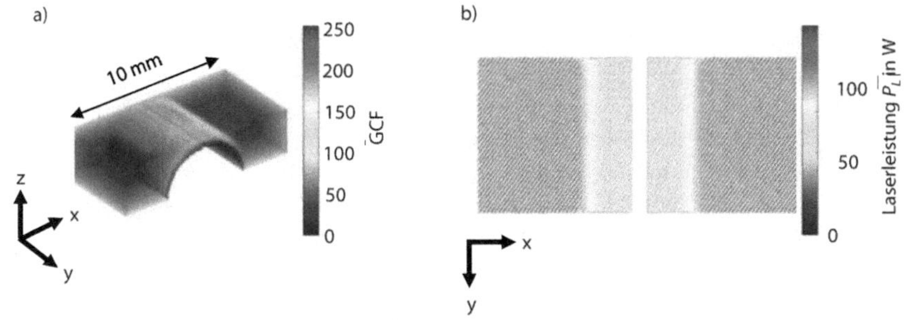

Abbildung 19: Darstellung a) des geometrischen Leitfähigkeitsfaktors (engl. Geometric Conductivity Factor, GCF) am Beispiel eines Prüfkörpers und b) der daraus abgeleiteten Anpassung der Laserleistung, in Anlehnung an [YEU18].

Neben den beschriebenen Algorithmen zur Analyse der Bauteilgeometrie können thermische Simulationen genutzt werden, um die lokalen Parameteranpassungen zu bestimmen [DRU20]. *Illies* ermittelt hierfür die lokale Abkühlrate mittels eines Simulationsmodells [ILL20]. Auf dieser Basis wird die Scanstrategie so angepasst, dass Bereiche mit höheren lokalen Abkühlraten priorisiert belichtet werden, um die Wärmeleitung in den übrigen Bereichen (bspw. überhängende Bauteilbereiche) durch den bereits verfestigten Werkstoff zu unterstützen. Hierdurch kann einem sukzessiven Aufheizen von Bauteilbereichen mit verminderter Wärmeleitung auf Grund der thermischen Schmelzbahn- und Scanfeldzyklierung entgegengewirkt werden.

Für die Anpassung von Prozessparametern an die aus der Bauteilgeometrie resultierenden Wärmeleitungsbedingungen vor dem PBF-LB/M-Fertigungsprozess stehen verschiedene kommerziell erhältliche Softwarelösungen zur Verfügung. Eine Anpassung der Prozessparameter und der Scanstrategie auf Basis einer thermischen Simulation kann mit der Prozessvorbereitungssoftware *GENESIS* von *AMSIS* realisiert werden [AMS24a]. Abhängig von der Bauteilgeometrie können hiermit überhängende Bauteilbereiche mit einem Überhangwinkel zwischen $\delta = 30°$ und $\delta = 15°$ ohne Stützstrukturen realisiert werden [AMS24b]. *SLM Solutions* bietet mit der Software *Free Float* die Möglichkeit, Bauteilbereiche mit einem Überhangwinkel von bis zu $\delta = 10°$ (abhängig von der konkreten Bauteilgeometrie) ohne Stützstrukturen zu fertigen [SLM24]. *Free Float* ermöglicht dabei die lokale Anpassung der Prozessparameter auf Basis einer Analyse der im Rahmen der Datenvorbereitung erstellten maschinenspezifischen Baujobdaten mittels Algorithmus. Die Prozessvorbereitungssoftware *Flow* von *Velo 3D* ermöglicht die Aufteilung von Bauteilen in unterschiedliche Geometrieelemente und weist diesen vordefinierte Prozessparameter zu [VEL24].

Die bestehenden Lösungsansätze und Entwicklungen zur Anpassung der Prozessparameter an die geometriespezifischen Wärmeleitungsbedingungen im Vorfeld des PBF-LB/M-Fertigungsprozesses bedingen einen signifikant erhöhten Aufwand in der Prozessvorbereitung, da bauteilspezifische Berechnungen und Simulationen durchgeführt werden müssen. Die Komplexität der Prozessvorbereitung sowie die Anforderungen an die Qualifikation der ausführenden Mitarbeiter werden dadurch erhöht. Die Prozessparameter (insb. Laserleistung, Scangeschwindigkeit und Scanstrategie) können dabei nur soweit angepasst werden, als dass ein vollständiges Aufschmelzen des Werkstoffes und somit die geforderte Bauteilqualität gewährleistet bleibt [XU18]. Ist eine Parameteranpassung in diesem Rahmen nicht ausreichend, um ein sukzessives Aufheizen des Bauteils in Folge der thermischen Zyklierung zu verhindern, müssen zusätzlich zu Parameteranpassungen Belichtungspausen zwischen zwei aufeinanderfolgenden Schichten eingefügt werden. Dies wiederum erhöht die Dauer des PBF-LB/M-Fertigungsprozesses und reduziert somit die Produktivität. Die Höhe der jeweiligen Parameteranpassung in Abhängigkeit der Bauteilgeometrie muss für die beschriebenen Lösungen jeweils experimentell spezifisch für den verwendeten Werkstoff und die verwendete Schichtdicke ermittelt werden [MAN17]. Hierfür sind umfassende Versuchsreihen notwendig, was die Übertragbarkeit auf neue Werkstoffe und Legierungen erschwert.

Die alternative Möglichkeit ist eine Parameteranpassung während des PBF-LB/M-Fertigungsprozesses (In-Prozess) im Rahmen eines Regelkreises. Zur Umsetzung einer solchen Prozessregelung wurden in [KRU07b] die thermischen Schmelzbademissionen und -abmessungen optisch überwacht. Die Laserleistung wurde auf Basis der erfassten Messwerte sowie durch experimentell ermittelte Grenzwerte mittels Proportional- und Integralreglern angepasst. So konnte die Varianz der Schmelzbadabmessungen in überhängenden Bauteilbereichen reduziert werden. Die Verwendung der eingesetzten Regler ist jedoch auf Grund der Regelzykluszeit auf geringe Scangeschwindigkeiten[8] begrenzt [KRU07b]. *Renken et al.* stellen den Aufbau eines geschlossenen Regelkreises vor, der Regelzykluszeiten von weniger als 50 µs erreicht, was einen Einsatz bei Scangeschwindigkeit von bis zu v_s = 1000 mm/s ermöglicht [REN18]. Neben der Laserleistung wurde von *Reiff et al.* die Scanstrategie im Rahmen einer sogenannten „Feedforward"-Regelung mit dem Ziel einer geringen Varianz der Temperaturverteilung nach der Belichtung einer Schicht angepasst [REI21]. Die Bestimmung der notwendigen Höhe der Parameteranpassungen wurde durch einen selbstlernenden Algorithmus realisiert. *Ogoke und Farimani* nutzen für die Bestimmung der notwendigen Parameteranpassungen Deep Reinforcement Learning-Methoden [OGO21]. Hierdurch konnten Regelungsstrategien abgeleitet werden, die eine Verringerung der Varianz der Schmelzbadabmessungen sowohl durch eine Anpassung der Laserleistung als auch durch eine Anpassung der Scangeschwindigkeit ermöglichen. Die hohe Scangeschwindigkeit und die daraus resultierenden notwendigen kurzen Reaktionszeiten von Regelkreisen auf Prozessabweichungen, wie beispielsweise lokale Überhitzungen, stellen eine zentrale Herausforderung bei der Realisierung einer echtzeitnahen Prozessregelung für das PBF-LB/M dar [MAN17, MCC21, WEB21, VAS22]. *Vasileska et al.* stellen vor diesem Hintergrund eine schichtverzögerte Prozessregelung für das PBF-LB/M vor, bei der die Schmelzbadabmessungen innerhalb einer Schicht erfasst und genutzt werden, um die Schmelzbadabmessungen in der darauffolgenden Schicht durch eine Anpassung des Energieeintrags innerhalb vorgegebener Grenzwerte zu halten [VAS22]. Eine Rotation der Orientierung der Scanvektoren in aufeinanderfolgenden Schichten, wie sie typischerweise beim PBF-LB/M angewandt wird, wurde in der Arbeit nicht betrachtet.

[8] In den Untersuchungen wurde eine Scangeschwindigkeit von v_s = 80 mm/s verwendet. Typischerweise liegen die beim PBF-LB/M in der Industrie verwendeten Scangeschwindigkeiten etwa um Faktor zehn höher.

Für die Parameteranpassung während des PBF-LB/M-Fertigungsprozesses im Rahmen eines Regelkreises sind verschiedene Systemlösungen kommerziell verfügbar. *EOS* hat in ihren PBF-LB/M-Fertigungsmaschinen einen geschlossenen Regelkreis implementiert, mit dem die Prozessparameter lokal angepasst werden können [EOS24]. Basis bildet das Prozessüberwachungssystems *EOSTATE Exposure OT*, mit dem Prozessemissionen off-axis[9] im nahen Infrarotbereich erfasst werden. Die Prozessparameter werden in Abhängigkeit der erfassten Prozessemissionen in der darauffolgenden Schicht so angepasst, dass Überhitzungen in überhängenden Bauteilbereichen entgegengewirkt wird. Hierdurch können Bauteilbereiche mit einem Überhangwinkel von bis zu $\delta = 20°$ ohne Stützstrukturen realisiert werden [YAĞ24]. *Aconity3D* bietet mit der Konfigurationsoption *Aconity Control* eine Prozessregelung in Echtzeit (Regelzykluszeit: 20 µs) an, mit der die Prozessparameter während des Belichtungsprozesses angepasst werden können [ACO24]. Basis bilden hierfür Prozessemissionen im nahen Infrarotbereich, die mittels eines in den Strahlengang (on-axis[10]) integrierten High-Speed-Pyrometers mit einer Aufnahmefrequenz von 100 kHz erfasst werden.

Für die Anpassung der Prozessparameter während des PBF-LB/M-Fertigungsprozesses mittels Regelkreis werden off-axis- oder on-axis-Prozessüberwachungssysteme benötigt, um eine oder mehrere Regelgrößen zu erfassen. Die Kosten für entsprechende Prozessüberwachungssysteme betragen zwischen 95.000 € und 300.000 €, was eine Integration in vergleichsweise kostengünstige PBF-LB/M-Maschinen meist unwirtschaftlich macht [BAY22]. Weiterhin ist die Skalierbarkeit von auf on-axis-Prozessüberwachungssystemen basierenden Regelkreisen auf Multilasersysteme begrenzt, da pro Laser eine Sensoreinheit benötigt wird, wodurch der Investitionsaufwand weiter erhöht wird. Auf off-axis-Prozessüberwachungssystemen basierende Regelkreise können zwar unabhängig von der Anzahl an Lasern mit nur einer Sensoreinheit genutzt werden, eine Parameteranpassung ist jedoch auf Grund der vergleichsweise niedrigen Aufnahmefrequenz (ca. 30 Hz – 200 Hz) erst in der darauffolgenden Schicht möglich. Eine schichtverzögerte Parameteranpassung ist auf Grund der schichtweisen Rotation der Scanvektororientierung jedoch problembehaftet. Lokale Überhitzung, die auf Grund von sehr kurzen benachbarten Scanvektoren, wie sie beispielsweise in dünnen Wänden vorliegen, auftreten können, befinden sich in der darauffolgenden Schicht durch die Rotation der Scanvektororientierung nicht mehr an der gleichen Stelle oder treten sogar überhaupt nicht mehr auf [VAS22]. Eine Parameteranpassung, die aus den Prozessemissionen der vorherigen Schicht abgeleitet wurde, ist in diesem Fall für die aktuelle Schicht nicht geeignet.

9 Bei off-axis-Systemen ist das Sichtfeld der Sensoreinheit unabhängig von der Bearbeitungsoptik in einem festen Winkel zur Arbeitsebene angeordnet. Off-axis-Systeme arbeiten typischerweise mit einer niedrigen Aufnahmefrequenz bei vergleichsweise hoher Auflösung.

10 Bei on-axis-Systemen bewegt sich das Sichtfeld der Sensoreinheit abhängig von der Bearbeitungsoptik über die Arbeitsebene. On-axis-Systeme arbeiten typischerweise mit einer hohen Aufnahmefrequenz bei vergleichsweise geringer Auflösung.

Anpassung der Wärmeleitungsbedingungen

Die Verwendung von kontaktlosen Stützstrukturen stellt eine Alternative zu den typischerweise verwendeten stoffschlüssig mit dem Bauteil verbundenen Stützstrukturen zur Erhöhung der Wärmeleitung dar [COO18]. Kontaktlose Stützstrukturen sind Volumenkörper aus Vollmaterial, die in geringer Entfernung, jedoch ohne direkten Kontakt, unterhalb überhängender Bauteilbereiche aufgebaut werden (vgl. Abbildung 20a)) [COO18, HOF22]. Die lokalen Wärmeleitungsbedingungen in überhängenden Bauteilbereichen werden hierdurch an die Wärmeleitungsbedingungen von Bereichen über bereits verfestigtem Werkstoff angeglichen, was sich wiederum positiv auf die Fertigungsqualität überhängender Bauteilbereiche auswirkt (vgl. Abbildung 20b)) [ZHA18a, HOF22]. Da die kontaktlosen Stützstrukturen nicht stoffschlüssig mit dem Bauteil verbunden sind, müssen diese nach dem PBF-LB/M-Prozess nicht manuell oder maschinell vom Bauteil getrennt werden, was den Nachbearbeitungsaufwand reduziert. Kontaktlose Stützstrukturen wurden ursprünglich im Kontext des PBF-EB/M untersucht [CHE15, COO18]. Im Rahmen dieser Untersuchungen konnte gezeigt werden, dass durch die Verwendung kontaktloser Stützstrukturen Bauteilbereiche mit einem Überhangwinkel von bis zu $\delta = 0°$ bei einer Überhanglänge von $l_{\ddot{u}} = 15$ mm aus dem Werkstoff Ti-6Al-4V gefertigt werden können. *Zhang et al.* konnten die Ergebnisse auf das PBF-LB/M übertragen werden [ZHA18a]. In weiteren Untersuchungen konnte neben einer Verbesserung der Form- und Maßhaltigkeit eine Steigerung der Oberflächenqualität und der relativen Dichte überhängender Bauteilbereiche durch den Einsatz kontaktloser Stützstrukturen festgestellt werden [ÇEL22, HOF22, GÜL22]. Der Abstand zwischen den kontaktlosen Stützstrukturen und dem überhängenden Bauteilbereich stellt die Haupteinflussgröße auf die Effektivität der kontaktlosen Stützstrukturen dar [ÇEL22, GÜL22, HOF22, ZHA18a]. Für die Erhöhung der effektiven Wärmeleitfähigkeit unterhalb überhängender Bauteilbereiche ist ein möglichst geringer Abstand zwischen den kontaktlosen Stützstrukturen und den überhängenden Bauteilbereichen vorteilhaft. Wird dieser Abstand in Abhängigkeit des Überhangwinkels zu gering gewählt, kommt es bedingt durch die bei der Fertigung von überhängenden Bauteilbereichen auftretende Ausbreitung des Schmelzbades entgegen der Aufbaurichtung zur Verschmelzung der kontaktlosen Stützstrukturen mit dem Bauteil [HOF22].

Kontaktlose Stützstrukturen weisen im Vergleich zu den typischerweise verwendeten Stützstrukturen (vgl. Abbildung 16b)) ein höheres Volumen auf. Dies führt zu einer Erhöhung des Werkstoffbedarfs und der Prozessdauer. Für die von *Hofmann et al.* betrachteten Prüfkörper mit einem Überhangwinkel von $\delta = 22{,}5°$ entspricht das Volumen der kontaktlosen Stützstrukturen ca. 180 % des Prüfkörpervolumens [HOF22]. Somit entfällt in diesem Fall ca. 65 % der Belichtungszeit auf die kontaktlosen Stützstrukturen. Dem reduzierten Nachbearbeitungsaufwand durch kontaktlose Stützstrukturen stehen demnach eine signifikant reduzierte Produktivität sowie ein erhöhter Werkstoffbedarf gegenüber.

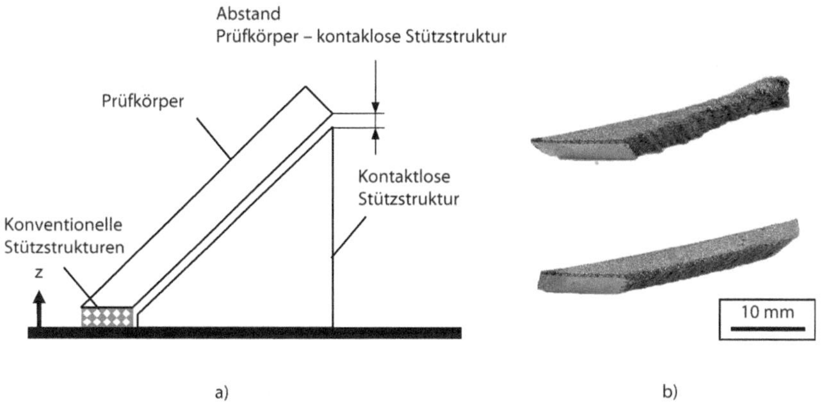

Abbildung 20: a) Schematische Darstellung überhängender Prüfkörper mit kontaktlosen Stützstrukturen und b) Prüfkörper aus Ti-6Al-4V mit einem Überhangwinkel von $\delta = 11{,}25°$, gefertigt mit (unten) und ohne (oben) kontaktlosen Stützstrukturen, in Anlehnung an [HOF22]

2.2 Pulverwerkstoffe

Die Eigenschaften von Pulverwerkstoffen werden maßgeblich von den Eigenschaften der einzelnen Partikel bestimmt. Neben werkstoffspezifischen Eigenschaften wie der Dichte und chemischen Zusammensetzung sind vor allem die Partikelform, die Partikelgröße sowie interpartikuläre Haftkräfte entscheidend für das Verhalten des Pulverwerkstoffes beim PBF-LB/M [STI09].

2.2.1 Partikelform

Die Form – oder auch Morphologie – von Pulverpartikeln wird mittels sogenannter Formfaktoren beschrieben [RUM75, DIN12a]. Ein Formfaktor mit besonderer Bedeutung im Kontext der additiven Fertigung ist die Sphärizität. Die Sphärizität eines Partikels berechnet sich aus folgender Gleichung [STI09, DIN12a]:

$$\psi = \frac{O_K}{O_P} \tag{2.5}$$

ψ:	Sphärizität
O_K:	Oberfläche einer volumengleichen Kugel
O_P:	Oberfläche eines Partikels

Je höher der errechnete Wert der Sphärizität ist, desto weniger weicht die Partikelform von einer Kugel ab. Für das PBF-LB/M sind möglichst sphärische Partikel vorteilhaft, da dadurch eine gute Fließfähigkeit des Pulverwerkstoffes gewährleistet wird, was einen homogenen flächigen Pulverauftrag ermöglicht [YAN07, SEY18].

2.2.2 Partikelgröße

Die Partikelgröße in Pulverwerkstoffen wird auf Grund der unterschiedlichen Partikelformen mit Hilfe eines geometrischen Äquivalenzdurchmessers angegeben. Dieser ist definiert als Durchmesser einer Kugel oder eines Kreises mit dem gleichen Volumen bzw. der gleichen Projektionsfläche wie der vorliegende Partikel [STI09, SCH12]. Aus der Partikelgröße und -form ergibt sich die spezifische Oberfläche, welche das Verhältnis von Partikeloberfläche zu Partikelvolumen darstellt [STI09]. Da die Partikel innerhalb eines Pulverwerkstoffes nicht ideal gleich groß sind, wird zur Beschreibung von Pulverwerkstoffen eine Partikelgrößenverteilung (PGV) angegeben [DIN12b]. Die PGV beschreibt die Häufigkeit einer bestimmten Partikelgröße im vorliegenden Pulverwerkstoff und wird über die Verteilungssumme Q_r sowie über die Verteilungsdichte q_r beschrieben (vgl. Abbildung 21). Der Index *r* kann dabei von null bis drei variieren, je nachdem ob die Darstellung anzahl-, längen-, flächen- oder volumenbasiert erfolgt [DIN04]. In der Praxis wird die PGV in Pulverwerkstoffen häufig über die charakteristischen Perzentile d_{10}, d_{50} und d_{90} dargestellt. Diese beschreiben, in welchem Partikelgrößenbereich sich bestimmte Anteile der Partikel befinden. So gibt das charakteristische Perzentil d_{10} an, dass sich 10 % der Partikel in einem Partikelgrößenbereich kleiner oder gleich des d_{10}-Wertes befinden.

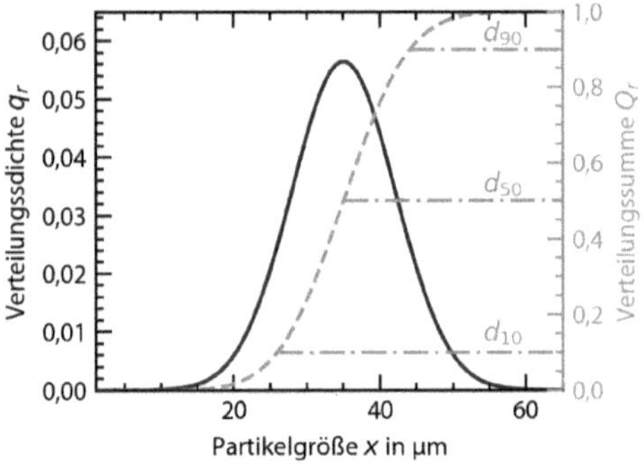

Abbildung 21: Exemplarische Darstellung einer möglichen PGV sowie der charakteristischen Perzentile eines Pulverwerkstoffes für das PBF-LB/M

Besitzt die Verteilungsdichte q_r ein Maximum, wird die PGV monomodal genannt [LAN95]. Werden zwei oder mehr Pulverwerkstoffe mit monomodaler PGV in unterschiedlichen Partikelgrößenbereichen (sogenannte Fraktionen) gemischt, entstehen bimodale oder multimodale PGV. Die Verteilungsdichte q_r des resultierenden Pulverwerkstoffes weist daher mehrere lokale Maxima auf.

Eine weitere Kenngröße zur Beschreibung der PGV ist die Polydispersität, also das Verhältnis von größtem zu kleinstem Partikeldurchmesser eines Pulverwerkstoffes (vgl. Gl. (2.7)). Bei ideal gleich großen Partikeln innerhalb eines Pulverwerkstoffes spricht man von Monodispersität ($P = 1$) [RAS10].

$$P = \frac{x_{max}}{x_{min}} \quad (2.6)$$

P: Polydispersität

x_{max}: Maximaler Partikeldurchmesser der Partikelgrößenverteilung

x_{min}: Minimaler Partikeldurchmesser der Partikelgrößenverteilung

2.2.3 Fließfähigkeit und interpartikuläre Haftkräfte

Die Fließfähigkeit ist ein Maß für die benötigte Kraft, um einen Pulverwerkstoff zum Fließen zu bringen [SCH19b]. Das Fließen stellt eine durch äußere Krafteinwirkung verursachte plastische Verformung des Pulverwerkstoffes dar. Nach *Schulze* ist die Fließfähigkeit eines Pulverwerkstoffes abhängig von den folgenden Eigenschaften [SCH19b]:

- Partikelgrößenverteilung
- Partikelform
- chemische Zusammensetzung der Partikel
- Pulverfeuchtigkeit
- Pulvertemperatur

Die genannten Eigenschaften wirken sich auf die interpartikulären Haftkräfte aus, welche aus Oberflächen- und Feldkräften, Materialbrücken sowie Formschluss resultieren [SCH79, TOM09, SCH12]. In Abbildung 22 sind die Haftungsmechanismen zwischen Partikeln exemplarisch dargestellt.

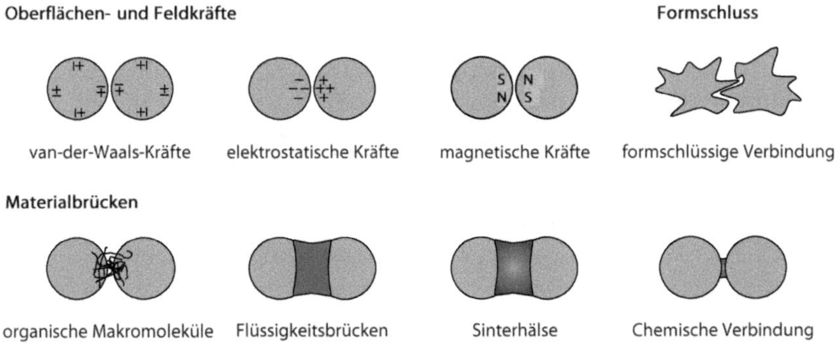

Abbildung 22: Haftungsmechanismen zwischen Partikeln, in Anlehnung an [SCH79, TOM09, SEY18]

Die Höhe der interpartikulären Haftkräfte F_H ist abhängig von der Größe der Partikel, der Oberflächenrauheit der Partikel und dem Abstand zwischen den Partikeln [SCH79, KAT06]. Nach *Schulze* sind van-der-Waals-Kräfte und Flüssigkeitsbrücken für die Fließfähigkeit eines Pulverwerkstoffes von vorrangiger Bedeutung [SCH19b]. Welcher der beiden Haftungsmechanismen dominiert, ist abhängig von der Pulverfeuchtigkeit, welche mit Hilfe des Sättigungsrades beschrieben wird (vgl. Gl. (2.7)) [MIT06, SPA14].

Der Sättigungsgrad stellt den Quotienten aus dem vorhandenen Flüssigkeitsvolumen und dem Volumen der Zwischenräume zwischen den Partikeln (Porenvolumen) dar.

$$S = \frac{V_{Fl}}{V_{\varepsilon}} \tag{2.7}$$

S:	Sättigungsgrad
V_{Fl}:	Flüssigkeitsvolumen
V_{ε}:	Porenvolumen

In trockenen Pulverwerkstoffen ($S \leq 0{,}01$) sind die van-der-Waals-Kräfte die dominierenden interpartikulären Haftkräfte. Van-der-Waals-Kräfte resultieren aus elektrischen Dipolmomenten zwischen Atomen und Molekülen und steigen mit abnehmender Partikelgröße, abnehmendem Partikelabstand sowie abnehmender Oberflächenrauheit der Partikel [SCH79, SCH19b].

Bei feuchten Pulverwerkstoffen ($S \geq 0{,}01$) sind die aus Flüssigkeitsbrücken resultierenden interpartikulären Haftkräfte dominierend. Flüssigkeitsbrücken werden durch Ansammlung von Flüssigkeit niedriger Viskosität im Bereich der Partikelkontakte gebildet [SCH19b]. Die Partikel werden durch die Oberflächenspannung der Flüssigkeit sowie ggf. durch einen sich einstellenden kapillaren Unterdruck zusammengehalten [SCH82, SCH19b]. Die interpartikulären Haftkräfte von Flüssigkeitsbrücken nehmen mit steigendem Flüssigkeitsanteil sowie sinkendem Abstand zwischen den Partikeln zu, bis der Pulverwerkstoff eine vollständige Sättigung erreicht [SCH19b].

Den interpartikulären Haftkräften wirkt die Gewichtskraft der Partikel entgegen. In Pulverwerkstoffen, die aus vergleichsweise kleinen Partikeln bestehen, dominieren auf Grund der geringen Gewichtskraft der einzelnen Partikel die interpartikulären Haftkräfte (vgl. Abbildung 23). Die Fließfähigkeit des Pulverwerkstoffes sinkt daher mit abnehmender Partikelgröße[11] [FOR01b]. Mit zunehmender Partikelgröße steigt die Gewichtskraft im Vergleich zu den interpartikulären Haftkräften überproportional an, wodurch die Gewichtskraft ab einer bestimmten Partikelgröße zur dominierenden Kraft wird [SCH79]. Dies wiederum begünstigt die Fließfähigkeit des Pulverwerkstoffes. Ab welcher Partikelgröße die Gewichtskraft zur dominierenden Kraft wird, ist abhängig von der Dichte des Werkstoffes und kann daher stark variieren. Die Fließfähigkeit ist im Kontext des PBF-LB/M relevant für das Verhalten des Pulverwerkstoffes im Rahmen des Beschichtungsprozesses. Eine hohe Fließfähigkeit ermöglicht einen gleichmäßigen Pulverauftrag in einer definierten Schichtdicke und gewährleistet eine homogene Absorption der Laserstrahlung [VAN95, LIU11].

[11] Pulverwerkstoffe, bei denen die Partikel durch interpartikuläre Haftkräfte zusammengehalten werden, werden als kohäsiv bezeichnet.

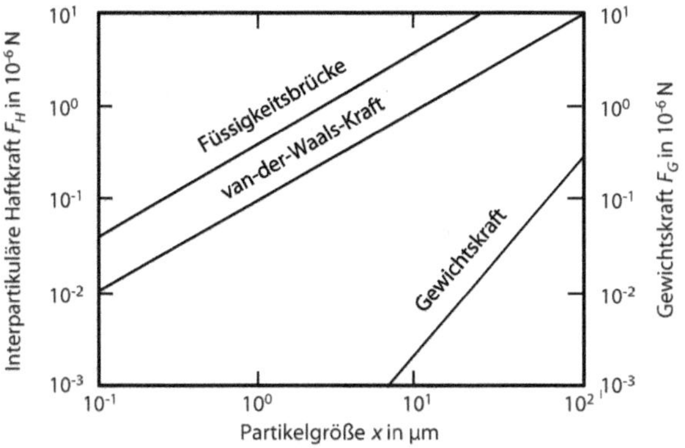

Abbildung 23: Einfluss der Partikelgröße auf die interpartikuläre Haftkraft und die Gewichtskraft, in Anlehnung an [SCH79]

2.2.4 Packungsdichte

Die Packungsdichte[12] eines Pulverwerkstoffes stellt den Anteil des von Feststoff ausgefüllten Volumens am Gesamtvolumen einer Pulverpackung dar [SPA14].

$$\phi = \frac{V_F}{V_G} \tag{2.8}$$

V_F: Feststoffvolumen

V_G: Gesamtvolumen

ϕ: Packungsdichte

Der Anteil des nicht mit Feststoff ausgefüllten Gesamtvolumens der Pulverpackung wird als Porosität bezeichnet.

$$\varepsilon = 1 - \phi \tag{2.9}$$

ε: Porosität

Die Packungsdichte eines Pulverwerkstoffes kann je nach Art der Anordnung der einzelnen Partikel variieren. Monodisperse sphärische Partikel können beispielsweise als zufällige, lose Packung (engl. random loose packing, RLP) eine Packungsdichte von ca. 60 % und als zufällige, dichte Packung (engl. random close packing, RCP) eine Packungsdichte von ca. 64 % erreichen [SCO60, SCO69]. Aus diesem

[12] Die Packungsdichte wird auch als Raumausfüllung bezeichnet [RAS10].

Grund werden zur reproduzierbaren Bestimmung der Fähigkeit eines Pulverwerkstoffes, ein definiertes Volumen auszufüllen, die Kennzahlen Fülldichte[13] und Klopfdichte verwendet. Diese Kennzahlen werden als charakteristische Packungsdichten bezeichnet [LUT20]. Die Fülldichte (vergleichbar mit der Packungsdichte einer RLP [SCO60]) stellt die Packungsdichte des Pulverwerkstoffes nach einem Schüttvorgang in einen Behälter dar (siehe DIN EN ISO 3923-1) [DIN18]. Die Klopfdichte (vergleichbar mit der Packungsdichte einer RCP [SCO60]) stellt die Packungsdichte des Pulverwerkstoffes nach einer zusätzlichen Verdichtung mittels Stößen dar (siehe DIN EN ISO 3953) [DIN11].

Einflussgrößen

Die erreichbare Packungsdichte eines Pulverwerkstoffes ist abhängig von der Partikelform, der PGV, der Fließfähigkeit und den interpartikulären Haftkräften. Hinsichtlich der Partikelform erzielen möglichst sphärische Partikel eine maximale Packungsdichte [GER94]. Weiterhin sind eine möglichst hohe Polydispersität - eine möglichst breite PGV - sowie eine Multimodalität des Partikelwerkstoffes für eine Maximierung der Packungsdichte vorteilhaft [HE98]. Die Partikelgröße spielt auch für monodisperse Pulverwerkstoffe eine Rolle in Bezug auf die Packungsdichte. Ab einer Grenze von ca. 100 µm nimmt die Packungsdichte mit sinkender Partikelgröße sukzessive ab [FOR01a]. Die Ursache ist die zunehmende Beeinträchtigung der Fließfähigkeit des Pulverwerkstoffes auf Grund des steigenden Verhältnisses von interpartikulären Haftkräften zur Partikelgewichtskraft. Eine Beeinträchtigung der Fließfähigkeit des Pulverwerkstoffes schränkt die relative Beweglichkeit der Partikel zueinander ein und beschränkt somit deren Fähigkeit, eine für die Raumausfüllung günstige Anordnung einzunehmen [YAN03]. Im Kontext des PBF-LB/M beeinflusst die Packungsdichte des Pulverbettes die resultierenden Bauteileigenschaften. Für die Maximierung der Bauteildichte ist nach *Zhu et al.* eine möglichst hohe Packungsdichte des Pulverbettes anzustreben [ZHU07].

Maximierung der Packungsdichte

Die Packungsdichte eines Pulverwerkstoffes wird typischerweise durch die Mischung mit einer kleineren Fraktion erhöht [MOC15]. In dem resultierenden bimodalen Pulverwerkstoff können die zwischen den größeren Partikeln bestehenden Hohlräume durch kleinere Partikel teilweise gefüllt werden (vgl. Abbildung 24 a)). Mit steigendem Anteil an kleineren Partikeln nimmt die Packungsdichte des Pulverwerkstoffes solange zu, bis die Hohlräume zwischen den größeren Partikeln vollständig gefüllt sind (vgl. Abbildung 24 b)). Eine Steigerung des Anteils der kleineren Partikel über diesen Punkt hinaus bewirkt, dass die größeren Partikel auseinander gedrängt werden und die Packungsdichte sinkt (vgl. Abbildung 24 c)). Die resultierende Packungsdichte des bimodalen Pulverwerkstoffes ist abhängig vom Partikelgrößenverhältnis sowie vom Volumenverhältnis der beiden Fraktionen [LEE70, STO86]. Durch Zugabe weiterer kleinerer Fraktionen können die verbleibenden Hohlräume im Pulverwerkstoff theoretisch immer weiter gefüllt werden, bis eine sogenannte *Appolonische Packung* mit einer Packungsdichte von 100 % erreicht wird [RAS10, MOC15].

[13] Die Fülldichte wird auch als Schüttdichte bezeichnet [SEY18; LUT20].

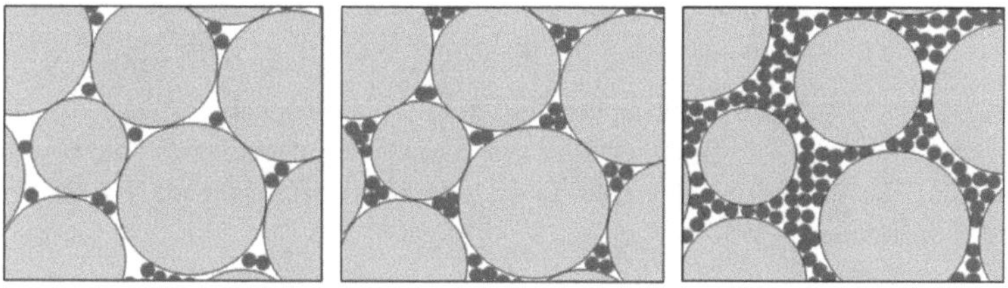

Abbildung 24: Abstrahierte Darstellung einer Pulvermischung aus zwei Fraktionen mit a) zu geringem Anteil an der kleineren Fraktion b) optimalem Mischungsverhältnis der beiden Fraktionen und c) zu hohem Anteil der kleineren Fraktion für die Maximierung der Packungsdichte

Für die experimentelle Ermittlung optimaler Mischungsverhältnisse unterschiedlicher Fraktionen sind aufwendige Versuchsreihen erforderlich [MOC15]. Durch die Nutzung von mathematischen Modellen zur Bestimmung optimaler Mischungsverhältnisse und zur Optimierung der Packungsdichte von Pulverwerkstoffen kann der Aufwand reduziert werden. Auf Grund der zufälligen Anordnung der einzelnen Partikel ist eine rein analytische Berechnung nicht möglich [MOC15]. Aus diesem Grund wird für die Berechnung der Packungsdichte auf empirische und semiempirische Berechnungsmodelle zurückgegriffen. Für eine detaillierte Betrachtung der verschiedenen Berechnungsmodelle sei auf die einschlägige Literatur verwiesen (vgl. [LEE70], [YU91], [YU93], [YU96], [JON02], [RAS10]).

2.2.5 Wärmetransport in Pulverwerkstoffen

Für die Beschreibung des Wärmetransportes in Pulverwerkstoffen wird zunächst der Begriff des thermischen Widerstandes eingeführt. Der thermische Widerstand beschreibt, wie groß der Wärmestrom durch ein System bei einer gegebenen Temperaturdifferenz ist und ist abhängig von der Länge des Systems, der Wärmeleitfähigkeit und der durchströmten Querschnittsfläche (vgl. Gl. (2.10)) [HAN18].

$$R_{th} = \frac{\Delta T}{\dot{Q}} = \frac{l}{k \cdot A} \tag{2.10}$$

R_{th}:	Thermischer Widerstand
ΔT:	Temperaturdifferenz
$\dot{Q}$:	Wärmestrom
l:	Länge
k:	Wärmeleitfähigkeit
A:	Querschnittsfläche

Auf Grund der typischerweise geringen Kontaktfläche zwischen den Partikeln eines Pulverwerkstoffes (für sphärische Pulverwerkstoffe weniger als 1 % der Gesamtfläche eines Partikels [BAH04]) ergeben sich hohe thermische Widerstände zwischen den Partikeln [HAN18], was einen im Vergleich zu Vollmaterial reduzierten Wärmetransport zur Folge hat [OTT12, WEI18].

Wie bereits in Unterabschnitt 2.1.1 beschrieben, erfolgt der Wärmetransport in Pulverwerkstoffen, die für das PBF-LB/M verwendet werden, primär durch Wärmeleitung. Die Wärmeleitung zwischen den Partikeln kann in Festkörperleitung, Gasleitung sowie gekoppelte Festkörper- und Gasleitung unterteilt werden (vgl. Abbildung 25) [PAR14].

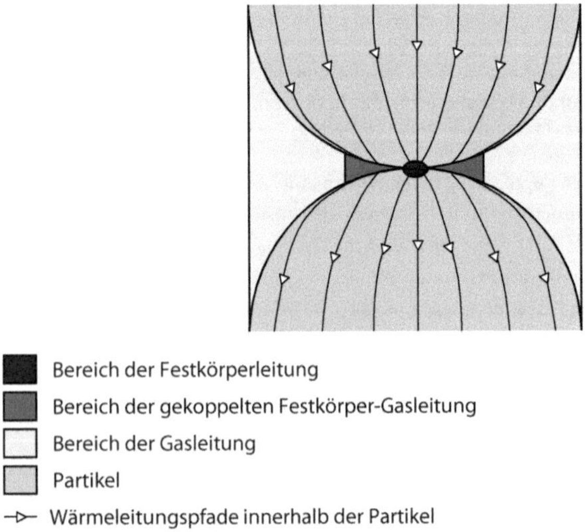

Abbildung 25: Abstrahierte Darstellung der Bereiche und Arten des Wärmetransportes zwischen zwei Partikeln eines Pulverwerkstoffes, in Anlehnung an [PAR14]

Der Wärmetransport über Festkörperleitung erfolgt durch die Kontaktstellen zwischen den Partikeln und ist zum einen abhängig von der Anzahl der Kontaktstellen und zum anderen von der Kontaktfläche. Die Anzahl der Kontaktstellen resultiert aus der Partikelgröße und der Packungsdichte des Pulverwerkstoffes [GUS03]. Bei gleichbleibender Packungsdichte steigt der thermische Widerstand von Pulverwerkstoffen mit sinkender Partikelgröße [BAL89, ALK12]. Die Kontaktfläche wird maßgeblich von der Partikelform (vgl. Unterabschnitt 2.2.1) bestimmt [ROM05]. Im Bereich nahe der Kontaktstelle zweier Partikel, in dem ein geringer Abstand zwischen den Partikeloberflächen besteht, erfolgt ein zusätzlicher Wärmetransport zwischen den Partikeln über die Gasmoleküle des Umgebungsgases[14], welcher als gekoppelte Festkörper- und Gasleitung bezeichnet wird [SWI09]. Hierdurch wird der thermische Widerstand zwischen den Partikeln reduziert [ROT21]. Sowohl die Gasleitung als auch die gekoppelte Festkörper- und Gasleitung sind abhängig vom Gasdruck und stellen bei steigendem Druck einen zunehmenden

[14] Beim PBF-LB/M stellt das verwendete Schutzgas das Umgebungsgas dar.

Anteil der Wärmeleitung innerhalb eines Pulverwerkstoffes dar [PAR14]. Auf Grund des Zusammenspiels dieser unterschiedlichen Transportmechanismen wird der Begriff der effektiven Wärmeleitfähigkeit benutzt, um die Fähigkeit von Pulverwerkstoffen, Wärme zu transportieren, zu beschreiben [REI88].

Pulverwerkstoffe, die im Rahmen des PBF-LB/M Verwendung finden, bestehen auf Grund der Anforderungen an die Fließfähigkeit meist aus nahezu sphärischen Partikeln. Hierdurch können hohe Packungsdichten erreicht werden, während die Festkörperleitung auf Grund der geringen Kontaktfläche zwischen den Partikeln vergleichsweise gering ist [GOV20]. Dies führt zu einer hohen thermischen Isolationswirkung des Pulverwerkstoffes, wodurch es insbesondere in überhängenden Bauteilbereichen zu Überhitzungen und Wärmestauungen kommen kann (vgl. Unterabschnitt 2.1.3).

2.3 Inkjet-Druck

2.3.1 Verfahrensvarianten

Der Inkjet-Druck (auch als Tintenstrahldruck bezeichnet) stellt ein Verfahren zum berührungslosen selektiven Auftrag von Tinten auf einer Substratoberfläche dar [STR09]. Der Auftrag der Tinte erfolgt dabei in Form von einzelnen Tropfen. Das Anwendungsgebiet des Verfahrens erstreckt sich dabei von Privatanwendungen über die industrielle Nutzung und umfasst Bereiche wie den Textil-, Etiketten- und Plakatdruck [MAI19] bis hin zum dreidimensionalen Druck von keramischen Bauteilen [AIN02], Bauteilen aus Biomaterialien [SAC03] sowie elektrischen und elektro-mechanischen Komponenten [FUL02]. Abhängig von der Art und Funktionsweise der Tropfenerzeugung kann der Inkjet-Druck in verschiedene Verfahrensvarianten unterteilt werden (vgl. Abbildung 26).

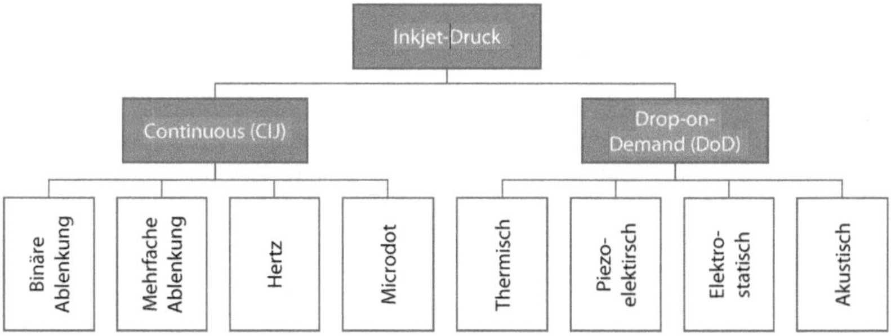

Abbildung 26: Klassifikation und Unterteilung von Verfahrensvarianten des Inkjet-Drucks, in Anlehnung an [LE98]

Die zwei grundlegenden Verfahrensvarianten des Inkjet-Drucks sind das Continuous-Inkjet-Printing (CIJ) und das Drop-on-Demand-Inkjet-Printing (DoD). Beim CIJ werden kontinuierlich Tropfen erzeugt und abhängig vom Druckbild entweder auf die Substratoberfläche aufgetragen oder in einen Auffangbehälter abgelenkt (vgl. Abbildung 27 a)) [MAR15]. Die Tropfen werden hierfür nach dem Austritt aus der Düse selektiv elektrostatisch aufgeladen und durch ein elektrisches Feld abgelenkt [KIP00]. Die im Auffangbehälter gesammelte Tinte wird dem Tintenreservoir wieder zugeführt. Das CIJ zeichnet sich durch eine hohe Produktivität bei vergleichsweise geringer Auflösung und Kantenschärfe aus [MAI19].

Beim DoD erfolgt die Tropfenerzeugung bei Bedarf abhängig vom Druckbild bei einem entsprechenden Signaleingang (vgl. Abbildung 27 b))[MAR15].

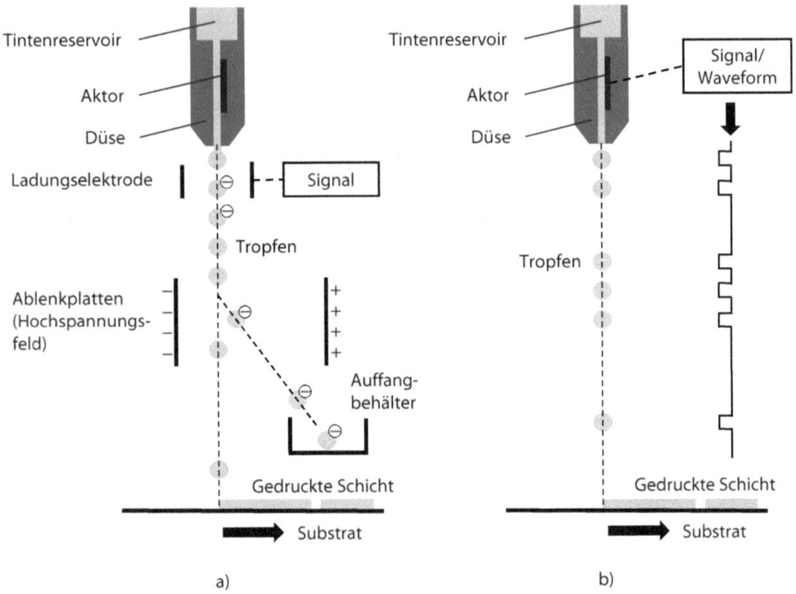

Abbildung 27: Schematische Darstellung der Funktionsweise des a) CIJ und b) des DoD, in Anlehnung an [MAR15]

Im Rahmen der vorliegenden Arbeit wird das DoD mit piezoelektrischer Tropfenerzeugung fokussiert, welches die meist genutzte Verfahrensvariante des Inkjet-Drucks für die industrielle Anwendung darstellt sowie eine große Bandbreite verarbeitbarer Tinten gewährleistet [MAR15, MAI19, SCH22]. In einem piezoelektrischen DoD-Druckkopf befindet sich ein Piezoelement im Düsenkanal, welches sich in Abhängigkeit der angelegten Spannung ausdehnt (vgl. Abbildung 28) [SCH22]. Durch die so erzielte Volumenänderung im Düsenkanal wird die Tinte verdrängt und ein Tropfen mit definiertem Volumen tritt aus der Düse aus. Der Tropfenausstoß wird über den Verlauf der angelegten Spannung – die sogenannte Waveform – gesteuert und erfolgt in einer Frequenz von bis zu 20 kHz [WAß11, SCH22].

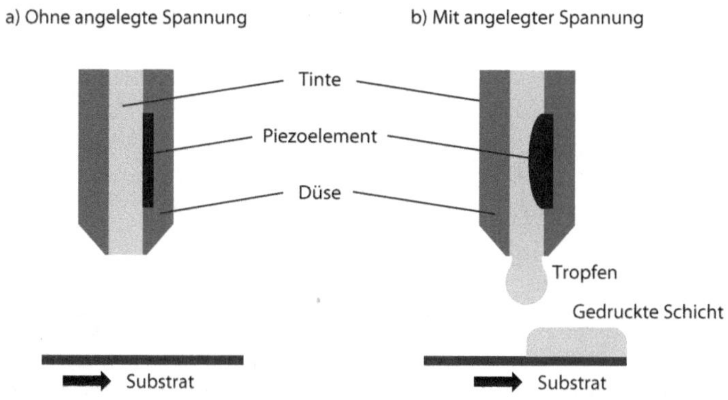

Abbildung 28: Schematische Darstellung der Funktionsweise der Düsen eines piezoelektrischen DoD-Druckkopfes, in Anlehnung an [SCH22]

2.3.2 Tintenanforderungen

Die Verarbeitung von Materialien mittels Inkjet-Druck erfordert, dass diese in Form von Tinten[15] – d. h. in einer flüssigen Phase gelöst oder dispergiert – vorliegen [MIK15]. Tinten für den Inkjet-Druck können in wasserbasierte und nicht-wasserbasierte Tinten eingeteilt werden [LE98, MAG09]. Nicht-wasserbasierte Tinten lassen sich wiederum in ölbasierte und lösemittelbasierte Tinten untergliedern [LE98, MAG09]. Um den Ausstoß einzelner Tropfen mit definiertem Tropfenvolumen und definierter Tropfengeschwindigkeit zu ermöglichen, muss eine Tinte verschiedene Anforderungen erfüllen, welche nach *Mikolajek* für partikelhaltige Tinten in die Kategorien Partikelgröße und Stabilität, fluidmechanische Eigenschaften sowie Benetzungs- und Trocknungsverhalten eingeteilt werden können [MIK18].

Partikelgröße und Stabilität

Der Düsendurchmesser von Druckköpfen für den Inkjet-Druck liegt typischerweise in einem Bereich von 10 µm bis 100 µm [MIK15]. Für einen stabilen Druckprozess müssen die in der Tinte enthaltenen Partikel etwa um das 20- bis 100-fache kleiner sein als der Düsendurchmesser [DER03, SCH21a]. Evtl. auftretende Agglomerate und Aggregate sind hierbei zu berücksichtigen [MIK18].

Neben der Partikelgröße ist die Stabilität der Tinte – also die Neigung zur Agglomeration und Sedimentation – ausschlaggebend für einen stabilen Druckprozess [MIK15, KRE21]. Eine Agglomeration der in der Tinte enthaltenen Partikel führt zu einer unkontrollierten Zunahme der Partikelgröße und kann somit eine Verstopfung des Druckkopfes verursachen. Die Ursache der Agglomeration von Partikeln innerhalb der Tinte kann auf Van-der-Waals-Wechselwirkungen zwischen den Partikeln zurückgeführt

[15] Lösungen und Dispersionen, die im *Inkjet-Druck* verarbeitet werden, werden typischerweise als Tinten bezeichnet.

werden (vgl. Unterabschnitt 2.2.3). Die Agglomerationsneigung der in der Tinte enthaltenen Partikel steigt mit abnehmender Partikelgröße. Um der Agglomeratbildung entgegenzuwirken, bestehen nach *Russel at al.* zwei Möglichkeiten, Tinten zu stabilisieren [RUS91]. Zum einen kann eine Agglomeration der Partikel in wasserbasierten Tinten durch eine elektrostatische Aufladung der Partikel verhindert werden. Zum anderen können Dispergatoren – typischerweise langkettige organische Moleküle wie z. B. Tenside – verwendet werden, die an der Oberfläche der Partikel haften und die gegenseitige Annäherung der Partikel verhindern (sogenannte sterische Stabilisierung; vgl. Abbildung 29).

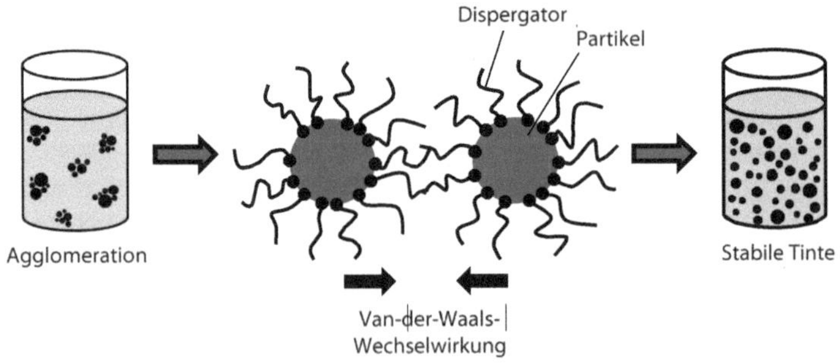

Abbildung 29: Schematische Darstellung der sterischen Stabilisierung einer Tinte mittels Dispergatoren, in Anlehnung an [MIK15]

Neben der Agglomeratbildung ist eine Sedimentation der Partikel zu verhindern. Sedimentation führt zu einer ungleichmäßigen Verteilung der Partikel innerhalb der Tinte. Dies kann in einer Verstopfung der Düsen des Druckkopfes resultieren [MIK18]. Für die Bestimmung der Stabilität einer Tinte kann zunächst die Sedimentationsgeschwindigkeit nach Stokes berechnet werden [SCH03]:

$$v_{Stokes} = \frac{(\rho_P - \rho_M) g x^2}{18 \eta_T} \tag{2.11}$$

v_{Stokes}:	Sedimentationsgeschwindigkeit nach Stokes
ρ_P:	Dichte der Partikel
ρ_M:	Dichte des Mediums
g:	Erdbeschleunigung
x:	Partikelgröße
η_T:	Dynamische Viskosität der Tinte

Die Sedimentationsgeschwindigkeit steigt somit mit zunehmendem Dichteunterschied zwischen den Partikeln und dem Medium[16], zunehmender Partikelgröße und abnehmender dynamischer Viskosität der Tinte. Der Sedimentation der Partikel wirkt die sogenannte Brown'sche Bewegung entgegen. Die Brown'sche Bewegung resultiert aus dem Zusammenstoß der Partikel mit den umgebenden Molekülen des Mediums und wird maßgeblich vom Diffusionskoeffizienten der Partikel in der Tinte bestimmt [RAM01]:

$$D_i = \frac{k_B T}{3\eta_T \pi x} \tag{2.12}$$

D_i: Diffusionskoeffizient

k_B: Boltzmann-Konstante

T: Temperatur

Mit sinkender Partikelgröße ergeben sich somit eine geringere Sedimentationsgeschwindigkeit und ein höherer Diffusionskoeffizient, was wiederum auf eine stärkere Brown'sche Bewegung der Partikel schließen lässt. Ab einer gewissen Partikelgröße dominiert die Brown'sche Bewegung gegenüber der Schwerkraft, wodurch die Sedimentation der Partikel verhindert wird [CHR10, TAD10, LAU16]. Falls die Brown'sche Bewegung nicht ausreicht, um die Sedimentation vollständig zu verhindern, kann die Sedimentation durch eine Erhöhung der dynamischen Viskosität der Tinte mittels löslicher Polymere oder Tenside soweit verzögert werden, dass eine zeitlich begrenzte Verarbeitung möglich ist [HOF03]. Aus dem Verhältnis der Sedimentationsgeschwindigkeit und dem Diffusionskoeffizienten kann die Stabilität der Tinte mittels der Péclet-Zahl quantifiziert werden [RAM01]:

$$Pe = \frac{x v_{Stokes}}{2D} \tag{2.13}$$

Pe: Péclet-Zahl

Für Werte von $Pe > 1$ ist die Sedimentation der dominierende Effekt in der Tinte, für Werte $Pe < 1$ die Brown´sche Bewegung [RAM01].

Fluidmechanische Eigenschaften

Die Verarbeitungseigenschaften von Tinten werden maßgeblich von deren Viskosität und Oberflächenspannung bestimmt [CUM12]. Die dynamische Viskosität muss gering genug sein, dass ein Tropfen aus der Düse ausgestoßen werden kann und die Tinte schnell genug in das Tintenreservoir nachfließt. Weiterhin muss die dynamische Viskosität der Tinte möglichst unabhängig von der Scherrate sein[17], um

[16] Das Medium ist im vorliegenden Fall der flüssige Teil der Tinte

[17] Flüssigkeiten, deren Viskosität unabhängig von der Scherrate sind, werden Newton'sche Fluide genannt.

einen gleichmäßigen Tropfenausstoß zu erreichen [SCH21a]. Die Oberflächenspannung der Tinte muss hoch genug sein, um ein ungewolltes Tropfen der Tinte aus den Düsen zu verhindern und niedrig genug, um die Ablösung des Tropfens zu ermöglichen [CUM12]. Die dynamische Viskosität und Oberflächenspannung der Tinte sind temperaturabhängig und können durch eine Temperierung in einem begrenzten Rahmen eingestellt werden [SCH21a].

Für die Beurteilung, ob eine Tinte für den Inkjet-Druck geeignet ist, müssen deren rheologische und stoffliche Eigenschaften in Bezug zu den Eigenschaften des verwendeten Druckkopfes gesetzt werden. Maßgeblich ist hierfür die charakteristische Länge, die nach *Mikolajek* mit dem Düsendurchmesser gleichgesetzt werden kann [MIK18]. Nach *Fromm* können die dimensionslosen Kennzahlen Reynolds-Zahl, Weber-Zahl und Ohnesorge-Zahl verwendet werden, um ein Parameterfenster zu ermitteln, innerhalb dessen für einen bestimmten Düsendurchmesser eine stabile Tropfenbildung[18] erfolgt [FRO84].

Die Reynolds-Zahl stellt dabei das Verhältnis zwischen Trägheits- und Reibungskräften dar und wird verwendet, um den Übergang einer laminaren Strömung in eine turbulente Strömung zu beschreiben [FRO84, BÖC13].

$$Re = \frac{v_T \rho_T l_c}{\eta_T} \tag{2.14}$$

Re:	Reynolds-Zahl
ρ_T:	Dichte der Tinte
v_T:	Tropfengeschwindigkeit
l_c:	Charakteristische Länge

Die Weber-Zahl stellt das Verhältnis zwischen Trägheits- und Oberflächenkräften dar und wird verwendet, um die Tropfenverformung und somit das Zerstäubungsverhalten der Tinte beim Austritt aus der Düse zu beschreiben [FRO84, MIK18].

$$We = \frac{v_T^2 \rho l_c}{\sigma_O} \tag{2.15}$$

We:	Weber-Zahl
σ_O:	Oberflächenspannung

Da die Tropfengeschwindigkeit, die für die Berechnung der Reynolds- und Weber-Zahl benötigt wird, häufig unbekannt ist, wird für die mathematische Beschreibung der Tropfenbildung die Ohnesorge-Zahl verwendet [MIK18, KRE21]. Die Ohnesorge-Zahl ist ausschließlich abhängig von den rheologischen

[18] Stabile Tropfenbildung bedeutet in diesem Kontext die Ablösung eines einzelnen sphärischen Tropfens pro Aktor-Impuls.

und stofflichen Eigenschaften der Tinte sowie vom Düsendurchmesser des verwendeten Druckkopfes und wird wie folgt berechnet [FRO84]:

$$Oh = \frac{\sqrt{We}}{Re} = \frac{\eta_T}{\sqrt{\sigma_O \rho l_c}} \tag{2.16}$$

Oh: Ohnesorge-Zahl

Auf Basis numerischer Simulationen ermittelte [REI00] einen Wertebereich für die Ohnesorge-Zahl von $0{,}1 < Oh < 1$, in dem eine stabile Tropfenbildung stattfindet (vgl. Abbildung 30). Weist eine Tinte Werte von $Oh > 1$ auf, ist deren Viskosität zu hoch für eine Tropfenbildung. Werte von $Oh < 0{,}1$ lassen auf die Bildung ungewollter Satellitentropfen[19] schließen. Nach unten wird das Parameterfenster durch die Weber-Zahl begrenzt. Für Werte von $We < 4$ ist die kinetische Energie nicht ausreichend, um die Oberflächenspannung an der Düsenöffnung zu überwinden und eine Tropfenbildung zu ermöglichen [DUI01]. Nach oben wird das Parameterfenster durch die Tropfengeschwindigkeit begrenzt, ab der sich beim Auftreffen eines Tropfens auf der Substratoberfläche Spritzer bilden. Der konkrete Grenzwert ist dabei abhängig von der Oberflächenrauheit der Substratoberfläche [STO81].

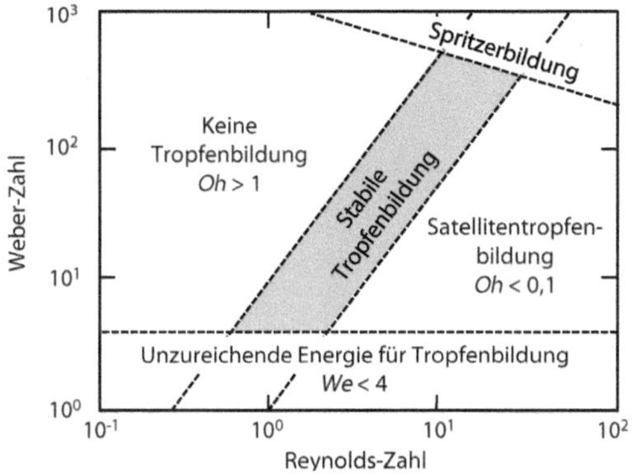

Abbildung 30: Parameterfenster der fluidmechanischen Eigenschaften von Tinten für eine stabile Tropfenbildung beim Inkjet-Druck, in Anlehnung an [DER10]

Benetzungs- und Trocknungsverhalten

---

[19] Satellitentropfen entstehen, wenn die Tinte nach dem Austritt aus der Düse keinen einzelnen sphärischen Tropfen formt, sondern in mehrere Tropfen zerfällt. Dem durch den Aktorimpuls erzeugten Tropfen folgen in diesem Fall einer oder mehrere kleinere Tropfen, welche Satellitentropfen genannt werden.

Das Benetzungsverhalten einer Tinte auf einer glatten Substratoberfläche kann mittels des Kontaktwinkels θ beschrieben werden (vgl. Unterabschnitt 2.1.1) und ist abhängig von der Grenzflächenenergie zwischen der Substratoberfläche und der Umgebungsatmosphäre, der Grenzflächenenergie zwischen der Substratoberfläche und dem Tropfen sowie der Oberflächenspannung des Tropfens [CUR10]. Bei zunehmender Oberflächenrauheit des Substrates steigt der Kontaktwinkel [WEN36].

Für den *Inkjet-Druck* von Linien und Flächen ist das Benetzungsverhalten der Tinte auf der Substratoberfläche von entscheidender Bedeutung. Bei geringer Benetzung und damit geringem Kontaktwinkel sinkt das Verhältnis des Durchmessers der auf das Substrat gedruckten Punkte zum Tropfendurchmesser (vgl. Abbildung 31 a)) [SCH21a]. Ausgehend von einem konstanten Punktabstand bleiben bei einem zu geringen Kontaktwinkel einzelne Punkte auf der Substratoberfläche bestehen und verbinden sich nicht zu Linien oder Flächen (vgl. Abbildung 31 b) links). Bei zu großem Kontaktwinkel verläuft die Tinte, was wiederum zu einer geringeren Maßhaltigkeit des Druckbildes führt (vgl. Abbildung 31 b) rechts) [SCH22].

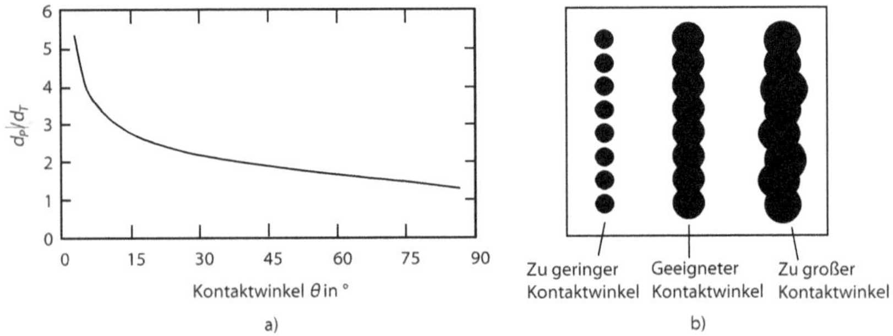

Abbildung 31: a) Zusammenhang zwischen Kontaktwinkel und dem Verhältnis des Durchmessers eines auf die Substratoberfläche gedruckten Punktes d_P und des Tropfendurchmessers d_T, in Anlehnung an [WAß11] und b) Abhängigkeit der Kantenschärfe und Detailauflösung vom Durchmesser der gedruckten Punkte, in Anlehnung an [SCH21a]

Neben dem Benetzungsverhalten beeinflusst das Trocknungsverhalten der partikelhaltigen Tinte auf der Substratoberfläche das resultierende Druckbild [SCH21a]. Die Trocknung der Tinte erfolgt über Adsorption in das Substrat, über Verdunstung der flüssigen Phase oder über eine Kombination beider Mechanismen [SCH21a]. Während des Trocknungsprozesses sedimentieren die in der Tinte dispergierten Partikel auf die Substratoberfläche. Auf Grund der stärkeren Verdunstung der flüssigen Phase am Rand der Kontaktlinse sowie einer Fixierung des Randes der Kontaktlinse auf dem Substrat durch Inhomogenitäten der Oberfläche bildet sich ein Volumenstrom von der Mitte der Kontaktlinse hin zum Rand der Kontaktlinse (vgl. Abbildung 32) [SCH21a, DEE00]. Hierdurch entsteht eine Ansammlung der Partikel am Rand der Kontaktlinse und somit eine unebene Oberfläche des gedruckten Punktes oder der gedruckten Fläche. Dieses Phänomen wird als *Coffee-Strain-Effect* bezeichnet [WAß11].

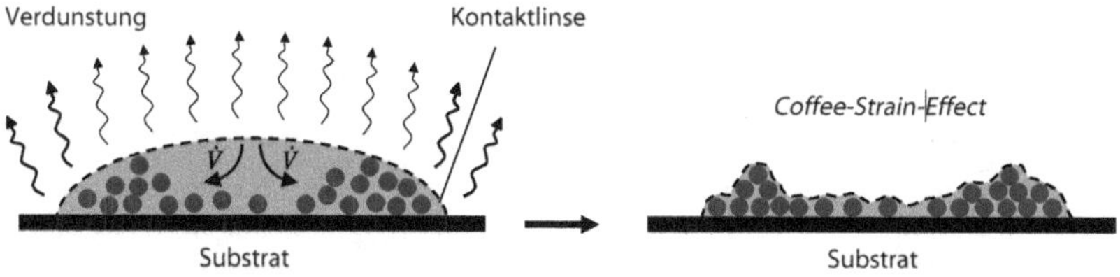

Abbildung 32: Darstellung des *Coffee-Strain-Effects* in Folge der Trocknung eines Tintentropfens, in Anlehnung an [SOW17].

Der *Coffee-Strain-Effect* tritt insbesondere bei Substraten mit geringer Porosität auf, wie beispielswiese Gläsern oder Polymerfolien. Bei der Verwendung von Substraten mit hoher Porosität ist die Adsorption der Tinte in das Substrat stärker ausgeprägt, was zu einer Immobilisierung der in der Tinte dispergierten Partikel führt [SCH21a]. Hierdurch wird verhindert, dass die Partikel hin zum Rand der Kontaktlinse transportiert werden.

2.4 Identifizierung des Forschungsbedarfs

Der in Abschnitt 1.2 dargestellte Handlungsbedarf zur Reduzierung der prozessbedingten Stützstrukturen wird durch die Vielzahl an Forschungs- und Entwicklungsaktivitäten auf diesem Themengebiet sowohl in der Wissenschaft als auch in der Industrie verdeutlicht. Die in Unterabschnitt 2.1.4 beschriebenen Lösungsansätze und Entwicklungen sind in Abbildung 33 zusammengefasst und hinsichtlich der Prozessphase und Steuerungsgrundlage unterteilt. Alle bestehenden Lösungsansätze weisen dabei Defizite auf, die eine breite industrielle Anwendung einschränken.

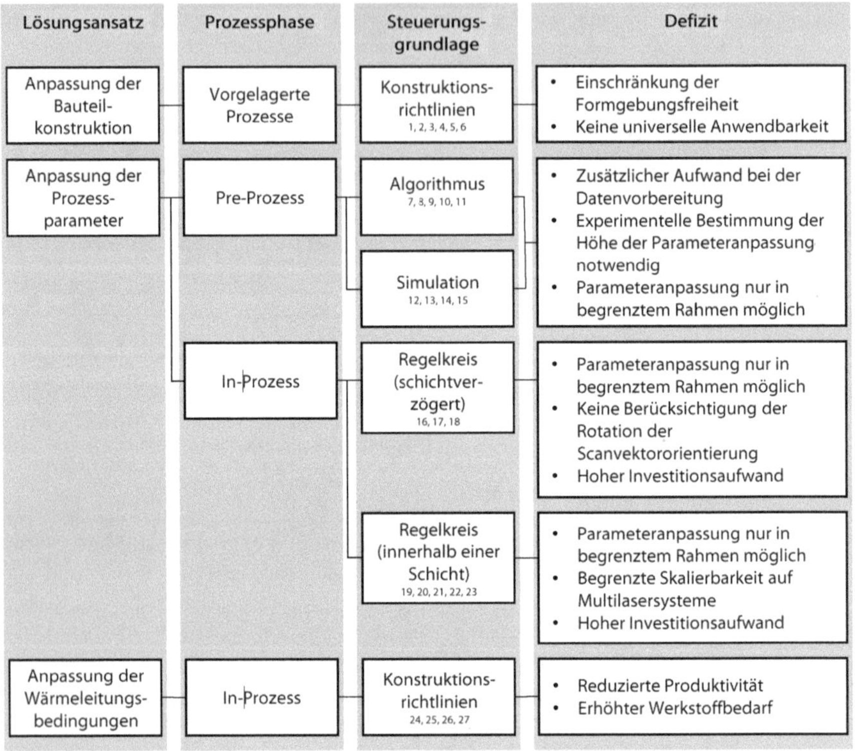

1 [THO09]; 2 [ATZ15]; 3 [KRA15]; 4 [LI17]; 5 [ZHA18b]; 6 [ZHA20]; 7 [CLI11]; 8 [XU18]; 9 [YEU18]; 10 [SLM24]; 11 [VEL24]; 12 [DRU20]; 13 [ILL20]; 14 [AMS24a]; 15 [AMS24b]; 16 [VAS22]; 17 [EOS24]; 18 [YAĞ24]; 19 [KRU07b]; 20 [REN18]; 21 [OGO21]; 22 [REI21]; 23 [ACO24]; 24 [ZHA18a]; 25 [ÇEL22]; 26 [GÜL22]; 27 [HOF22]

Abbildung 33: Systematische Einteilung und Bewertung der bestehenden Lösungsansätze.

Die Anpassung der Bauteilkonstruktion und -orientierung schränkt das Potential der Formgebungsfreiheit der additiven Fertigung ein. Weiterhin ist eine Anpassung der Bauteilkonstruktion und -orientierung in vielen Fällen nicht uneingeschränkt möglich. Die Anpassung der Prozessparameter an die lokal vorherrschenden Wärmeleitungsbedingungen verursacht einen erhöhten Zeit- und Personalaufwand in der Prozessvorbereitung oder erfordert kostenintensive Investitionen in Prozessüberwachungssysteme und Steuerungslösungen zur Prozessregelung, welche nur eingeschränkt auf Multilasersysteme skalierbar sind. Die Anpassung der Prozessparameter ist außerdem nur in einem begrenzten Rahmen möglich, da ein vollständiges Aufschmelzen des Metallpulvers gewährleistet sein muss. Den beiden genannten Lösungsansätzen steht die Anpassung der lokalen Wärmeleitungsbedingungen gegenüber. Hierdurch wird die Ursache für die Notwendigkeit von Stützstrukturen – die vergleichsweise geringe effektive Wärmeleitfähigkeit des Pulverbettes – direkt adressiert. Die Anpassung der lokalen Wärmeleitungsbedingungen beim PBF-LB/M kann zum aktuellen Stand der Technik ausschließlich über kontaktlose Stützstrukturen realisiert werden. Die Hauptvorteile dieses Lösungsansatzes sind eine aufwandsarme und kostengünstige Umsetzbarkeit sowie eine uneingeschränkte Skalierbarkeit auf Multilasersysteme. Den genannten Vorteilen steht jedoch ein erhöhter Werkstoffverbrauch sowie eine erhöhte Fertigungszeit gegenüber.

Aus den dargestellten Defiziten der bestehenden Lösungsansätze und Entwicklungen leitet sich ein dringender ingenieurwissenschaftlicher Handlungsbedarf ab. Insbesondere die Anpassung der Wärmeleitungsbedingungen stellt einen Lösungsansatz dar, der bisher ausschließlich im Kontext kontaktloser Stützstrukturen erforscht wurde. Infolgedessen stellt die Entwicklung eines Verfahrens zur Anpassung der Wärmeleitungsbedingungen beim PBF-LB/M mittels Inkjet-Druck im Rahmen der vorliegenden Arbeit einen innovativen Ansatz dar, der die bestehenden Forschungsansätze um eine bisher nicht betrachtete Perspektive erweitert. Durch das Handlungsfeld und die Zielsetzung der Arbeit soll ein Beitrag zur Reduzierung der prozessbedingten Stützstrukturen und somit zur Ermöglichung einer breiten industriellen Anwendung des PBF-LB/M geleistet werden.

3 Zielsetzung und Vorgehensweise

Die Zielsetzung der vorliegenden Arbeit, die sich aus dem in Abschnitt 1.2 aufgezeigten Handlungsbedarf sowie aus dem in Abschnitt 2.4 identifizierten Forschungsbedarf ergibt, ist die Reduzierung der prozessbedingten Stützstrukturen durch eine gezielte Anpassung der Wärmeleitungsbedingungen im PBF-LB/M-Fertigungsprozess. Dieses Ziel soll durch die lokale Erhöhung der effektiven Wärmeleitfähigkeit des Pulverbettes unterhalb überhängender Bauteilbereichen realisiert werden. Die Erhöhung der effektiven Wärmeleitfähigkeit des Pulverbettes wird durch eine Erhöhung der Anzahl an Kontaktstellen sowie durch die Ausbildung zusätzlicher Wärmeleitungspfade zwischen den Metallpulverpartikeln im Pulverbett angestrebt (vgl. Unterabschnitte 2.2.4 und 2.2.5). Hierfür soll eine kleinere Partikelfraktion – nachfolgend Wärmeleitpartikel genannt – in die Hohlräume zwischen den Metallpulverpartikeln des Pulverbettes eingebracht werden. Um dies zu ermöglichen, werden die Wärmeleitpartikel in einem flüssigen Medium dispergiert, sodass eine mittels Inkjet-Druckkopf verarbeitbare Tinte entsteht. Diese wird bei der Überfahrt des Beschichters auf die Pulverbettoberfläche appliziert und dringt in die Hohlräume der jeweiligen Metallpulverschicht ein (vgl. Abbildung 34). Das Medium verdunstet in einem anschließenden Trocknungsprozess. Zur Sicherstellung der Akzeptanz der technischen Entwicklung in der Industrie wird eine mindestens gleichbleibende Bauteilqualität (rel. Dichte, Oberflächenrauheit sowie Form- und Maßhaltigkeit) wie bei der Verwendung konventioneller Stützstrukturen angestrebt. Durch die vorliegende Arbeit soll somit ein Beitrag zum Abbau der Hemmnisse hinsichtlich der breiten industriellen Anwendung des PBF-LB/M geleistet werden.

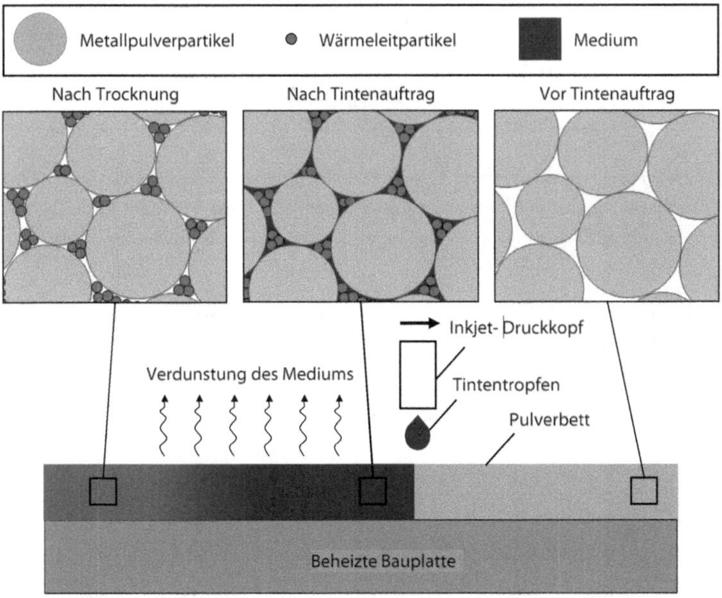

Abbildung 34: Schematische Darstellung des Prozesses zur Einbringung von Wärmeleitpartikeln in das Pulverbett

Die Vorgehensweise zur Erreichung der beschriebenen Zielsetzung und der sich daraus ergebende Aufbau der Arbeit sind in Abbildung 35 dargestellt.

In **Kapitel 1** wurde die Ausgangssituation und die Motivation hinter der vorliegenden Arbeit beschrieben. Auf dieser Basis wurde der Handlungsbedarf abgeleitet.

In **Kapitel 2** wurden die Grundlagen und der Stand der Technik im Kontext der Themenschwerpunkte der Arbeit PBF-LB/M, Pulverwerkstoffe und Inkjet-Druck erläutert. Darauf aufbauend wurde der bestehende Forschungsbedarf identifiziert.

In **Kapitel 3** wird die Zielsetzung der Arbeit vom identifizierten Handlungs- und Forschungsbedarf abgeleitet. Weiterhin ist die Vorgehensweise zur Erreichung dieser Zielsetzung sowie der Aufbau der Arbeit dargestellt.

In **Kapitel 4** wird zunächst die Versuchsumgebung bestehend aus der verwendeten PBF-LB/M-Maschine, dem verwendeten Pulverwerkstoff sowie den verwendeten Prozessparametern spezifiziert. Auf dieser Basis werden die im Rahmen der Versuchsumgebung erreichbaren Prozess- und Bauteileigenschaften quantifiziert, um die Vergleichsbasis für die spätere technische Bewertung der Ergebnisse der Arbeit zu schaffen.

In **Kapitel 5** erfolgt die Tintenentwicklung und -charakterisierung. Der Fokus liegt dabei auf der methodischen Auswahl der in der Tinte dispergierten Partikel. Anschließend wird die entwickelte Tinte hinsichtlich der Stabilität und der fluidmechanischen Eigenschaften sowie hinsichtlich des Benetzungs- und Trocknungsverhaltens charakterisiert. Hierdurch sollen Erkenntnisse im Hinblick auf die Verarbeitungseigenschaften der Tinte im Rahmen des PBF-LB/M-Prozesses gewonnen werden.

Darauf aufbauend wird in **Kapitel 6** die Tinte-Metallpulver-Interaktion im Rahmen eines Versuchsstandes experimentell untersucht. Die Ergebnisse werden genutzt, um erste Wirkzusammenhänge zwischen den Tintenauftragsparametern und den resultierenden Pulverbetteigenschaften abzuleiten.

In **Kapitel 7** wird das technische System zum Tintenauftrag in eine PBF-LB/M-Fertigungsmaschine integriert. Anschließend wird der entwickelte Fertigungsprozess hinsichtlich der erreichbaren Prozess- und Bauteileigenschaften analysiert und mit der in **Kapitel 4** spezifizierten Ausgangssituation verglichen.

In **Kapitel 8** wird der entwickelte Fertigungsprozess anhand eines praxisnahen Bauteils erprobt und hinsichtlich der Zielgrößen Zeit, Kosten und Qualität bewertet.

Abschließend erfolgt in **Kapitel 9** eine Zusammenfassung der Arbeit sowie ein Ausblick auf weitere Forschungs- und Entwicklungsbedarfe im Kontext der Themenstellung der Arbeit.

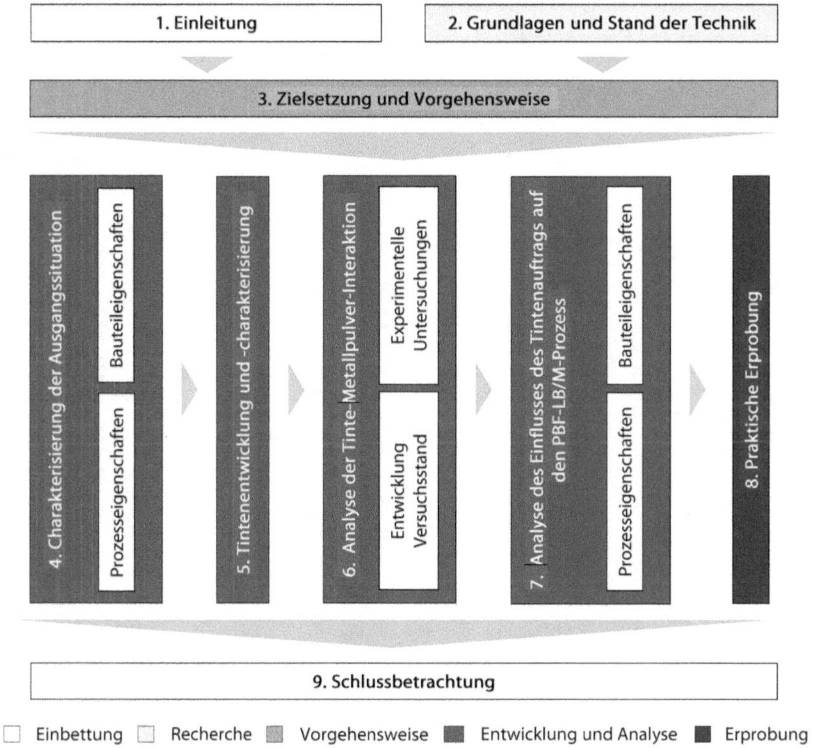

Abbildung 35: Aufbau der Arbeit

4 Charakterisierung der Ausgangssituation

Zur Vergleichbarkeit der Untersuchungen und Ergebnisse in Kapitel 7 wird in diesem Kapitel zunächst die Ausgangssituation der Versuche charakterisiert. Dies erfolgt durch die Spezifizierung der Versuchsumgebung sowie der Prozess- und Bauteileigenschaften, die im Rahmen der Versuchsumgebung erreicht werden können.

4.1 Versuchsumgebung

Im Rahmen der vorliegenden Arbeit wird die PBF-LB/M-Maschine *SLM 125* des Herstellers *Nikon SLM Solutions AG* verwendet (vgl. Abbildung 36 mittig). Die Maschine weist einen Bauraum von (125 x 125 x 125) mm^3 auf und verwendet einen wassergekühlten Faserlaser mit einer Laserleistung von $P_L = 400$ W bei einem einstellbaren Fokusdurchmesser zwischen $d_L = 70$ µm und $d_L = 100$ µm.

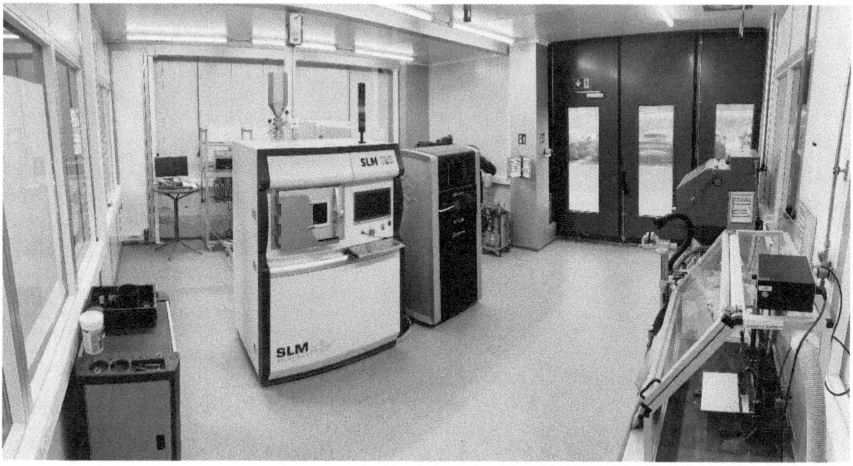

Abbildung 36: PBF-LB/M-Maschine *SLM 125* im Metallpulver-Labor des *Fraunhofer IPA*, Bayreuth

Als Werkstoff wird ein Pulverwerkstoff aus der Titanlegierung Ti-6Al-4V mit den charakteristischen Perzentilen $d_{10} = 19{,}2$ µm, $d_{50} = 32{,}0$ µm und $d_{90} = 42{,}5$ µm verwendet (vgl. Abbildung 37 a)). Die Partikel weisen eine sphärische Form auf, wodurch eine für den Beschichtungsprozess geeignete Fließfähigkeit gewährleistet wird (vgl. Abbildung 37 b)). Für den Werkstoff wurde nach *DIN EN ISO 3923-1* eine Fülldichte von 57,3 % und nach *DIN EN ISO 3953* eine Klopfdichte von 63,1 % ermittelt. Die Verarbeitung findet unter Argon-Atmosphäre (Sauerstoffgehalt der Prozessatmosphäre < 0,01 %) statt, um eine Oxidation des Werkstoffes zu vermeiden.

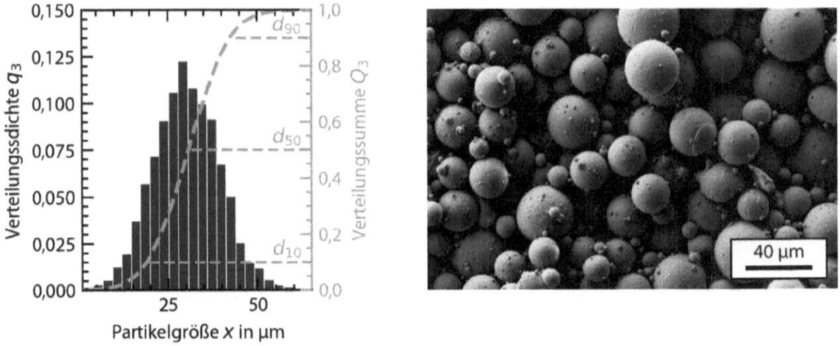

a) b)

Abbildung 37: a) Partikelgrößenverteilung, gemessen mittels *Retsch Camsizer XT*, und b) Rasterelektronenmikroskopaufnahme des verwendeten Ti-6Al-4V-Pulverwerkstoffes, aufgenommen mittels *Zeiss 1540EsB Cross Beam*

Die verwendeten Fertigungsparameter sind in Tabelle 2 dargestellt und entsprechen den Standardparametersätzen der *Nikon SLM Solutions AG* für den Werkstoff Ti-6Al-4V. Um eine Überlagerung von Einflussgrößen zu vermeiden, wurde auf eine Parameteranpassung in überhängenden Bauteilbereichen verzichtet.

Tabelle 2: Fertigungsparameter in Abhängigkeit der Schichtdicke

Schichtdicke d_z	30 µm		60 µm	
Belichtungsbereich	Volumen	Kontur	Volumen	Kontur
Laserleistung P_L	275 W	150 W	350 W	150 W
Scangeschwindigkeit v_S	1450 mm/s	900 mm/s	1250 mm/s	600 mm/s
Fokusdurchmesser Laserstrahl d_L	70 µm		70 µm	
Schmelzbahnabstand a_h	120 µm	70 µm	120 µm	80 µm
Scanstrategie	Streifenbelichtung		Streifenbelichtung	
Rotation der Scanvektororientierung	67°		67°	
Bauplattentemperatur	200 °C		200 °C	

4.2 Versuchsplanung

Die Charakterisierung der Prozess- und Bauteileigenschaften erfolgt in Abhängigkeit des Überhangwinkels anhand auftretender Prozessfehler sowie anhand der Zielgrößen rel. Dichte, Oberflächenrauheit und Verzug. Für die Ermittlung der genannten Zielgrößen müssen zunächst geeignete Prüfkörper definiert werden. Unter der Annahme, dass die aus Prozessinstabilitäten in überhängenden Bauteilbereichen resultierende Porosität überwiegend in der Bauteilrandschicht auftritt [SHA21], wird ein möglichst großes Verhältnis von Überhangfläche zu Volumen der Prüfkörper angestrebt. Hierdurch soll ein möglichst großer Einfluss der Randschichtporosität auf die Gesamtporosität der Prüfkörper und somit eine gute Detektierbarkeit gewährleistet werden. Weiterhin ist für die Ermittlung der Oberflächenrauheit ein quadratischer Messbereich von (12,5 x 12,5) mm² vorgesehen. Aus den gegebenen Randbedingungen und in Anlehnung an den Entwurf der *VDI-Richtlinie 3405 Blatt 3.2* wurden die in Abbildung 38 dargestellten überhangwinkelabhängigen Prüfkörper entworfen [VDI19].

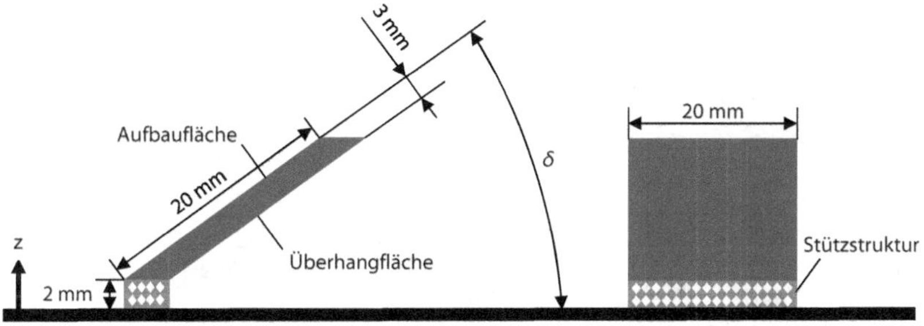

Abbildung 38: Gestaltung und Abmessungen der definierten überhangwinkelabhängigen Prüfkörper, in Anlehnung an [VDI19]

Zur Charakterisierung der Ausgangssituation im Hinblick auf die Prozess- und Bauteileigenschaften wurde ein vollfaktorieller Versuchsplan[20] erstellt (vgl. Anhang A1, Tabelle A1.1). Hierfür wurde der Faktor Überhangwinkel zwischen $\delta = 90°$ und $\delta = 10°$ variiert (vgl. Tabelle 3). Der Abstand zwischen zwei Faktorstufen wurde mit abnehmendem Winkel reduziert, um im Bereich kleiner Überhangwinkel eine höhere Auflösung zu ermöglichen. Als weiterer Faktor wurde die Schichtdicke mit den für das PBF-LB/M gängigen Faktorstufen $d_z = 30$ µm und $d_z = 60$ µm gewählt.

Tabelle 3: Zusammenfassung der Versuchsplanung zur Spezifizierung der Ausgangssituation

Faktoren und Faktorstufen	Überhangwinkel δ in °:	10, 15, 20, 25, 30, 35, 40, 45, 60, 90
	Schichtdicke d_z in µm:	30, 60
Zielgrößen	Rel. Dichte in %	
	Oberflächenrauheit (mittlere arithmetische Höhe S_a) in µm	
	Verzug in mm	
Versuchsplan	Vollfaktorieller Versuchsplan	
Anzahl Replikationen	3	

Im Rahmen von Vorversuchen wurde ermittelt, dass die Positionierung der Prüfkörper auf der Bauplatte keinen Einfluss auf die Bauteileigenschaften besitzt (vgl. Anhang A1), weshalb diese frei gewählt werden

[20] Auf Details zur statistischen Versuchsplanung und -auswertung wird in Unterabschnitt 6.2.1 eingegangen.

kann. Die Prüfkörper (jeweils drei Replikate pro Faktorstufenkombination) wurden für die Fertigung auf Grund der Bauplattenabmessungen auf drei Baujobs aufgeteilt. Da mit den Versuchen unter anderem bestehende Prozessgrenzen ermittelt werden sollen, wurden die Prüfkörper bei der Erstellung der Baujobs nach deren Kritikalität im Hinblick auf einen möglichen Baujobabbruch in Folge von Prozessfehlern aufgeteilt. Um den Einfluss möglicher Beschädigungen der Beschichterlippe auf nachfolgende Prüfkörper zu minimieren, wurden die Prüfköper mit einem Überhangwinkel $\delta < 45°$ außerdem in Beschichtungsrichtung versetzt zueinander positioniert. Die resultierenden Baujobs sind in Abbildung 39 dargestellt.

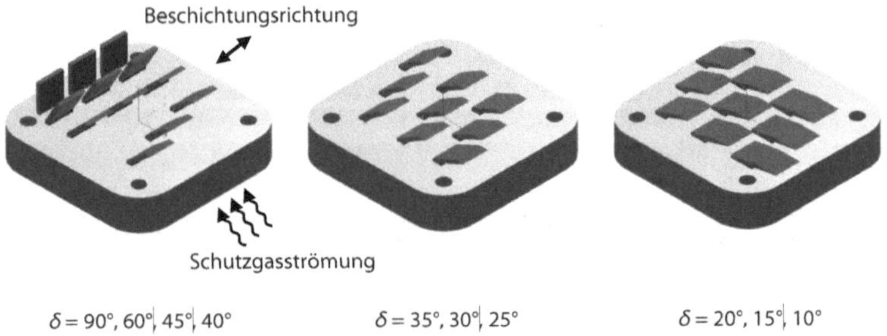

Abbildung 39: Positionierung und Orientierung der Prüfkörper

4.3 Versuchsdurchführung

Die Baujobs wurden unter den in Abschnitt 4.1 beschriebenen Rahmenbedingungen mittels der PBF-LB/M-Maschine *SLM 125* gefertigt. Die Fertigung der Prüfkörper ist in Abbildung 40 exemplarisch dargestellt.

Abbildung 40: Fertigung der Prüfkörper mittels PBF-LB/M

Im Folgenden wird das Vorgehen bei der Ermittlung der Bauteileigenschaften rel. Dichte, Oberflächenrauheit und Verzug beschrieben:

Ermittlung der rel. Dichte

Die rel. Dichte der Prüfkörper wird mittels archimedischem Verfahren nach *DIN EN ISO 3369* ermittelt [DIN10]. Die Prüfkörper werden hierfür sowohl in Luft als auch in entionisiertem Wasser gewogen. Die Dichte der Prüfkörper kann anschließend über folgende Gleichung errechnet werden:

$$\rho_P = \frac{m_{PL}\rho_F}{m_{PL} - m_{PF}} \tag{4.1}$$

ρ_P: Dichte des Prüfkörpers

ρ_F: Dichte der Messflüssigkeit

m_{PL}: Masse des Prüfkörpers bei Wägung in Luft

m_{PF}: Masse des Prüfkörpers bei Wägung in der Messflüssigkeit

Durch Bildung des Quotienten aus der gemessenen und der theoretischen Dichte (4,43 g/cm^3, [ARN17]) kann die rel. Dichte berechnet werden. Die Wägung der Prüfkörper erfolgt mittels der Analysewaage *Kern ABT 120-4NM*. Der verwendete Messaufbau ist in Abbildung 41 dargestellt.

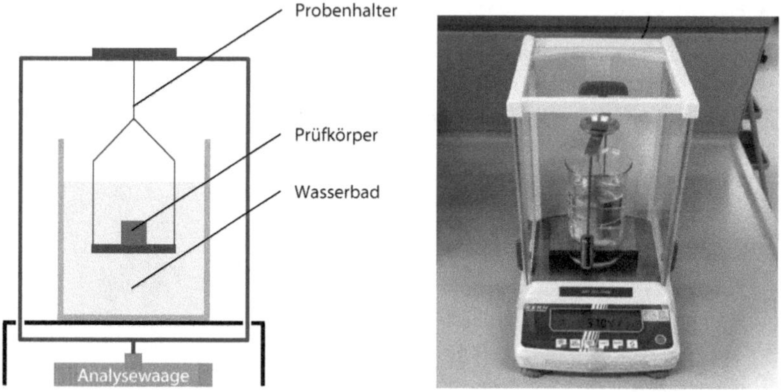

a) b)

Abbildung 41: a) Abstrahierte und b) reale Darstellung des Messaufbaus zur Ermittlung der rel. Dichte

Ermittlung der Oberflächenrauheit

Die Oberflächenrauheit wird mittels der mittleren arithmetischen Höhe S_a der Primäroberfläche beschrieben (vgl. *DIN EN ISO 25178-2*, [DIN19]). Für die Analyse der Prüfkörper hinsichtlich der Oberflächenrauheit werden die Aufbaufläche und die Überhangfläche mittels Streifenlichtprojektion durch das optische 3D-Profilometer *Keyence VR-5200* orthogonal erfasst. Auf den erfassten Flächen wird jeweils ein Messbereich von (12,5 x 12,5) mm² definiert und hinsichtlich des Höhenprofils analysiert (vgl. Abbildung 42). Für die Analyse des Höhenprofils wird ein L-Filter von L = 25 µm angewendet.

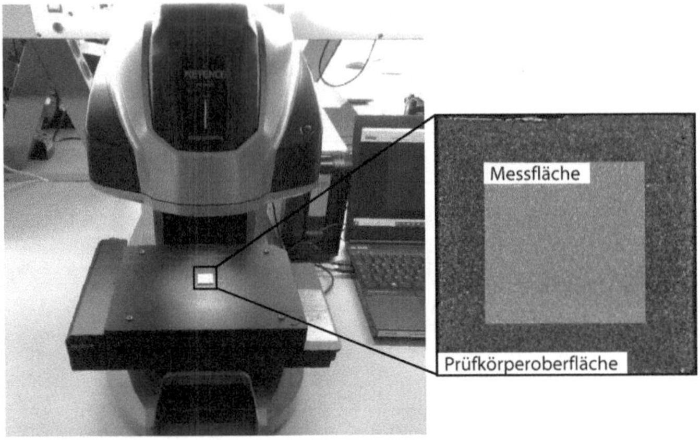

Abbildung 42: Ermittlung der Oberflächenrauheit mittels 3D-Profilometer *Keyence VR-5200*

Ermittlung des Verzugs

Die Ermittlung des Verzugs der Prüfkörper erfolgt auf Basis von drei Messlinien auf der Aufbaufläche (vgl. Abbildung 43 a)). Für die einzelnen Messlinien wird jeweils der Profilverlauf der Oberfläche mittels des 3D-Profilometers *Keyence VR-5200* erfasst und ausgewertet (vgl. Abbildung 43 b)). Der Verzug wird als Differenz zwischen dem höchsten und dem niedrigsten Punkt des Profilverlaufs (vgl. Abbildung 43 c)) angegeben.

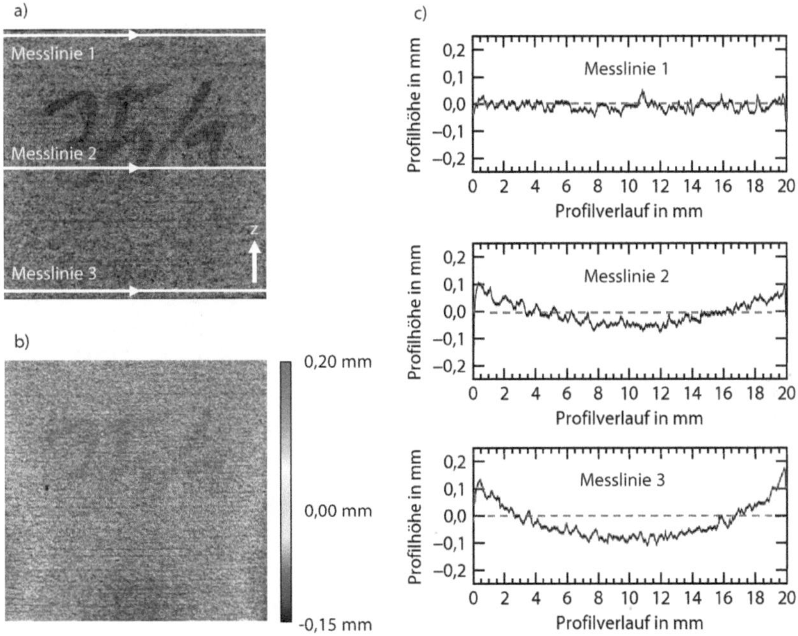

Abbildung 43: a) Darstellung der Messlinien auf der Aufbaufläche der Prüfkörper, b) Falschfarbendarstellung des Oberflächenprofils der vermessenen Aufbaufläche in Abhängigkeit der Profilhöhe und c) Profilhöhe der Messlinien über den Profilverlauf

4.4 Versuchsauswertung

Prozesseigenschaften

Bei der Fertigung der Baujobs, welche die Prüfkörper mit einem Überhangwinkel $\delta > 20°$ beinhalten, wurden keine Prozessfehler, wie Bauteilüberhöhungen oder Beschädigungen der Beschichterlippe, festgestellt. Bei der Fertigung der Baujobs, welche die Prüfkörper mit einem Überhangwinkel $\delta \leq 20°$ beinhalten, waren unabhängig von der Schichtdicke während der Belichtung der ersten Schichten des Prüfkörpervolumens nach dem Aufbau der Stützstrukturen lokale Bauteilüberhöhungen erkennbar (vgl. Abbildung 44 a)). Hierdurch konnte insbesondere der überhängende Bereich der Schichten durch den Beschichtungsvorgang nicht mit Metallpulver bedeckt werden. Die lokalen Bauteilüberhöhungen nehmen während des Baujobs sukzessive zu, was bei einer Schichtdicke von $d_z = 30$ µm nach 86 Schichten bzw. bei einer Schichtdicke von $d_z = 60$ µm nach 65 Schichten einen Abbruch der Fertigung der 10°-Prüfkörper erforderte, um den weiteren Fortschritt des Baujobs auf Grund möglicher Beschichterkollisionen mit dem Bauteil nicht zu gefährden[21] (vgl. Abbildung 44 b)). Nach 178 Schichten (d_z = 30µm) bzw. nach 94 Schichten (d_z = 60 µm) musste auf Grund der zunehmenden Bauteilüberhöhungen die Fertigung der 15°-Prüfkörper abgebrochen werden (vgl. Abbildung 44 c)). Bei den 20°-Prüfkörpern waren sukzessiv zunehmende Bauteilüberhöhungen in den überhängenden Bereichen einer Schicht erkennbar, ohne dass diese ein kritisches Ausmaß erreicht haben, weshalb die 20°-Prüfkörper vollständig gefertigt werden konnten.

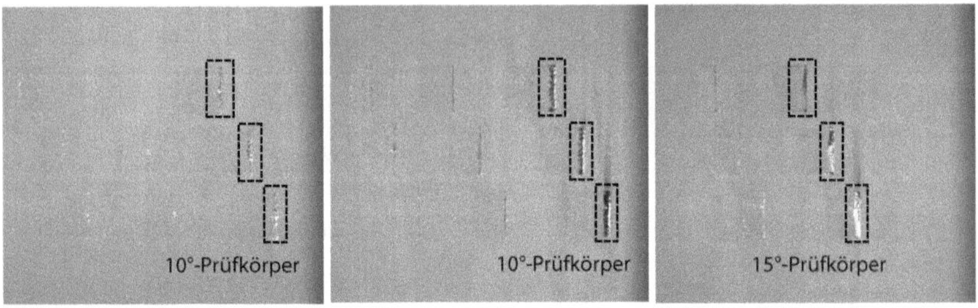

a) b) c)

Abbildung 44: Bei der Fertigung der Prüfkörper auftretender Prozessfehler Bauteilüberhöhung a) bei Beginn der Fertigung des Prüfkörpervolumens, b) vor Abbruch der 10°-Prüfkörper und c) vor Abbruch der 15°-Prüfkörper (Aufnahmen der Pulverbettoberfläche nach Beschichtungsprozess)

Die 10°- und 15°-Prüfkörper weisen nach dem Entpacken des Baujobs ausgeprägte Deformationen in den überhängenden Bauteilbereichen auf (vgl. Abbildung 45). Entsprechende Deformationen sind auch im Ansatz an den 20°-Prüfkörpern zu erkennen. Außerdem ist bei den 10°- und 15°-Prüfkörpern das Auftreten des Balling-Effektes an der Überhangfläche zu erkennen, welcher nach *Li* eine Ursache für Bauteilüberhöhungen darstellt und auf ein instabiles Schmelzbad in Folge einer erhöhten Abkühldauer in überhängenden Bauteilbereichen zurückzuführen ist [LI12].

[21] Als Abbruchkriterium wurde eine Beeinträchtigung des Pulverbettes vor oder nach den Prüfkörpern (in Verfahrrichtung des Beschichters) auf Grund einer Beschädigung der Beschichterlippe in Folge des Kontaktes mit einer Bauteilüberhöhung definiert.

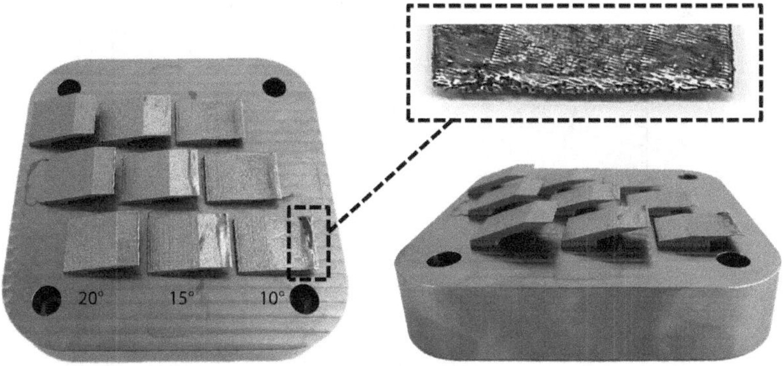

Abbildung 45: Deformation der Prüfkörper und Balling-Effekt

Auf Grund der im Verlauf des Baujobs zunehmenden Ausprägung der Bauteilüberhöhungen und Deformationen der Prüfkörper kann von einer sukzessiven Zunahme der Bauteiltemperatur über den Baujob ausgegangen werden. Dies kann damit begründet werden, dass auf Grund der geringen Wärmeleitung in den überhängenden Bauteilbereichen die thermische Energie, die mittels Laserstrahl eingebracht wurde, nicht vollständig abgeführt werden konnte, bis ein erneuter Energieeintrag in der darauffolgenden Schicht erfolgte. Weiterhin wurde beobachtet, dass die Bauteilüberhöhungen für Prüfkörper mit einem kleineren Überhangwinkel schneller ein kritisches Ausmaß annehmen. Hieraus kann abgeleitet werden, dass die Bauteiltemperatur für diese Prüfkörper vergleichsweise schneller zunimmt, was in guter Übereinstimmung mit den Versuchsergebnissen von *Yavari et al.* steht (vgl. Unterabschnitt 2.1.3, Abbildung 14) [YAV21].

Bauteileigenschaften

Im Folgenden werden die Ergebnisse der Analyse der gefertigten Prüfkörper hinsichtlich der Bauteileigenschaften rel. Dichte, Oberflächenrauheit und Verzug ausgewertet.

Die rel. Dichte der Prüfkörper ist in Abbildung 46 in Abhängigkeit des Überhangwinkels und der Schichtdicke dargestellt. Die rel. Dichte der Prüfkörper fällt mit sinkendem Überhangwinkel für die betrachteten Schichtdicken jeweils exponentiell ab. Dabei ist die rel. Dichte der Prüfkörper mit einer Schichtdicke von $d_z = 30$ µm höher als die der Prüfkörper mit einer Schichtdicke von $d_z = 60$ µm. Weiterhin ist für die Prüfkörper mit einer Schichtdicke von $d_z = 60$ µm ab einem Überhangwinkel von $\delta \leq 30°$ und für die Prüfkörper mit einer Schichtdicke von $d_z = 30$ µm ab einem Überhangwinkel von $\delta \leq 25°$ eine erhöhte Standardabweichung zwischen den Prüfkörpern zu erkennen, was auf eine reduzierte Reproduzierbarkeit der Bauteileigenschaften in diesen Überhangwinkelbereichen schließen lässt. Die mit abnehmendem Überhangwinkel sinkende rel. Dichte der Prüfkörper kann durch einen verminderten Wärmetransport in den überhängenden Bereichen der Prüfkörper begründet werden. Die Folge sind im Verlauf des Baujobs zunehmende Maximaltemperaturen sowie eine erhöhte Abkühldauer [KRA16, YAV21]. Hierdurch wird die Bildung von Poren durch Werkstoffverdampfungen oder durch den Zerfall des Schmelzbades auf Grund des Balling-Effektes begünstigt [CLI14, KRA16]. Die Reproduzierbarkeit der Bauteileigenschaften nimmt hierdurch ab.

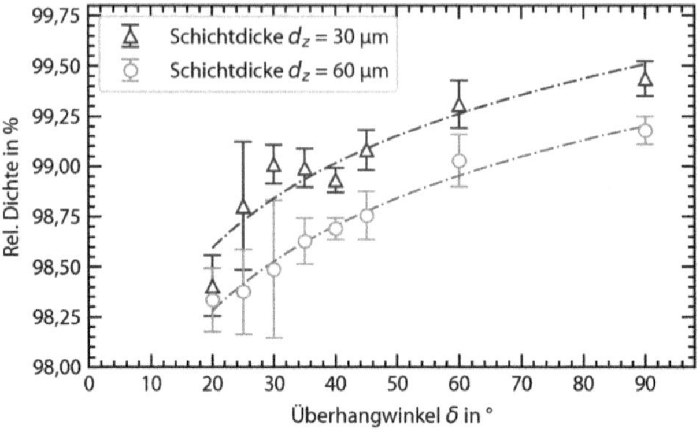

Abbildung 46: Relative Dichte der Prüfkörper in Abhängigkeit des Überhangwinkels und der Schichtdicke

Die Oberflächenrauheit (mittlere arithmetische Höhe S_a) ist für die betrachteten Schichtdicken jeweils für die Aufbau- und Überhangfläche in Abhängigkeit des Überhangwinkels in Abbildung 47 dargestellt. Die Prüfkörper mit einer Schichtdicke von d_z = 60 µm weisen auf Grund der geringeren Schichtauflösung eine höhere Oberflächenrauheit auf als die Prüfkörper mit einer Schichtdicke von d_z = 30 µm. Die Oberflächenrauheit der Überhangfläche nimmt unabhängig von der Schichtdicke mit sinkendem Überhangwinkel exponentiell zu. Die Oberflächenrauheit der Aufbaufläche bleibt nahezu konstant. Für die Prüfkörper mit einem Überhangwinkel von $\delta = 90°$ und $\delta = 60°$ ist unabhängig von der Schichtdicke kein signifikanter Unterschied zwischen der Oberflächenrauheit der Überhang- und Aufbaufläche erkennbar. Die Oberflächenrauheit der Überhangflächen steigt mit abnehmendem Überhangwinkel bis auf den Faktor 3 der Aufbaufläche ($\delta = 20°$, d_z = 30 µm) bzw. auf den Faktor 2,5 der Aufbaufläche ($\delta = 20°$, d_z = 60 µm) an. Die Zunahme der Oberflächenrauheit der Überhangfläche resultiert aus einer Zunahme der Schmelzbadtiefe durch einen verminderten Wärmetransport in den überhängenden Bereichen der Prüfkörper [PAU19]. Diese unkontrollierte Ausbreitung des Schmelzbades entgegen der Aufbaurichtung führt zu Pulveranhaftungen und somit zu einer erhöhten Oberflächenrauheit der Überhangfläche [HAN18, SKA20]. Diese nimmt durch den mit sinkendem Überhangwinkel verstärkt auftretenden Balling-Effekt weiter zu [LI12].

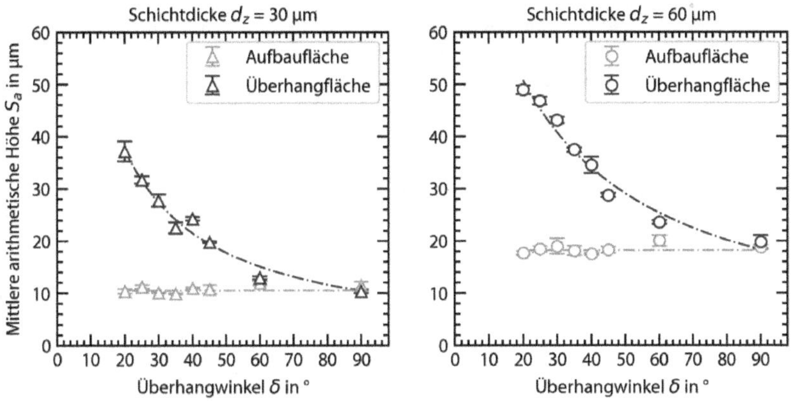

Abbildung 47: Oberflächenrauheit der Aufbau- und Überhangfläche der Prüfkörper in Abhängigkeit des Überhangwinkels und der Schichtdicke

In Abbildung 48 ist der Verzug der Prüfkörper in Abhängigkeit des Überhangwinkels und der Schichtdicke für die definierten Messlinien dargestellt. Unabhängig von der Schichtdicke weisen die Prüfkörper über alle drei Messlinien einen mit sinkendem Überhangwinkel zunehmenden Verzug auf. Die Ursache hierfür sind die mit abnehmendem Überhangwinkel steigenden Unterschiede zwischen den Wärmeleitungsbedingungen in der Aufbaufläche und den Wärmeleitungsbedingungen in der Überhangfläche. Diese führen zu einer inhomogenen Temperaturverteilung innerhalb der Schichten (erhöhte Maximaltemperaturen und geringere Abkühlraten in der Nähe der Überhangfläche) und begünstigen die Entstehung von Eigenspannungen und Verzug [MUG19]. Der Einfluss des Überhangwinkels auf den Verzug steigt von Messlinie 1 bis Messlinie 3 an, was einem in Aufbaurichtung abnehmenden Verzug entspricht. Dies kann damit begründet werden, dass das Materialgefüge in den unteren Bereichen der Prüfkörper (Messlinie 1) eine größere Anzahl an thermischen Schichtzyklen durchlaufen hat als die darüberliegenden Schichten (Messlinie 2 und 3). Weiterhin ist der maximal auftretende Verzug der Prüfkörper mit einer Schichtdicke von d_z = 60 µm auf Grund der höheren Temperaturgradienten, die aus dem größeren Energieeintrag resultieren, stärker ausgeprägt als der maximal auftretende Verzug der Prüfkörper mit einer Schichtdicke von d_z = 30 µm [LIU16].

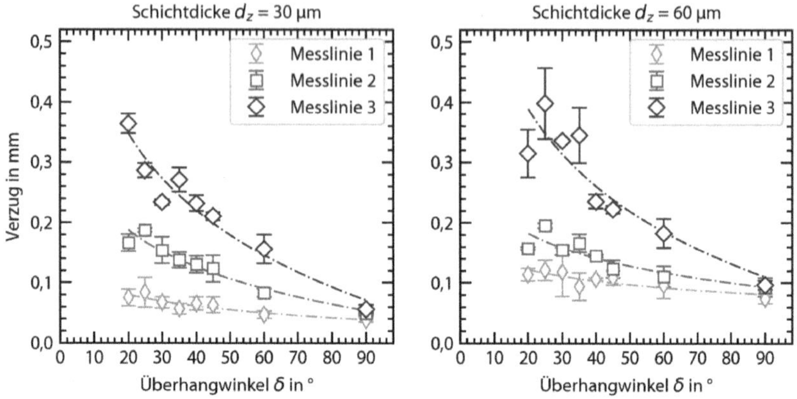

Abbildung 48: Verzug der Prüfkörper in Abhängigkeit des Überhangwinkels und der Schichtdicke

Zusammenfassend kann konstatiert werden, dass Prüfkörper mit einem Überhangwinkel von $\delta \geq 20°$ unabhängig von der Schichtdicke in der definierten Versuchsumgebung ohne Stützstrukturen gefertigt werden konnten. Die Ursache hierfür war eine Beeinträchtigung der Prozesseigenschaften in Form von lokalen Bauteilüberhöhungen im Bereich der Überhangfläche der Prüfkörper. Im Bereich von $20° \leq \delta \leq 90°$ weisen die Prüfkörper mit abnehmendem Überhangwinkel eine zunehmende Beeinträchtigung der betrachteten Bauteileigenschaften auf. Insbesondere ist für abnehmende Überhangwinkel eine exponentielle Abnahme der rel. Dichte sowie eine exponentielle Zunahme der Oberflächenrauheit und des Verzugs zu erkennen. Sowohl die Beeinträchtigung der Prozesseigenschaften als auch die Beeinträchtigung der Bauteileigenschaften können auf inhomogene Wärmeleitungsbedingungen und einen reduzierten Wärmetransport von den Prüfkörpern in das umgebende Pulverbett zurückgeführt werden.

5 Tintenentwicklung und -charakterisierung

5.1 Partikelauswahl

In den folgenden Unterabschnitten werden die in der Tinte dispergierten Wärmeleitpartikel – insbesondere deren Werkstoff sowie Größe und Morphologie – ausgewählt. Zur Bestimmung eines geeigneten Werkstoffes wird eine Nutzwertanalyse durchgeführt. Auf Basis dieser Ergebnisse werden kommerziell erhältliche Pulverwerkstoffe mit unterschiedlichen Partikelgrößenverteilungen und -morphologien experimentell hinsichtlich ihrer Eignung zur Erhöhung der effektiven Wärmeleitfähigkeit des Pulverbettes erprobt.

5.1.1 Werkstoffauswahl

Für die Wahl des Werkstoffes der in der Tinte enthaltenen Wärmeleitpartikel wird eine Nutzwertanalyse durchgeführt. Bei einer Nutzwertanalyse werden komplexe Alternativen hinsichtlich eines mehrdimensionalen Zielsystems systematisch bewertet und in eine Rangfolge gebracht [ZAN14].

Das Zielsystem besteht dabei aus mehreren quantitativen oder qualitativen Kriterien, die jeweils entsprechend ihrer Relevanz für die Zielerreichung gewichtet werden. Die Summe der Gewichte aller Kriterien muss dabei 100 % ergeben. Als Methode für die Gewichtung der Kriterien wird im vorliegenden Fall die sogenannte *direkte Intervallskalierung* verwendet, bei der zunächst alle Kriterien gleich gewichtet sind [KÜH21]. Falls ein Kriterium als zu niedrig gewichtet eingeschätzt wird, wird die Gewichtung des Kriteriums erhöht. Gleichzeitig muss die Gewichtung eines oder mehrerer anderer Kriterien entsprechend reduziert werden, um die Summe der einzelnen Gewichte konstant zu halten. Das Vorgehen wird iterativ solange wiederholt, bis eine mit der Relevanz für die Zielerreichung übereinstimmende Gewichtung aller Kriterien erreicht ist.

Die Alternativen werden anschließend mit einem Werturteil je Kriterium in Form eines Punktwertes versehen. Durch Multiplikation der Gewichtung des Kriteriums mit dem entsprechenden Punktwert ergibt sich der sogenannte Teilnutzen oder Teilnutzwert (vgl. Gleichung (5.1) [SCH19a]. Eine komplexe Problemstellung kann so in kleinere, leichter überschaubare Bestandteile aufgeteilt werden, um die Komplexität zu reduzieren und den Entscheidungsprozess zu objektivieren [KÜH21].

$$TNW_i = P_i \alpha_i \quad (5.1)$$

TNW_i: Teilnutzwert

P_i: Punktwert

α_i: Gewichtung

Die Quantifizierung des Nutzens in Form von Punktwerten ermöglicht die Aggregation der Teilnutzwerte aller Kriterien zu einem Gesamtnutzwert je Alternative nach Gleichung (5.2) [LIN09].

$$GNW = \sum_{i=1}^{n} TNW_i \tag{5.2}$$

GNW: Gesamtnutzwert

Da das Ergebnis der Nutzwertanalyse nicht frei von subjektiven Einschätzungen – beispielsweise bei der Definition der Gewichtung der Kriterien – ist, sollte dieses mittels Sensitivitätsanalyse hinsichtlich dessen Belastbarkeit überprüft werden [LIN09, KÜH21]. Als Indikator für die Belastbarkeit des Ergebnisses wird die Änderung des Gesamtnutzwertes bei einer Erhöhung oder Reduzierung der Gewichtung aller Bewertungskriterien um 2,5 %-Punkte und einer anschließenden Normierung herangezogen. Die Fehlerunschärfe des Gesamtnutzwertes bei veränderter Gewichtung der Kriterien berechnet sich wie folgt:

$$\Delta GNW^{\pm} = GNW - \sum_{i=1}^{n} P_i \left(\frac{\alpha_i \pm 2{,}5\,\%}{\sum_{i=1}^{n}(\alpha_i \pm 2{,}5\,\%)} \right) \tag{5.3}$$

$\Delta GNW^{\pm}$: Fehlerunschärfe des *GNW*

Das beschriebene Vorgehen bei der folgenden Nutzwertanalyse ist angelehnt an das Vorgehensmodell von [KÜH21] und lässt sich in die folgenden fünf Schritte zusammenfassen:

- Schritt 1: Definition der Zielsetzung und des Entscheidungsproblems
- Schritt 2: Vorauswahl von Werkstoffalternativen
- Schritt 3: Definition, Gewichtung und Skalierung von Kriterien
- Schritt 4: Ermittlung von Teil- und Gesamtnutzwerten
- Schritt 5: Sensitivitätsanalyse

Schritt 1: Definition der Zielsetzung und des Entscheidungsproblems

Ziel der Nutzwertanalyse ist die systematische Bewertung von Werkstoffalternativen für die in der Tinte dispergierten Wärmeleitpartikel. Der Werkstoff soll dabei insbesondere für die Erhöhung der effektiven Wärmeleitfähigkeit des Pulverbettes unter den Prozessbedingungen des PBF-LB/M geeignet sein. Auf Grund der Anzahl an Anforderungen aus unterschiedlichen Bereichen, wie beispielsweise technische Funktionalität, Wirtschaftlichkeit, Arbeitssicherheit und Recyclingfähigkeit sowie der Anzahl an verfügbaren Werkstoffen, ergibt sich ein komplexes Entscheidungsproblem. Die Nutzwertanalyse dient dazu dieses Entscheidungsproblem zu strukturieren und den hinsichtlich der Anforderungen am besten geeigneten Werkstoff zu bestimmen.

Schritt 2: Vorauswahl von Werkstoffalternativen

Auf Grund der Vielfalt verfügbarer Werkstoffe muss zunächst eine Vorauswahl von Werkstoffalternativen getroffen werden. Hierfür wurde im Rahmen der vorliegenden Arbeit in Anlehnung an die klassische

Konstruktionsmethodik die intuitive Methode *Brainstorming* als Kreativitätstechnik zur Lösungsfindung verwendet [KOL11]. Beim *Brainstorming* wird in einer Gruppe durch freies Assoziieren eine Menge an möglichen Lösungsalternativen generiert [LIN09]. Die Lösungsalternativen werden dabei zunächst ohne eine Bewertung gesammelt und am Ende des *Brainstormings* dokumentiert.

Im vorliegenden Fall setzt sich die Gruppe aus Prozessexperten für PBF-LB/M, Inkjet-Druck und Dispergiertechnik sowie aus Experten für metallische und keramische Werkstoffe[22] zusammen. Die erarbeiteten Werkstoffalternativen sind in Tabelle 4 dargestellt.

Tabelle 4: Für die Zielsetzung der Nutzwertanalyse relevante Werkstoffalternativen

Werkstoffart	Werkstoffbezeichnung	Abkürzung	Modifikation
Metall	Aluminium	Al	-
Metall	Kupfer(II)-oxid	CuO	-
Metall	Silber	Ag	-
Keramik	Aluminiumnitrid	AlN	-
Keramik	Aluminiumoxid	Al_2O_3	-
Keramik	Siliziumcarbid	SiC	-
Keramik	Siliziumnitrid	Si_3N_4	-
Keramik	Zirkonoxid	ZrO_2	-
Keramik	Kohlenstoff	C_D	Diamant
Keramik	Kohlenstoff	C_G	Graphit

Schritt 3: Definition, Skalierung und Gewichtung von Kriterien

Für die Bewertung der Werkstoffalternativen werden Kriterien definiert, die den Anforderungen an die Wärmeleitpartikel entsprechen, die in der Tinte dispergiert werden. Da bestimmte Eigenschaften der Werkstoffalternativen abhängig von der Partikelgröße sind, wird bei der Bewertung jeweils von einer Partikelgröße von $x < 1$ µm[23] ausgegangen.

[22] Werkstoffe lassen sich in die drei Werkstoffarten Metalle, Keramiken und Polymere einteilen [HOR06; ARN17]. Auf Grund der relativ geringen Wärmeleitfähigkeit werden Polymere bei der Auswahl nicht berücksichtigt.

[23] Durch die Fokussierung von Partikelgrößen $x < 1$ µm wird die grundsätzliche Verarbeitbarkeit der in einer Tinte dispergierten Partikel mittels *Inkjet-Druck* sichergestellt (vgl. Unterabschnitt 2.3.2).

Aus der Zielsetzung der Arbeit ergibt sich die **Wärmeleitfähigkeit** als Kriterium mit der größten Bedeutung. Eine höhere Wärmeleitfähigkeit wird dabei mit einem höheren Nutzen gleichgesetzt. Da die Wärmeleitpartikel im unmittelbaren Umfeld des Schmelzbades verwendet werden sollen und ein Aufschmelzen oder Verdampfen der Wärmeleitpartikel zur Sicherstellung der Bauteileigenschaften vermieden werden soll, ist die Temperaturbeständigkeit ein weiteres Kriterium. Als Kenngröße wird hierfür der **Schmelzpunkt** der Werkstoffalternativen verwendet, wobei möglichst hohe Ausprägungen dieses Kennwertes favorisiert werden.

Weiterhin werden die **Kosten** der Werkstoffalternativen als Bewertungskriterium herangezogen. Für einen wirtschaftlichen Einsatz der Wärmeleitpartikel wird eine möglichst kostengünstige Werkstoffalternative angestrebt.

Neben funktionalen und wirtschaftlichen Anforderungen werden Anforderungen aus dem Kontext der Arbeitssicherheit in die Bewertung mit einbezogen. Zum einen soll die Reaktivität der Werkstoffalternativen mit Sauerstoff berücksichtigt werden. Aufgrund des hohen Verhältnisses von Oberfläche zu Volumen können Werkstoffe in der vorliegenden Partikelgröße von $x < 1\ \mu m$ bereits bei geringer Zündenergie explosiv reagieren. Die sichere Handhabung solcher Werkstoffe wird erschwert, da sie typischerweise unter Schutzgasatmosphäre erfolgen muss. Um das Gefahrenpotential zu reduzieren und damit die Handhabung zu erleichtern, wird die **Reaktivität mit Sauerstoff** als weiteres Kriterium definiert. Die konkrete Bewertung erfolgt anhand der Einstufung der Entzündbarkeit der Werkstoffalternative in der *GESTIS-Stoffdatenbank* des *Instituts für Arbeitsschutz der Deutschen Gesetzlichen Unfallversicherung* und in den Sicherheitsdatenblättern der Werkstoffalternativen. Zum anderen sollen die **humantoxischen Gefährdungen** minimiert werden, indem gesundheitsgefährdende Inhaltsstoffe so weit wie möglich vermieden werden. Die Bewertung erfolgt dabei auf Basis der Gefahrenhinweise (H-Sätze, engl. hazard statements) in der *GESTIS-Stoffdatenbank* sowie in den Sicherheitsdatenblättern der Werkstoffalternativen. Diese können nach *Mahr et al.* nach ihrem Gefährdungspotential in fünf Gruppen eingeteilt werden [MAH21]. Maßgeblich für die Bewertung ist der H-Satz der jeweiligen Werkstoffalternative mit dem höchsten Gefährdungspotential.

Abschließend fließt die Recyclingfähigkeit der Werkstoffalternativen in die Auswahl ein. Zum einen sollen die Werkstoffalternativen eine möglichst geringe **Interaktion mit Wasser** aufweisen, da für die Reinigung von PBF-LB/M-Maschinen unter anderem industrielle Nassabscheider zum Einsatz kommen. Diese binden Pulverwerkstoffe, die eine Reaktivität mit Sauerstoff aufweisen, in Wasser und unterbinden somit eine Reaktion mit dem Sauerstoff der Umgebungsatmosphäre. Hieraus ergibt sich die Anforderung, dass es bei Kontakt mit Wasser zu keiner Lösung oder Veränderung der chemischen Zusammensetzung der Wärmeleitpartikel kommt und eine Wiederaufbereitung der Wärmeleitpartikel möglich ist.

Um eine Trennung der Wärmeleitpartikel von den Metallpulverpartikeln zu vereinfachen, wird außerdem ein möglichst hoher **Dichteunterschied** zwischen den Wärmeleitpartikeln und den Metallpulverpartikeln angestrebt. Dies ermöglicht den Einsatz einfacher Abtrenn- und Aufbereitungsverfahren wie beispielsweise Sedimentations- oder Zentrifugierverfahren.

Die Bewertung der beschriebenen Kriterien erfolgt auf einer Fünf-Punkte-Skala, wobei der Punktwert $P_i = 1$ jeweils der geringsten Eignung zur Erfüllung der Zielsetzung und der Punktwert $P_i = 5$ jeweils der besten Eignung zur Erfüllung der Zielsetzung entspricht. Die jeweiligen Bewertungsmaßstäbe können Anhang A2 entnommen werden.

Die Gewichtung der Kriterien durch die iterative Methode der *direkten Intervallskalierung* kann Tabelle 5 entnommen werden.

Schritt 4: Ermittlung von Teil- und Gesamtnutzwerten

Für die Ermittlung der Teilnutzwerte und des Gesamtnutzwertes werden die jeweiligen Ausprägungen der Bewertungskriterien für die vorausgewählten Werkstoffalternativen recherchiert. Durch Anwendung des jeweiligen Bewertungsmaßstabs ergibt sich für jedes Kriterium ein Punktwert. Durch Multiplikation mit der Gewichtung wird der Teilnutzwert des jeweiligen Kriteriums berechnet (vgl. Gleichung (5.1). Aus der Addition aller Teilnutzwerte ergibt sich der Gesamtnutzwert einer Werkstoffalternative (vgl. Gleichung (5.2).

Die Ergebnisse der Nutzwertanalyse sind in Abbildung 49 und Tabelle 5 dargestellt. SiC weißt mit einem Gesamtnutzwert von 3,90 Pkt. den größten Nutzen und damit die beste Eignung zur Zielerreichung auf. Neben SiC haben ausschließlich die beiden Kohlenstoffmodifikationen C_D und C_G einen Gesamtnutzwert von $GNW > 3{,}50$ Pkt. erreicht.

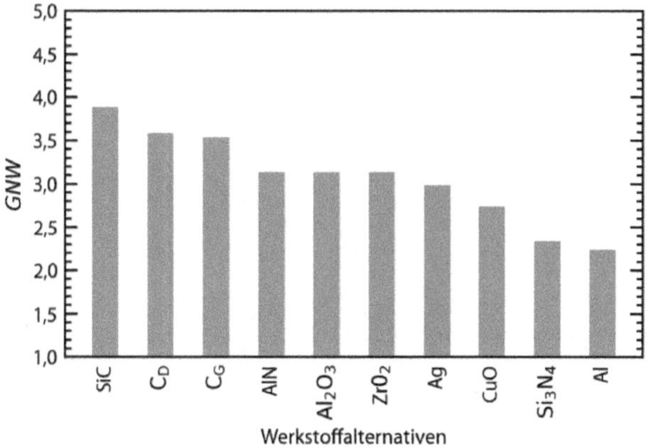

Abbildung 49: Darstellung der *GNW* der Werkstoffalternativen

Tabelle 5: Bewertung der Werkstoffalternativen

Kriterien		Wärmeleitfähigkeit bei 20°C in W/m·K	Kosten in €/kg	Schmelzpunkt in °C	humantoxische Gefährdungen	Reaktivität mit Sauerstoff	Interaktion mit Wasser	Dichteunterschied in g/cm³	*GNW* in Pkt.
	Gewichtung	30%	25%	15%	10%	10%	5%	5%	100%
Al	Ausprägung	235 [OST14]	3728 [NAN23]	660 [OST14]	H319 [NAN19b]	* [INS24a]	* [INS24a]	1,73 [OST14]	2,25
	P_i in Pkt.	4	2	1	4	1	1	2	
	TNW_i in Pkt.	1,20	0,50	0,15	0,40	0,10	0,05	0,10	
CuO	Ausprägung	33 [LIU06]	690 [ION23]	1326 [INS24d]	H302 [ION18a]	* [INS24d]	* [INS24d]	4,51 [ION19a]	2,75
	P_i in Pkt.	2	3	2	3	3	5	5	
	TNW_i in Pkt.	0,60	0,75	0,30	0,30	0,30	0,25	0,25	
Ag	Ausprägung	428 [KUR21]	5580 [ION23]	961 [ION19b]	- [ION19b]	* [INS24e]	* [INS24e]	6,06 [ION19b]	3,00
	P_i in Pkt.	4	1	1	5	4	5	5	
	TNW_i in Pkt.	1,20	0,25	0,15	0,50	0,40	0,25	0,25	
AlN	Ausprägung	320 [USR24]	1580 [USR24]	2200 [USR23]	H319 [USR23]	* [INS24b]	* [INS24b]	1,18 [USR23]	3,15
	P_i in Pkt.	4	2	4	3	4	1	2	
	TNW_i in Pkt.	1,20	0,50	0,60	0,30	0,40	0,05	0,10	
Al_2O_3	Ausprägung	30 [KLÄ24]	490 [ION23]	2038 [ION17]	H332 [ION17]	* [INS24c]	* [INS24c]	0,73 [ION17]	3,15
	P_i in Pkt.	2	5	3	3	5	5	1	
	TNW_i in Pkt.	0,60	1,25	0,45	0,30	0,50	0,25	0,05	
SiC	Ausprägung	130 [3MD15]	30 [ESK23]	2700 [HOR06]	H315 [ION18b]	* [INS24f]	* [INS24f]	1,26 [HOR06]	3,90
	P_i in Pkt.	3	5	4	4	4	5	2	
	TNW_i in Pkt.	0,90	1,25	0,60	0,40	0,40	0,25	0,10	
Si_3N_4	Ausprägung	23 [TIS24]	833 [NAN24b]	2200 [NAN19c]	H314 [NAN19c]	* [NAN19c]	* [NAN19c]	1,00 [HOR06]	2,30
	P_i in Pkt.	1	3	3	2	3	5	1	
	TNW_i in Pkt.	0,30	0,75	0,45	0,20	0,30	0,25	0,05	
ZrO_2	Ausprägung	2 [BCE24]	390 [ION23]	2700 [HOR06]	H315 [ION16]	* [INS24g]	* [INS24g]	1,84 [HOR06]	3,15
	P_i in Pkt.	1	4	4	4	5	5	2	
	TNW_i in Pkt.	0,30	1,00	0,60	0,40	0,50	0,25	0,10	
C_D	Ausprägung	1800 [DIA24]	37800 [FIS24]	3750 [PAU08]	- [THE21]	* [INS23b]	* [INS23b]	0,92 [PAU08]	3,65
	P_i in Pkt.	5	1	5	5	3	5	1	
	TNW_i in Pkt.	1,50	0,25	0,75	0,50	0,30	0,25	0,05	
C_G	Ausprägung	419 [KRÜ07]	2220 [NAN24a]	3000 [ALI22]	H319 [NAN19a]	* [INS23a]	* [INS23a]	2,17 [KRÜ07]	3,55
	P_i in Pkt.	4	2	5	3	4	5	3	
	TNW_i in Pkt.	1,20	0,50	0,75	0,30	0,40	0,25	0,15	

*Ausprägung entspricht Einstufung auf Bewertungsmaßstab

Schritt 5: Sensitivitätsanalyse

Zur Überprüfung der Belastbarkeit des Ergebnisses wird eine Sensitivitätsanalyse durchgeführt. Hierfür wird für jede Werkstoffalternative die Fehlerunschärfe des Gesamtnutzwertes bei einer Änderung der Gewichtung der Kriterien ermittelt. Bei einer Erhöhung oder Reduzierung der Gewichtungen um jeweils 2,5 %-Punkte und einer anschließenden Normierung auf 100 % ergeben sich die in Tabelle 6 dargestellten Veränderungen in der Gewichtung.

Tabelle 6: Veränderungen in der Gewichtung im Rahmen der Sensitivitätsanalyse

Gewichtung	Wärmeleitfähigkeit	Kosten	Schmelzpunkt	humantoxische Gefährdungen	Reaktivität mit Sauerstoff	Interaktion mit Wasser	Dichteunterschied
$\frac{\alpha_i + 2{,}5\%}{\sum_{i=1}^{n}(\alpha_i + 2{,}5\%)}$	27,7%	23,4%	14,9%	10,6%	10,6%	6,4%	6,4%
α_i	30,0%	25,0%	15,0%	10,0%	10,0%	5,0%	5,0%
$\frac{\alpha_i - 2{,}5\%}{\sum_{i=1}^{n}(\alpha_i - 2{,}5\%)}$	33,3%	27,3%	15,2%	9,1%	9,1%	3,0%	3,0%

Die Fehlerunschärfe des Gesamtnutzwertes wird mittels Gleichung (5.3) berechnet und ist in Abbildung 50 dargestellt. Es zeigt sich, dass die vorgenommene Veränderung in der Gewichtung der Kriterien vor allem das Ergebnis der Werkstoffalternativen mit einem geringen Gesamtnutzwert beeinflusst, was in einer höheren Fehlerunschärfe resultiert. Insbesondere die Werkstoffalternativen SiC und C_D weisen eine geringe Fehlerunschärfe auf. Das Ergebnis der Nutzwertanalyse kann als robust bewertet werden, da sich die Werkstoffalternative SiC in allen Szenarien der Sensitivitätsanalyse als beste Lösung herausstellt.

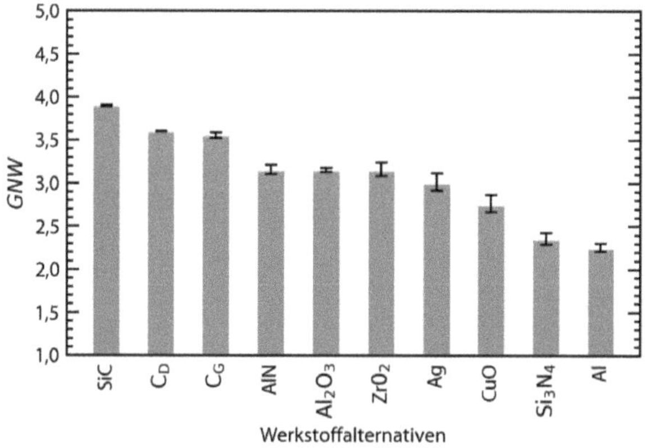

Abbildung 50: Darstellung der *GNW* der Werkstoffalternativen mit deren Fehlerunschärfe $\Delta GNW^{\pm}$

5.1.2 Partikelgrößen und -morphologieauswahl

Für die Partikelgrößen und -morphologieauswahl werden auf Basis der Werkstoffauswahl zunächst drei kommerziell erhältliche SiC-Pulverwerkstoffe mit unterschiedlichen PGV ausgewählt. Die ausgewählten SiC-Pulverwerkstoffe sind in Tabelle 7 unter Angabe ihrer jeweiligen gemessenen charakteristischen Perzentile aufgelistet. Die gemessenen charakteristischen Perzentile weichen dabei teilweise von den Angaben in den Datenblättern (vgl. Anhang A3) ab. Die jeweilige PGV der SiC-Pulverwerkstoffe ist in Abbildung 51 im Vergleich zur PGV des verwendeten Ti-6Al-4V-Pulverwerkstoffes dargestellt. Die Partikel der ausgewählten SiC-Pulverwerkstoffe sind eine bis zwei Größenordnungen kleiner als die Partikel des Ti-6Al-4V-Pulverwerkstoffes.

Tabelle 7: Mittels *Anton Paar PSA 1190 L/D* gemessene charakteristische Perzentile der ausgewählten SiC-Pulverwerkstoffe in µm im Vergleich zu den Angaben im jeweiligen Datenblatt

SiC-Pulver-	D_{10}		D_{50}		D_{90}	
werkstoff	Datenblatt	Messung	Datenblatt	Messung	Datenblatt	Messung
Nano-SiC	-	0,06	0,06	0,21	-	0,46
E-SINSIC 25	0,10	0,23	0,30	0,42	1,20	0,63
UF-15	0,40	0,11	0,75	0,48	1,50	1,38

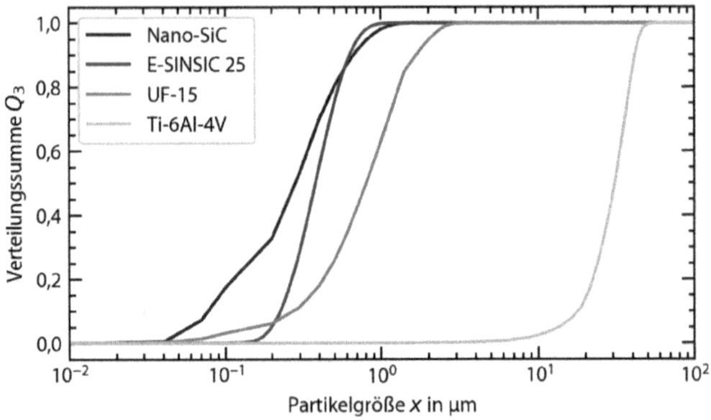

Abbildung 51: Vergleich der mittels *Anton Paar PSA 1190 L/D* gemessenen PGV der ausgewählten SiC-Pulverwerkstoffe mit der PGV des verwendeten Ti-6Al-4V-Pulverwerkstoffes

Die SiC-Pulverwerkstoffe wurden zusätzlich qualitativ hinsichtlich der Partikelform mittels Rasterelektronenmikroskopaufnahmen analysiert (vgl. Abbildung 52). Hierbei zeigt sich, dass das Nano-SiC eine nahezu sphärische Partikelform aufweist, wohingegen für das E-SINSIC 25 und das UF-15 splittrige Formen mit geringerer Sphärizität erkennbar sind. Dies kann damit begründet werden, dass die beiden letzteren SiC-Pulver durch einen Mahlprozess hergestellt wurden, in dem Partikel so lange gebrochen werden, bis die gewünschte PGV erreicht ist (Top-Down-Prinzip). Die durch Mahlprozesse herstellbare Partikelgröße ist abhängig vom Werkstoff auf wenige hundert Nanometer begrenzt. Für die Herstellung kleinerer Partikelgrößen kommen pyrogene (z. B. Laserpyrolyse) oder nasschemische (z. B. Fällung) Verfahren zum Einsatz (Bottom-Up-Prinzip) [DIE02]. Hieraus entstehen Partikel mit einer vergleichsweise hohen Sphärizität, wie das Nano-SiC.

Abbildung 52: Mittels *Zeiss Sigma 300 VB* aufgenommene Rasterelektronenmikroskopaufnahmen der ausgewählten SiC-Pulverwerkstoffe

Aus den unterschiedlichen PGV und Partikelformen ergeben sich unterschiedliche Ausprägungen der erzielbaren Packungsdichten und der effektiven Wärmeleitfähigkeit der SiC-Pulverwerkstoffe. Um den zur Erhöhung der effektiven Wärmeleitfähigkeit des Pulverbettes am besten geeigneten SiC-Pulverwerkstoffes zu ermitteln, werden zunächst Pulvermischungen aus jeweils einem SiC-Pulverwerkstoff und dem Ti-6Al-4V-Pulverwerkstoff hergestellt. Das jeweilige Mischungsverhältnis wird mit Hilfe des semiempirischen Modells nach [LEE70] unter Maximierung der theoretisch erzielbaren Packungsdichte ermittelt. Dem Modell liegt die Annahme zu Grunde, dass die Hohlräume in einem Pulverwerkstoff durch Zugabe einer kleineren Partikelfraktion teilweise gefüllt werden können. Hierdurch kann die Packungsdichte der Pulvermischung erhöht werden. Die maximale Packungsdichte einer Pulvermischung, bestehend aus einer Fraktion größerer Partikel (große Fraktion) und einer Fraktion kleinerer Partikel (kleine Fraktion), kann bei einem gegebenen Durchmesserverhältnis aus dem in Abbildung 53 dargestellten empirisch ermittelten Zusammenhang abgeleitet werden.

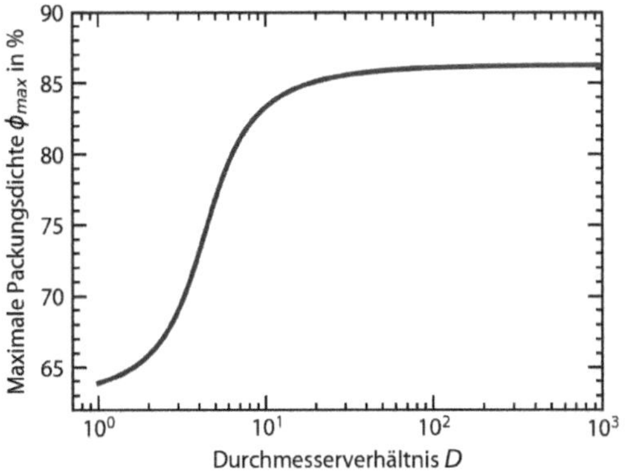

Abbildung 53: Zusammenhang zwischen dem Durchmesserverhältnis zweier Fraktionen und der resultierenden maximalen Packungsdichte nach [LEE70]

Das Durchmesserverhältnis ergibt sich dabei aus:

$$D = \frac{x_L}{x_S} \tag{5.4}$$

D: Durchmesserverhältnis der großen Fraktion zur kleinen Fraktion

x_L: Partikelgröße der großen Fraktion

x_S: Partikelgröße der kleinen Fraktion

[LEE70] stützt sich dabei auf die Beobachtung, dass monodisperse Pulverwerkstoffe aus sphärischen Partikeln unabhängig von der Partikelgröße eine maximal mögliche Packungsdichte von ca. 63,9 % aufweisen. Dies ist zutreffend solange die Gewichtskraft der Partikel im Vergleich zu den interpartikulären Haftkräften dominiert. Unter dieser Annahme können die Volumenanteile der beiden Fraktionen, die zu einer Maximierung der Packungsdichte führen, durch die beiden folgenden Gleichungen berechnet werden [ÜBL02]:

$$V_L = 1{,}017 \cdot \phi_{max}(D) - 15 \tag{5.5}$$

V_L: Volumenanteil der großen Fraktion

Φ_{max}: Maximale Packungsdichte

$$V_S = 100 - (1{,}017 \cdot \phi_{max}(D) - 15) \tag{5.6}$$

V_S: Volumenanteil der kleinen Fraktion

Auf Grund der Polydispersität der betrachteten Pulverwerkstoffe wird für die Berechnung des Durchmesserverhältnisses jeweils die Partikelgröße des charakteristischen Perzentils D_{50} verwendet. Hieraus, sowie aus den teilweise nicht sphärischen Partikelformen und den über die Gewichtskraft dominierenden interpartikulären Haftkräften in Folge der geringen Partikelgröße von $x < 1\,\mu m$, ergeben sich Abweichungen zu den Annahmen des Modells nach [LEE70]. Auf Grund der sich daraus ergebenden Unschärfe der berechneten Mischungsverhältnisse zur Maximierung der Packungsdichte werden für jede Kombination der Pulverwerkstoffe zusätzlich Mischungsverhältnisse mit einem jeweils um 5 %-Punkte und 10 %-Punkte erhöhten und reduzierten SiC-Anteil betrachtet. Die resultierenden fünf Mischungsverhältnisse für jeden SiC-Pulverwerkstoff sind in Tabelle 8 dargestellt.

Tabelle 8: Resultierende Mischungsverhältnisse

SiC-Pulverwerkstoff	Nummer Pulvermischung	Anteil Ti-6Al-4V in Vol.-%	Anteil SiC in Vol.-%
UF-15	11	82,3%	17,7%
	12	77,3%	22,7%
	13	72,3%	27,7%
	14	67,3%	32,7%
	15	62,3%	37,7%
E-SINSIC 25	21	82,6%	17,4%
	22	77,6%	22,4%
	23	72,6%	27,4%
	24	67,6%	32,4%
	25	62,6%	37,4%
Nano-SiC	31	82,7%	17,3%
	32	77,7%	22,3%
	33	72,7%	27,3%
	34	67,7%	32,3%
	35	62,7%	37,3%

Auf Grund der Agglomerationsneigung der SiC-Partikel wurden die Pulvermischungen zur Erzielung einer homogenen Verteilung der SiC-Partikel mit 2 Gew.-% Polyvinylalkohol, 2 Gew.-% sowie 50 Gew.-% deionisiertem Wasser vermengt und unter Zugabe von Zirkonoxid-Mahlperlen 12 Stunden auf einen Rollenbock mit einer Drehzahl von 15 Upm gegeben. Durch die Rotationsbewegung und die in Verbindung mit den Mahlperlen resultierenden Scherkräfte werden Agglomerationen aufgebrochen und die SiC-Partikel homogen verteilt. Anschließend wurden die Mahlperlen ab gesiebt, und die Ansätze 12 h bei −56 °C sowie einem Partialdruck von ca. 20 mbar gefriergetrocknet.

Aus den resultierenden homogenen Pulvermischungen wurden tablettenförmige Prüfkörper mit einem Durchmesser von 6 mm und einer Höhe von 3 mm uniaxial gepresst. Der Pressdruck von 1900 bar wurde so gewählt, dass keine Deformation der Partikel stattfindet. Die Prüfkörper und die Referenzprobe wurden zum einen hinsichtlich der Packungsdichte analysiert, indem sie mittels Messschieber vermessen und mittels einer *Kern ABT 120-4NM* Analysewaage gewogen wurden. Zum anderen wurde die effektive Temperaturleitfähigkeit mit dem Laser-Flash-Messgerät *Netzsch LFA 457* bestimmt. Hierfür wurde jeder Prüfkörper sowie die Referenzprobe fünf Mal vermessen. Aus der effektiven Temperaturleitfähigkeit wurde die effektive Wärmeleitfähigkeit mittels folgender Gleichung berechnet [BÜR11]:

$$\lambda_{eff} = a_{eff} \cdot c_p \cdot \rho_P \tag{5.7}$$

λ_{eff}: effektive Wärmeleitfähigkeit

a_{eff}: effektive Temperaturleitfähigkeit

c_p: spezifische Wärmekapazität

ρ: Dichte

Die spezifische Wärmekapazität der Prüfkörper setzt sich dabei aus der Summe der spezifischen Wärmekapazität von Ti-6Al-4V (c_p = 0,53 J/gK, [3DL24]) und der spezifischen Wärmekapazität von SiC (c_p = 0,67 J/gK, [ESK19]) bei jeweiliger Gewichtung mit dem entsprechenden Volumenanteil in der Pulvermischung zusammen. Die Ergebnisse der Analysen sind in Abbildung 54 dargestellt.

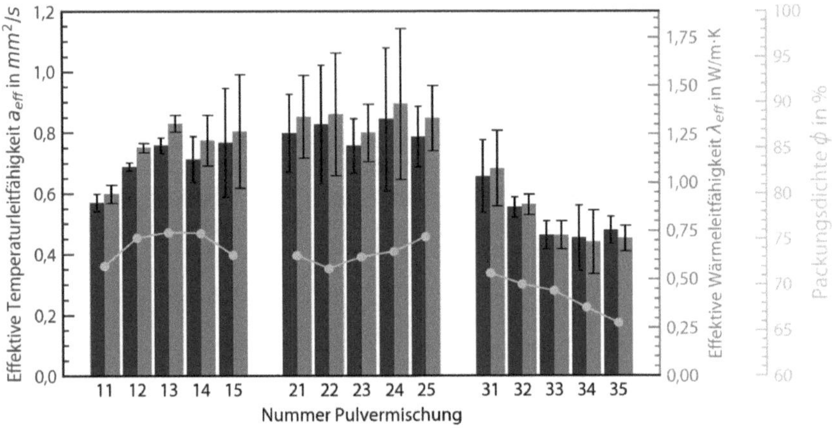

Abbildung 54: Analyseergebnisse der gepressten Pulvermischungen

Die Packungsdichten der UF-15-Mischungen (Nummern 11–15) und der E-SINSIC 25-Mischungen (Nummern 21–25) bewegen sich mit Werten von 72,08 % < Φ < 75,76 % beziehungsweise 71,81 % < Φ < 75,23 % in einem vergleichbaren Bereich. Die Nano-SiC-Mischungen (Nummern 31–35) weisen mit Werten von 65,85 % < Φ < 71,28 % niedrigere Packungsdichten auf. Dies kann durch das mit sinkender Partikelgröße steigende Verhältnis von interpartikulären Haftkräften zur Gewichtskraft der Partikel begründet werden (Unterabschnitt 2.2.5). Die Beweglichkeit der Partikel und somit deren Fähigkeit, eine für die Raumausfüllung günstige Anordnung einzunehmen, wird hierdurch reduziert. Dies wird durch die mit zunehmendem Nano-SiC-Anteil sinkende Packungsdichte der Prüfkörper verdeutlicht.

Die effektive Temperaturleitfähigkeit und die effektive Wärmeleitfähigkeit weisen den gleichen Verlauf auf. Die höchsten Werte der beiden Kenngrößen wurden für die E-SINSIC 25-Mischungen (Nummer 24: a = 0,85 mm²/s; k = 1,41 W/m·K) ermittelt. Für die E-SINSIC 25-Mischungen nehmen sowohl die effektive Temperaturleitfähigkeit als auch die effektive Wärmeleitfähigkeit bei allen Mischungsverhältnissen im Vergleich zu den UF-15- und Nano-SiC-Mischungen hohe Werte an. Für die UF-15-Mischungen steigen die effektive Temperaturleitfähigkeit und die effektive Wärmeleitfähigkeit tendenziell mit zunehmendem SiC-Anteil an. Für die Nano-SiC-Mischungen ist ein gegenteiliger Verlauf zu erkennen, was auf die mit steigendem SiC-Anteil sinkende Packungsdichte zurückzuführen ist. Auf Grund der sphärischen Partikelform des Nano-SiC-Pulvers und den daraus resultierenden vergleichsweise kleinen

Kontaktflächen zwischen den Partikeln weisen die Nano-SiC-Mischungen insgesamt die niedrigste effektive Temperatur- und Wärmeleitfähigkeit auf. Da mit dem E-SINSIC 25-Pulver die höchste effektive Temperatur- und Wärmeleitfähigkeit erreicht wurde und die Werte bereits für geringe SiC-Anteile vergleichsweise hoch sind[24] (vgl. Nummer 21), wird das E-SINSIC 25-Pulver als der am besten geeignete Pulverwerkstoff ausgewählt und im weiteren Verlauf der Arbeit genutzt.

5.2 Charakterisierung der Tinte

Auf Basis des ausgewählten SiC-Pulverwerkstoffes wurde in Zusammenarbeit mit dem Zentrum für Hochtemperaturleichtbau HTL des Fraunhofer Instituts für Silicatkeramik (ISC) eine mittels Inkjet-Druck verarbeitbare Tinte entwickelt und hergestellt. Die Bestandteile der Tinte sind in Tabelle 9 aufgelistet.

Tabelle 9: Bestandteile der entwickelten Tinte

Inhaltsstoff(e)	Gehalt in Gew-%	Gehalt in Vol-%
Tripropylenglykolmonomethylether (Lösungsmittel)	58,0	75,1
Propylenglykol	4,7	5,7
Hochmolekulares Dispergieradditiv (strukturiertes Copolymer)	4,8	5,9
Netzmittel (Tensid)	0,5	0,7
SiC-Partikel (Partikelgröße d_{50} = 300 nm)	32,0	12,5

Im Folgenden werden die Eigenschaften der entwickelten Tinte charakterisiert und mit den in Unterabschnitt 2.3.2 erläuterten Anforderungen an Tinten für den Inkjet-Druck verglichen.

Die Verarbeitungseigenschaften von Tinten werden maßgeblich von deren dynamischer Viskosität und Oberflächenspannung bestimmt [CUM12]. Auf dieser Grundlage wurde die dynamische Viskosität der Tinte in Abhängigkeit der Scherrate mittels des Rheometers *Anton Paar Physica MCR301* ermittelt (vgl. Abbildung 55). Die durchschnittliche dynamische Viskosität der Tinte beträgt bei einer Temperatur von 25 °C η_T = 17,86 mPas und bei einer Temperatur von 40 °C η_T = 10,54 mPas. Die Temperierung der Tinte ermöglicht folglich eine Anpassung der dynamischen Viskosität. Bei einer Temperatur von 25 °C ist ein geringfügig scherverdünnendes Fließverhalten erkennbar, wohingegen sich bei einer Temperatur von 40 °C ein annähernd Newton'sches Fließverhalten einstellt. Die Oberflächenspannung der Tinte wurde mittels des Kontaktwinkelmessgerätes *Krüss DAS 100* zu σ_O = 28,91 mN/m bestimmt.

[24] Da die eingebrachte Menge an SiC-Partikeln durch die realisierbare Tintenauftragsmenge und den Partikelgehalt in der Tinte begrenzt ist, ist eine bereits bei geringem SiC-Anteil hohe effektive Temperatur- und Wärmeleitfähigkeit vorteilhaft.

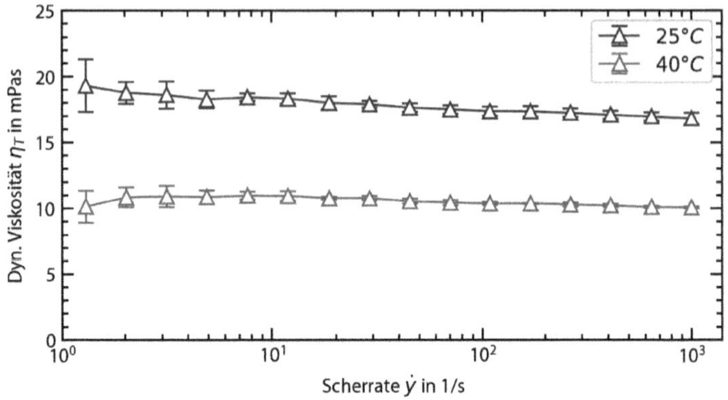

Abbildung 55: Viskosität der entwickelten Tinte in Abhängigkeit der Scherrate

Partikelgröße und Stabilität

Die in der Tinte dispergierten SiC-Partikel weisen eine PGV auf, die eine Verarbeitung der Tinte mittels Inkjet-Druck zulässt. Um Rückschlüsse auf die Stabilität der Tinte zu ermöglichen wird, die Sedimentationsgeschwindigkeit nach Stokes mit Hilfe von Gleichung (2.11) berechnet. Hierfür wird sowohl die Dichte der Tinte als auch die Dichte des Mediums[25] mittels der Analysewaage *Kern ABT 120-4NM* ermittelt (vgl. Tabelle 10). Für die Dichte der SiC-Partikel wird im Folgenden der Literaturwert $\rho_P = 3{,}17$ g/cm³ verwendet [HOR06].

Tabelle 10: Dichte der Tinte und deren Bestandteile

Dichte der Tinte ρ_T	Dichte des Mediums ρ_M	Dichte der SiC-Partikel ρ_P
1,24 g/cm³	0,97 g/cm³	3,17 g/cm³

Für die Sedimentationsgeschwindigkeit nach Stokes ergibt sich ein Wert von $v_{Stokes} = 6{,}04 \cdot 10^{-9}$ m/s. Der Diffusionskoeffizient, der ein Maß für die Brown'sche-Bewegung darstellt, ergibt sich nach Gleichung (2.12) zu $D_i = 8{,}13 \cdot 10^{-14}$ m²/s. Aus dem Verhältnis der Sedimentationsgeschwindigkeit nach Stokes und dem Diffusionskoeffizienten kann die Stabilität der Tinte mittels der Péclet-Zahl quantifiziert werden. Durch Einsetzen der errechneten Werte in Gleichung (2.13) ergibt sich eine Péclet-Zahl von $Pe = 0{,}01$. Die Péclet-Zahl liegt damit unter dem Grenzwert von $Pe = 1$, was bedeutet, dass die Brown'sche Bewegung der dominierende Effekt gegenüber der Sedimentation ist.

[25] Als Medium wird der flüssige Anteil der Tinte, in dem die festen SiC-Partikel dispergiert sind, bezeichnet.

Fluidmechanische Eigenschaften

Für eine stabile Tropfenbildung bei der Verarbeitung der Tinte mittels Inkjet-Druck ist eine Ohnesorge-Zahl von $0{,}1 < Oh < 1$ notwendig [REI00]. Die Ohnesorge-Zahl ergibt sich nach Gleichung (2.16) aus dem Verhältnis aus Weber-Zahl und Reynolds-Zahl zu $Oh = 0{,}42$ (bei einem Düsendurchmesser von 50 µm). Dies lässt bei geeigneter Gestaltung der Waveform auf eine stabile Tropfenbildung schließen.

Benetzungs- und Trocknungsverhalten

Um die Hohlräume des Pulverbettes beim PBF-LB/M mit der Tinte füllen zu können ist eine ausreichende Benetzung (Kontaktwinkel $\Theta < 90°$) notwendig. Gleichzeitig führt eine zu stark ausgeprägte Benetzung zum Verlaufen der Tinte (vgl. Abbildung 31). Das Benetzungsverhalten der Tinte wird mit Hilfe des Kontaktwinkels beschrieben. Auf Grund der Porosität des Metallpulvers ist eine direkte Messung des Kontaktwinkels im vorliegenden Fall nicht möglich [CHI02]. Für die Bestimmung des Kontaktwinkels wird daher auf die Washburn-Methode zurückgegriffen [WAS21]. Im Rahmen der Washburn-Methode wird das Metallpulver in ein Glasrohr gefüllt, an dessen Unterseite ein Filterpapier angebracht ist. Das Filterpapier hat einen Rückhaltebereich von 8 – 12 µm, sodass es undurchlässig für das Metallpulver und gleichzeitig durchlässig für die Tinte ist. Das präparierte Glasrohr wird in einen Behälter mit Tinte gehängt, sodass das Filterpapier die Oberfläche der Tinte berührt (vgl. Abbildung 56). In Folge der Kapillarkräfte steigt die Tinte im Glasrohr nach oben und benetzt das Metallpulver. Die Masseänderung des Glasrohrs im Zeitverlauf wird mittels der Analysewaage *Kern ABT 120-4NM* erfasst.

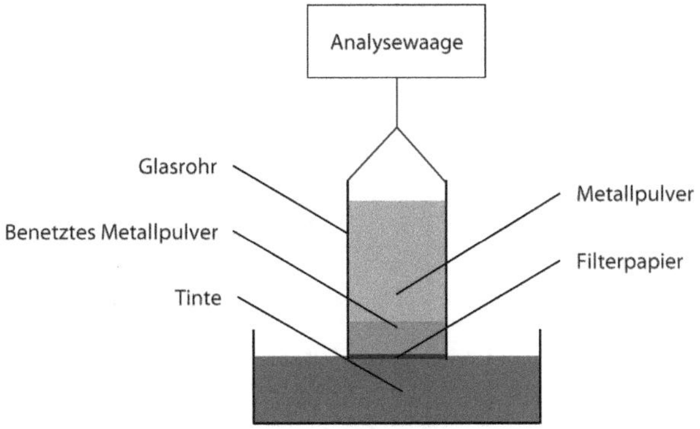

Abbildung 56: Schematische Darstellung des Messaufbaus der Washburn-Methode

Nach [KIR13] kann die Masseänderung des Glasrohrs über die Zeit mit Gleichung (5.8) beschrieben werden. Da die Gleichung zwei Unbekannte (Kontaktwinkel und Geometriefaktor) enthält, wird eine Referenzmessung zur Bestimmung des Geometriefaktors des Metallpulvers mit einer Hilfsflüssigkeit mit bekannten Benetzungseigenschaften durchgeführt. Als Hilfsflüssigkeit wird n-Hexan verwendet, was einen Kontaktwinkel von $\Theta = 0°$ ($\cos\Theta = 1$) aufweist [JI15].

$$\frac{m^2}{t} = \frac{c_G \rho^2 \sigma_O \cos \Theta}{\eta} \tag{5.8}$$

m:	Masse
t:	Zeit
c_G:	Geometriefaktor
ρ:	Dichte
σ_O:	Oberflächenspannung
Θ:	Kontaktwinkel
η:	Dynamische Viskosität

In Abbildung 57 ist jeweils die quadrierte Masseänderung des Glasrohrs über die Zeit bei der Benetzung des Metallpulvers mit n-Hexan und mit der entwickelten Tinte dargestellt. Zu Beginn der Versuche stellt sich jeweils eine lineare Zunahme der quadratischen Masse über die Zeit ein (gestrichelte Linie im Diagramm), die mit den dargestellten Geradengleichungen beschrieben werden kann. Durch Einsetzen der Steigung bei der Benetzung des Metallpulvers mit n-Hexan in Gleichung (5.8) kann der Geometriefaktor zu $c = 2{,}91 \cdot 10^{16}\ \text{m}^5$ bestimmt werden. Aus dem ermittelten Geometriefaktor und der Steigung der Geradengleichung für die Benetzung des Metallpulvers mittels der entwickelten Tinte ergibt sich nach Gleichung (5.8) ein Kontaktwinkel von $\Theta = 71°$. Dies lässt auf eine teilweise Benetzung des Metallpulvers mit der entwickelten Tinte schließen (vgl. Abbildung 6), was das Eindringen der Tinte in das Pulverbett bei gleichzeitiger Formstabilität des Druckbildes ermöglicht.

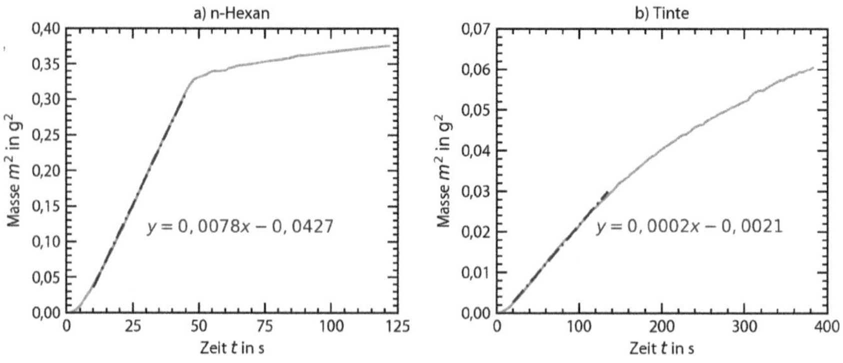

Abbildung 57: Quadratische Massezunahme von Pulverproben bei der Benetzung mit a) n-Hexan und b) der entwickelten Tinte im Rahmen der Analyse mittels Washburn-Methode

Neben den Benetzungseigenschaften ist das Trocknungsverhalten für die Anwendung der Tinte relevant. Das Trocknungsverhalten wird mittels thermogravimetrischer Analyse (TGA) mit Hilfe der Thermo-Mikrowaage *Netzsch TG 209F3* untersucht. Die Tinte wird hierfür in einer Stickstoff-Atmosphäre mit einer Heizrate von 20 °C/min von 20 °C bis auf 1000 °C aufgeheizt. Die sich ergebende Masseänderung während der Aufheizphase wird detektiert und gibt Aufschluss, bei welchen Temperaturen Phasenübergänge oder Zersetzungsvorgänge stattfinden. Das Ergebnis der TGA ist in Abbildung 58 dargestellt. Die Verdampfungsrate des Lösungsmittels, des Netzmittels und des Lösungsmittelanteils des Dispergators nimmt mit steigender Temperatur zu. Bei ca. 200 °C sind die flüssigen Bestandteile der Tinte vollständig verdampft. Die Zersetzung des Feststoffanteils des Dispergators findet ca. von 300 °C bis 400 °C statt. Im Temperaturbereich über 400 °C wurde keine weitere signifikante Masseänderung detektiert.

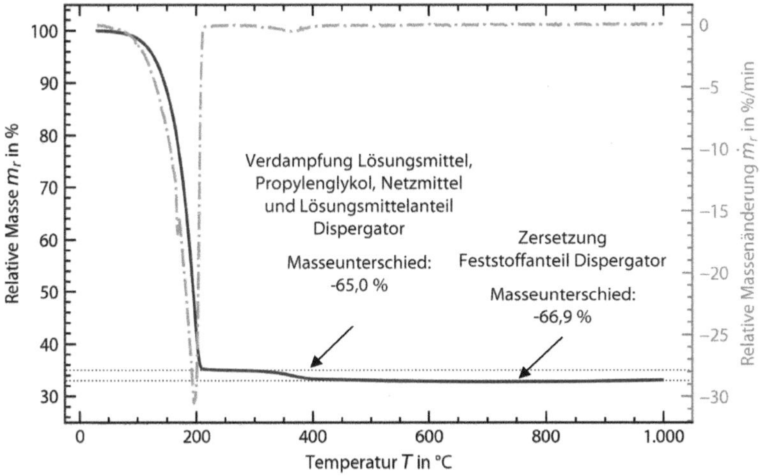

Abbildung 58: Relative Masseänderung der entwickelten Tinte in Abhängigkeit der Temperatur

Zusammenfassend weist die Tinte eine ausreichende Stabilität für die Verarbeitung mittels Inkjet-Druck auf. Weiterhin wurden geeignete fluidmechanische Eigenschaften für eine stabile Tropfenbildung ermittelt. Dies ermöglicht einen präzisen Auftrag der Tinte auf das Pulverbett. Die Analyse der Benetzungseigenschaften der Tinte zeigte eine ausreichende Benetzung des Metallpulvers zur Füllung der Hohlräume zwischen den Metallpulverpartikeln bei gleichzeitiger Ermöglichung eines formstabilen Druckbildes. Die SiC-Partikel können folglich mittels der Tinte in die Hohlräume des Pulverbettes eingebracht werden. Die durchgeführten Trocknungsversuche zeigten, dass das Medium durch Temperatureinwirkung rückstandlos aus dem Pulverbett entfernt werden kann. In den folgenden Kapiteln wird der Einfluss der Tinte bzw. der SiC-Partikel auf das Pulverbett und auf den PBF-LB/M-Prozess untersucht.

6 Analyse der Tinte-Metallpulver-Interaktion

Im folgenden Kapitel wird die Interaktion der Tinte mit dem Metallpulver untersucht. Hierfür werden Versuche innerhalb eines entwickelten Versuchsstandes durchgeführt und statistisch ausgewertet.

6.1 Aufbau des Versuchsstandes

Der entwickelte Versuchsstand bildet den Beschichtungsprozess einer PBF-LB/M-Maschine nach und ermöglicht ein schichtweises Bedrucken der Pulverbettoberfläche mit der entwickelten Tinte. Der Aufbau des Versuchsstandes ermöglicht die Integration von Sensorik oberhalb der Bauplatte sowie die aufwandsarme Integration eines Druckkopf- und Fluidsystems. Zudem kann die Menge an mit Tinte versetztem Metallpulver im Rahmen der ersten Versuchsphase durch die Verwendung des Versuchsstands geringgehalten werden. Der entwickelte Versuchsstand ist in Abbildung 59 dargestellt und besteht aus den beiden Funktionseinheiten Pulverauftragssystem sowie Druckkopf- und Fluidsystem.

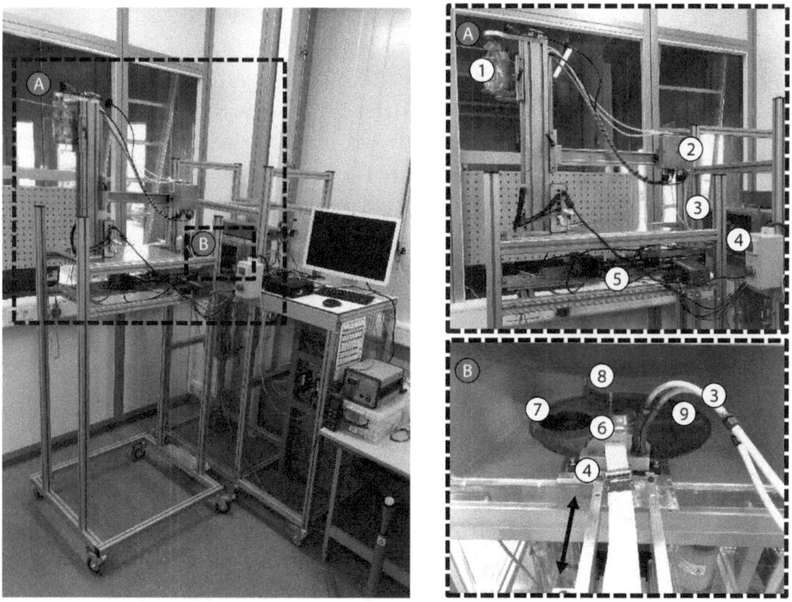

Ⓐ Druckkopf- und Fluidsystem

① Tintenvorratsbehälter
② Beheiztes Pumpensystem zur Zirkulation
③ Zu- und Rücklaufschläuche
④ Druckkopf
⑤ Spindelgetriebene Linearachse mit Wegmesssystem

Ⓑ Pulverauftragssystem

⑥ Beheizbare Bauplatte
⑦ Pulvervorratszylinder
⑧ Beschichter
⑨ Pulverüberlauföffnung

Abbildung 59: Aufbau des entwickelten Versuchsstandes

Das Pulverauftragssystem des Versuchsstandes bildet den Beschichtungsprozess einer PBF-LB/M-Maschine nach. Es beinhaltet einen Pulvervorratszylinder und eine beheizbare Bauplatte (Durchmesser 110 mm), die jeweils über einen Schrittmotor abgesenkt oder angehoben werden können. Das Metallpulver kann mittels Beschichter in definierter Schichtdicke auf die Bauplatte aufgetragen werden. In der Pulverüberlauföffnung wird überschüssiges Metallpulver für die Wiederaufbereitung gesammelt.

Das Druckkopf- und Fluidsystem ermöglicht einen schichtweisen Tintenauftrag auf die aufgetragenen Metallpulverschichten. Als Druckkopf kommt ein *Xaar 1003 GS6U* mit einer Auflösung von 360 dpi (engl.: dots per inch) und einem maximalen Tropfenvolumen von 42 pl zum Einsatz. Der Druckkopf ist auf einer spindelgetriebenen Linearachse mit Wegmesssystem befestigt, was eine definierte Linearbewegung des Druckkopfes über das Pulverbett ermöglicht. Die Tinte wird aus dem Tintenvorratsbehälter entnommen und zirkuliert durch Zu- und Rücklaufschläuche zwischen dem Druckkopf und einem beheizten Pumpensystem, um eine Sedimentation der SiC-Partikel in der Tinte zu verhindern.

Als Eingangsdaten für den Inkjet-Druck werden pixelbasierte Graustufenbilder in Form von 8-Bit-Dateien mit 256 Graustufen verwendet. Die 256 Graustufen der 8-Bit-Datei werden von der Steuerungssoftware des Inkjet-Druckkopfes in die acht möglichen Graustufen des Druckkopfes transformiert, welche über eine Variation des Tropfenvolumens abgebildet werden (vgl. Abbildung 60). Der Tropfenausstoß erfolgt während der Überfahrt des Pulverbettes jeweils nach einer durch das Wegmesssystem erfassten definierten zurückgelegten Strecke des Druckkopfes. Dies ermöglicht eine definierte Auflösung in Bewegungsrichtung des Druckkopfes. Die Düsen des Druckkopfes werden dabei einzeln in Abhängigkeit der pixelbasierten Eingangsdaten angesteuert.

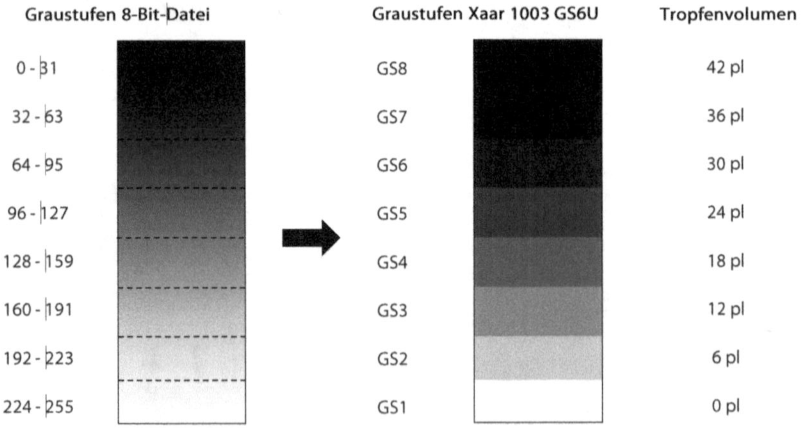

Abbildung 60: Transformation der Graustufen einer 8-Bit-Bilddatei in die realisierbaren Graustufen des Druckkopfes

6.2 Experimentelle Untersuchungen

Im folgenden Abschnitt wird die Interaktion der entwickelten Tinte mit dem Metallpulver untersucht. Zu diesem Zweck werden mittels des entwickelten Versuchsstands Metallpulverschichten mit definierter

Schichtdicke auf die Bauplatte aufgetragen und ortsselektiv mit Tinte bedruckt (vgl. Abbildung 61). Die bedruckten Bereiche jeder Schicht weisen dabei einen kreisförmigen Querschnitt mit einem Durchmesser von 10 mm auf. Durch das wiederholte Auftragen und Bedrucken von Metallpulverschichten werden zylindrische Prüfkörper mit einer Höhe von 0,9 mm und einem Druckmesser von 10 mm gefertigt.

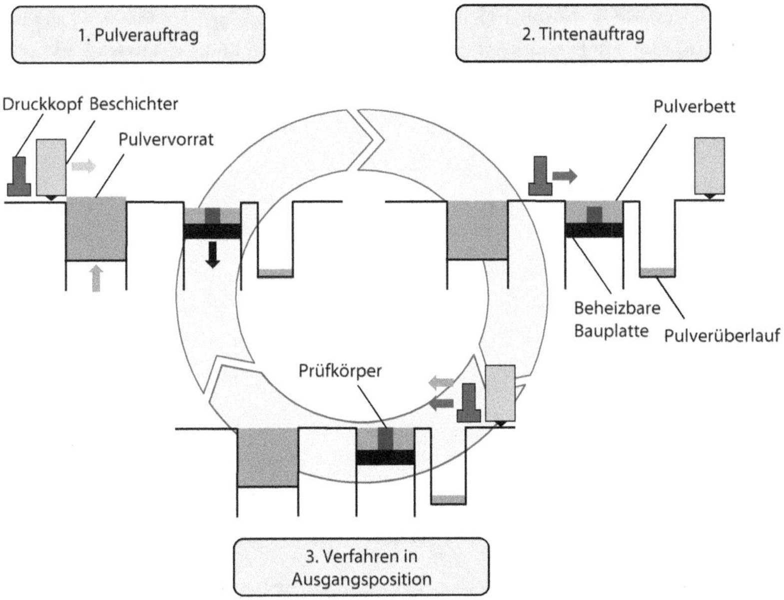

Abbildung 61: Abstrahierter Prozessablauf des schichtweisen Pulver- und Tintenauftrags zur Fertigung von Prüfkörpern

Die Prüfkörper werden anschließend hinsichtlich der definierten Zielgrößen analysiert. Diese umfassen die Temperaturdifferenz zwischen der Oberfläche des Prüfkörpers und der Pulverbettoberfläche bei aktivierter Bauplattenheizung, die effektive Wärmeleitfähigkeit der Prüfkörper sowie die geometrische Genauigkeit des Tintenauftrags. Als Kenngröße für die geometrische Genauigkeit des Tintenauftrags wird die Flächenabweichung der Querschnittsfläche der Prüfkörper zum eingestellten Soll-Wert verwendet. Als Faktoren werden die pro Pulvervolumen aufgetragene Menge an Tinte (im Folgenden als Tintenauftragsmenge bezeichnet), die Schichtdicke und die Bauplattentemperatur während des Auftragens und Bedruckens der Metallpulverschichten untersucht. Auf Grund der begrenzten vorhandenen Erkenntnisse über die Wirkzusammenhänge zwischen den Faktoren und den Zielgrößen wird die statistische Versuchsplanung und -auswertung als Untersuchungsmethode angewandt. Die Vorgehensweise wird im folgenden Unterabschnitt spezifiziert.

6.2.1 Versuchsplanung

Für die Analyse der Wirkzusammenhänge zwischen Faktoren und Zielgrößen wird auf Grund der begrenzten Anzahl an Faktoren und dem daraus resultierenden handhabbaren Versuchsumfang ein vollfaktorieller Versuchsplan gewählt. Dies gewährleistet eine maximale Auflösung des Versuchsplans, wodurch sowohl einzelne Faktoren als auch die Wechselwirkungen zwischen den Faktoren untersucht werden können [KLE16]. Auf Basis der Erkenntnisse aus Vorversuchen wird von linearen Wirkzusammenhängen zwischen Faktoren und Zielgrößen ausgegangen. Aus den Versuchsergebnissen wird deshalb eine lineare Zielfunktion – auch Regressionsmodell genannt – der folgenden Form abgeleitet [SIE10]:

$$y_Z = c_0 + \sum_{i=1}^{n} c_i u_i + \sum_{i=1}^{n-1} \sum_{j=i+1}^{n} c_{ij} u_i u_j + e \quad (6.1)$$

y_Z: Schätzwert der Zielgröße

c: Modellkonstante

u: Faktorstufe

e: Abweichung

Die Modellkonstanten werden im Rahmen der vorliegenden Arbeit mit Hilfe der Methode der kleinsten Quadrate bestimmt. Hierdurch werden die sogenannten Residuen, also die Abweichungen zwischen den aus der Zielfunktion abgeleiteten Schätzwerten zu den tatsächlich erfassten Messwerten minimiert [KLE16]:

$$\sum_{i=1}^{n} (y_{Zi} - \hat{y}_{Zi})^2 \rightarrow Minimum \quad (6.2)$$

$\hat{y}_Z$: Messwert der Zielgröße

Auf Basis der ermittelten Zielfunktion wird eine Varianzanalyse (engl. Analysis of Variance, ANOVA) durchgeführt. Die ANOVA dient der Beurteilung der statistischen Signifikanz des Einflusses der Faktoren auf die Zielgrößen [SIE10]. Hierfür werden zunächst die Effekte der Faktoren berechnet. Ein Effekt stellt die Änderung des Mittelwertes der Zielgröße bei einer Änderung der Faktorstufe dar [KLE16]:

$$E = \frac{1}{n} \sum_{i}^{n} \hat{y}_{Z1i} - \frac{1}{n} \sum_{i}^{n} \hat{y}_{Z2i} \quad (6.3)$$

E: Effekt

$\hat{y}_{Z1}$: Messwert der Zielgröße bei Faktorstufe 1

$\hat{y}_{Z2}$: Messwert der Zielgröße bei Faktorstufe 2

Die Effekte der Faktoren werden als Haupteffekte und die Effekte der Wechselwirkungen zwischen den Faktoren als Wechselwirkungseffekte bezeichnet. Im Rahmen der ANOVA wird die Gesamtvarianz (engl. Total Sum of Squares) der erfassten Messwerte in die Teilvarianzen zwischen Faktorstufen (engl. Sum of Squares Between Groups) und die Teilvarianzen innerhalb von Faktorstufen (engl. Sum of Squares Within Groups) aufgeteilt [SIE10].

$$TSS = \sum_{i=1}^{n} (\bar{y}_Z - \hat{y}_{Zi})^2 \tag{6.4}$$

TSS:	Total Sum of Squares
$\bar{y}_Z$:	Gesamtmittelwert aller Messwerte der Zielgröße
$\hat{y}_Z$:	Messwert der Zielgröße

$$SSB = \sum_{j=1}^{n} a_j (\bar{y}_Z - \bar{y}_{Zj})^2 \tag{6.5}$$

SSB:	Sum of Squares Between Groups
a_j:	Anzahl der Messwerte der Zielgröße bei Faktorstufe j
$\bar{y}_Z$:	Gesamtmittelwert aller Messwerte der Zielgröße
$\bar{y}_{Zj}$:	Mittelwert aller Messwerte der Zielgröße bei Faktorstufe j

$$SSW = TSS - SSB \tag{6.6}$$

Die Varianz zwischen zwei Faktorstufen (SSB) – also die Varianz, die durch einen Effekt erklärt werden kann – wird mit der Varianz innerhalb der Faktorstufen (SSW) – also der Varianz, die zufällig, beispielsweise durch unbekannte Störgrößen, ohne eine Änderung der Faktorstufe entsteht – verglichen [SIE10]. Hieraus kann die statistische Signifikanz der Effekte, die meist mit Hilfe des p-Wertes beschrieben wird, abgeleitet und mit einem definierten Signifikanzniveau verglichen werden [SCH18, PRO22]. Der p-Wert stellt dabei die Wahrscheinlichkeit dar, mit der ein Effekt fälschlicherweise als signifikant bestimmt wird. Als Signifikanzniveau wird typischerweise ein Wert von $\alpha = 5\ \%$ verwendet [SIE10]. Ist der p-Wert des betrachteten Effektes kleiner als das Signifikanzniveau gilt dieser als signifikant, bei einem p-Wert $< 1\ \%$ sogar als hochsignifikant. Weiterführende Informationen zur statistischen Versuchsplanung und -auswertung können der einschlägigen Fachliteratur entnommen werden: [SIE10, KLE16, SCH18, SCH20b, PRO22].

Für die Ermittlung signifikanter Effekte der Faktoren auf die Zielgrößen wurde der in Anhang A4, Tabelle A4.1 dargestellte vollfaktorielle Versuchsplan erstellt. Die Tintenauftragsmenge wurde auf Basis der

Erkenntnisse aus Vorversuchen[26] zwischen $V_T = 0{,}4 \cdot 10^5$ pl/mm³ und $V_T = 2{,}8 \cdot 10^5$ pl/mm³ variiert (vgl. Tabelle 11). Die untere Grenze der Faktorstufen wird durch die kleinste einstellbare Tropfengröße des Druckkopfes bestimmt. Die obere Grenze der Faktorstufen entspricht der Tintenauftragsmenge, die bei maximal einstellbarem Tropfenvolumen bei einmaliger Überfahrt einer 30 µm dicken Metallpulverschicht realisiert werden kann. Für die Schichtdicke wurden die für das PBF-LB/M typischen Faktorstufen $d_z = 30$ µm und $d_z = 60$ µm gewählt. Für den schichtweisen Aufbau des Pulverbettes und der Prüfkörper wurde die Bauplattentemperatur zwischen $T_B = 20$ °C (ausgeschaltete Bauplattenheizung) und $T_B = 50$ °C variiert. Hierdurch soll zum einen der Einfluss der schichtweisen Trocknung der Tinte während des Aufbauprozesses und zum anderen der Einfluss der temperaturabhängigen Viskosität der Tinte auf die Zielgrößen untersucht werden. Die obere Grenze der Faktorstufen ergibt sich dabei aus Sicherheitsaspekten, da der Versuchsstand keine Inertisierung ermöglicht und bei zu starker Erwärmung der Tinte Brandgefahr besteht.

Tabelle 11: Zusammenfassung der Versuchsplanung zur Analyse der Tinte-Metallpulver-Interaktion

Faktoren und Faktorstufen	Tintenauftragsmenge V_T in 10^5 pl/mm³:	0,4, 1,6, 2,8
	Schichtdicke d_z in µm:	30, 60
	Bauplattentemperatur T_B in °C	20, 50
Zielgrößen	Temperaturdifferenz ΔT in °C	
	Effektive Wärmeleitfähigkeit k in W/m·K	
	Flächenabweichung ΔA in mm²	
Versuchsplan	Vollfaktorieller Versuchsplan	
Anzahl Replikationen	3	

6.2.2 Versuchsdurchführung

Für die Fertigung der Prüfkörper wird zunächst eine Bilddatei erstellt, welche die zu bedruckenden Bereiche des Pulverbettes in Graustufen darstellt (vgl. Abbildung 62 a)). Die Prüfkörper werden in der Mitte der Bauplatte positioniert, um den Einfluss einer ggf. inhomogenen Temperaturverteilung im Randbereich der Bauplatte auf die späteren Temperaturmessungen möglichst gering zu halten. Je Fertigungsdurchlauf werden drei Prüfkörper mit unterschiedlicher Tintenauftragsmenge gefertigt. Für die Fertigung der Prüfkörper bei einer Schichtdicke von $d_z = 30$ µm wird jede Schicht einmal mit den Graustufen GS3, GS5 und GS8 (vgl. Abbildung 60) bedruckt. Bei einer Schichtdicke von $d_z = 60$ µm wird die Tintenauftragsmenge durch zweifaches Bedrucken jeder Schicht realisiert. Für eine höhere statistische Aussagekraft der Ergebnisse werden drei Replikationen der Versuche durchgeführt.

[26] Im Rahmen von Vorversuchen wurden Tintenauftragsmengen von $V_T = 0{,}8 \cdot 10^5$ pl/mm³ bis $V_T = 3{,}2 \cdot 10^5$ pl/mm³ untersucht. Eine Tintenauftragsmenge von $V_T > 2{,}8 \cdot 10^5$ pl/mm³ führte dabei zu einem starken Verlaufen der Tinte innerhalb des Pulverbettes.

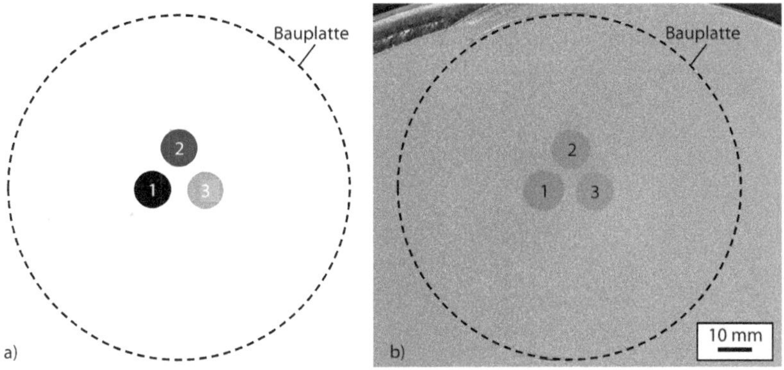

Tintenauftragsmenge:
1: $V_T = 2{,}8 \cdot 10^5$ pl/mm³ 2: $V_T = 1{,}6 \cdot 10^5$ pl/mm³ 3: $V_T = 0{,}4 \cdot 10^5$ pl/mm³

Abbildung 62: a) Darstellung der pixelbasierten Eingangsdaten in Form eines Graustufenbildes und b) resultierendes Druckbild auf der Bauplatte des entwickelten Versuchsstands

Im Folgenden wird das Vorgehen bei der Ermittlung der Zielgrößen beschrieben:

Messaufbau

Die Prüfkörper können auf Grund mangelnder Formstabilität nicht aus dem Versuchsstand entnommen werden. Die zu untersuchenden Zielgrößen müssen daher innerhalb des Versuchsstands bestimmt werden. Hierfür wurde der in Abbildung 63 dargestellt Messaufbau entwickelt.

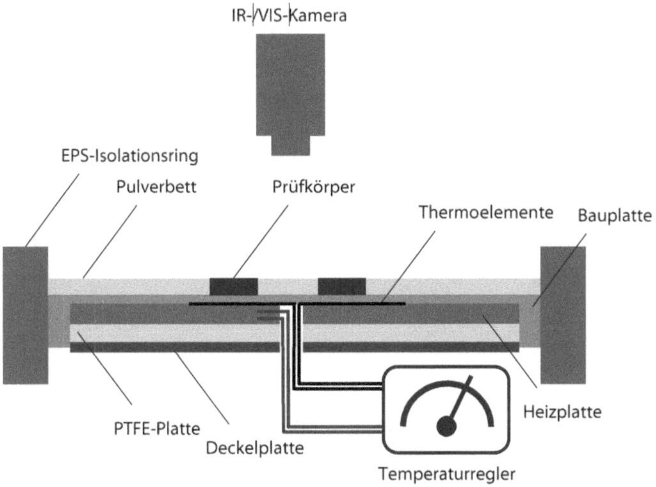

Abbildung 63: Schematische Darstellung des entwickelten Messaufbaus

Der entwickelte Messaufbau ist angelehnt an das Guarded-Hot-Plate-Verfahren nach *ISO 8302*, bei dem ein Prüfkörper mit einem konstanten Wärmestrom durchströmt wird [INT91]. Das System befindet sich beim Guarded-Hot-Plate-Verfahren in einem Gleichgewichtszustand aus Wärmezufuhr mittels einer Heizplatte an der Prüfkörperunterseite und Wärmeabfuhr mittels Kühlplatte an der Prüfkörperoberseite. Aus der Temperaturdifferenz der beiden Prüfkörperseiten sowie aus dem Wärmestrom durch den Prüfkörper kann die Wärmeleitfähigkeit des Prüfkörpers bei bekannter Querschnittsfläche und Dicke wie folgt berechnet werden:

$$\lambda = \frac{\dot{Q} \cdot d}{A \cdot \Delta T} \tag{6.7}$$

λ:	Wärmeleitfähigkeit
$\dot{Q}$:	Wärmestrom
P_H:	Leistungsaufnahme Heizplatte
d:	Dicke
A:	Querschnittsfläche
ΔT:	Temperaturdifferenz

In dem entwickelten Messaufbau wird die Wärmezufuhr über eine Bauplatte aus Aluminium mit integrierter Heizplatte realisiert. Zwischen der Heizplatte und der Bauplatte sind zwei Typ-K-Thermoelemente nahe der Bauplattenoberfläche angebracht, die mit einem Temperaturregler *JUMO dTRON 316* verbunden sind. Hierdurch wird eine definierte Temperierung der Bauplatte ermöglicht. Nach unten wird die Heizplatte mittels Polytetrafluorethylen (PTFE)-Platte thermisch isoliert und mit einer Deckelplatte abgedeckt. Nach dem Aufbau der Prüfkörper wird die Bauplatte mit dem Pulverbett nach oben verfahren und mittels Isolationsring aus expandiertem Polystyrol (EPS) radial thermisch isoliert. Die Bauplattentemperatur wird für die Messung auf 50 °C eingestellt. Infolgedessen bildet sich nach einer Aufheizphase von ca. 30 Minuten ein thermisches Gleichgewicht im Pulverbett und in den Prüfkörpern zwischen Wärmezufuhr durch die Bauplattenheizung und Wärmeabfuhr durch Konvektion und Wärmestrahlung an die Umgebungsatmosphäre. Das Pulverbett und die Prüfkörper werden in diesem Gleichgewichtszustand von einem konstanten und annähernd eindimensionalen Wärmestrom[27] durchströmt.

[27] Auf Grund der geringen Pulverbetthöhe (0,9 mm) im Vergleich zur beheizten Fläche der Bauplatte (ca. Durchmesser von 100 mm) sowie durch die seitliche thermische Isolierung mittels EPS-Isolationsring wird der Wärmestrom, der das Pulverbett durchdringt als annähernd eindimensional angenommen [YAN18].

Ermittlung der Temperaturdifferenz

Die Temperatur der Pulverbettoberfläche und der Prüfkörperoberfläche wird bei Erreichen des Gleichgewichtszustandes berührungslos mittels der *FLIR B250* Infrarotkamera erfasst (vgl. Abbildung 64). Die Temperaturdifferenz zwischen den Messpunkten kann anschließend durch Subtraktion berechnet werden.

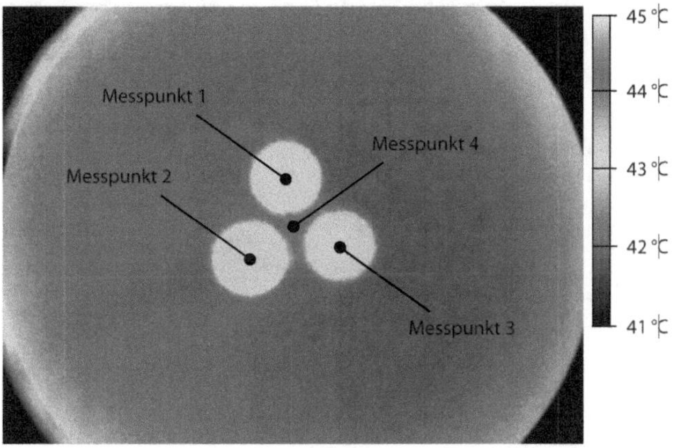

Abbildung 64: Infrarotkameraaufnahme der Pulverbett- und Prüfkörperoberfläche

Aus der erfassten Temperaturdifferenz zwischen der Pulverbettoberfläche und den Prüfkörperoberflächen kann bereits indirekt auf den Einfluss der über die Tinte eingebrachten SiC-Partikel auf die effektive Wärmeleitfähigkeit des Pulverbettes geschlossen werden.

Ermittlung der effektiven Wärmeleitfähigkeit

Für eine Quantifizierung der effektiven Wärmeleitfähigkeit werden die erfassten Messwerte der Bauplattenoberflächentemperatur, die Pulverbettoberflächentemperatur und die Prüfkörperoberflächentemperatur genutzt, um ein thermisch-stationäres Simulationsmodell basierend auf der Finite-Elemente-Methode (FEM) in der Simulationssoftware *Ansys* aufzubauen. Hierfür wird zunächst ein Geometriemodell erstellt, welches die zu simulierenden Objekte – im vorliegenden Fall das Pulverbett und die Prüfkörper – beinhaltet (vgl. Abbildung 65 a)). Das Geometriemodell wird anschließend diskretisiert, indem es in finite Elemente (FE) aufgeteilt wird, woraus ein sogenanntes FE-Netz resultiert (vgl. Abbildung 65 b)) [STE15].

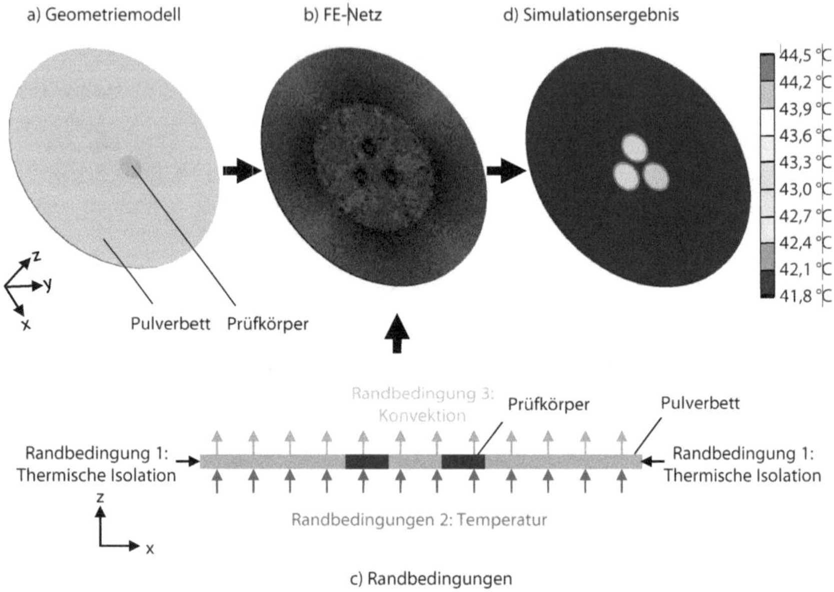

Abbildung 65: Schrittweiser Aufbau des Simulationsmodells bestehend aus a) dem Geometriemodell, b) dem daraus abgeleiteten FE-Netz, c) den definierten Randbedingungen sowie d) der Darstellung der Simulationsergebnisse

Die definierten Randbedingungen für das vorliegende Simulationsmodell sind in Abbildung 65 c) schematisch dargestellt. Als erste Randbedingung wird eine radiale thermische Isolation festgelegt. Als zweite Randbedingung wird die eingestellte Bauplattenoberflächentemperatur als Temperatur der Unterseite des Simulationsmodells definiert. Als dritte Randbedingung wird die Wärmeabfuhr an der Oberseite des Simulationsmodells in Form von Konvektion festgelegt. Für die Quantifizierung der Konvektion muss der Wärmeübergangskoeffizient zwischen der Pulverbett-/Prüfkörperoberfläche und der Umgebungsatmosphäre im Simulationsmodell definiert werden[28]. Zu diesem Zweck wurde die effektive Wärmeleitfähigkeit des Metallpulvers außerhalb des Versuchsstands mittels *C-Therm Modified-Transient-Plane-Source-Sensor (MTPS-Sensor)* bestimmt. Die gemessene effektive Wärmeleitfähigkeit von $\lambda_{eff} = 0{,}12\ W/m{\cdot}K$[29] wird anschließend als Werkstoffkennwert für das Pulverbett im Simulationsmodell

[28] Im Rahmen der Modellbildung wird die vereinfachnende Annahme getroffen, dass die Wärmeübergangskoeffizienten zwischen der Pulverbettoberfläche und der Umgebungsatmosphäre und zwischen der Prüfkörperoberfläche und der Umgebungsatmosphäre identisch sind.

[29] Die gemessene effektive Wärmeleitfähigkeit des Metallpulvers steht in guter Übereinstimmung mit den Ergebnissen von *Bartsch et al.* [BAR21].

hinterlegt. Auf dieser Basis wird der Wärmeübergangskoeffizient so eingestellt, dass die aus dem Simulationsergebnis resultierende Pulverbettoberflächentemperatur (vgl. Abbildung 65 d)) mit der im Versuchsstand gemessenen Pulverbettoberflächentemperatur übereinstimmt. Die effektive Wärmeleitfähigkeit der Prüfkörper verbleibt damit als einzige Unbekannt im Simulationsmodell und kann somit bestimmt werden.

Die Messgenauigkeit des entwickelten Messaufbaus wird durch verschiedene Störgrößen, Schwankungen und vereinfachende Annahmen beeinflusst. Insbesondere die Genauigkeit der Temperaturregelung der Bauplattenheizung und die Messgenauigkeit von Thermoelementen und Infrarotkamera können das Messergebnis beeinflussen. Aus diesem Grund ist bei der Interpretation der Ergebnisse zu beachten, dass nur bedingt Aussagen über absolute Werte der effektiven Wärmeleitfähigkeit getroffen werden können. Vielmehr sollen die Ergebnisse dazu dienen, einen relativen Vergleich zwischen den einzelnen Faktorkombinationen zu ermöglichen und somit signifikante Effekte abzuleiten.

Ermittlung der Flächenabweichung

Neben den Infrarotkameraaufnahmen werden zusätzlich Aufnahmen im sichtbaren Wellenlängenbereich von der Pulverbett- und Prüfkörperoberfläche gemacht. Die Aufnahmen werden aus einer konstanten Position in einem Abstand von 250 mm zentral über der Bauplatte gemacht und hinsichtlich der Abweichung zwischen der eingestellten Soll-Querschnittsfläche und der tatsächlichen Querschnittsfläche der Prüfkörper analysiert. Hierfür wird die Kontur der bedruckten Bereiche automatisiert über Graustufenschwellwerte mittels eines *Python*-Skripts[30] erfasst (vgl. Abbildung 66 a)). Der Flächeninhalt der erfassten Kontur wird anschließend mit dem Flächeninhalt der Soll-Kontur verglichen (vgl. Abbildung 66 b)). Die Umrechnung von Pixeln in tatsächliche Längen- und Flächenmaße wird durch einen zuvor ermittelten Skalierungsfaktor ermöglicht.

[30] *Python* ist eine Open-Source-Programmiersprache die insbesondere im Bereich der Daten- und Bildverarbeitung Anwendung findet.

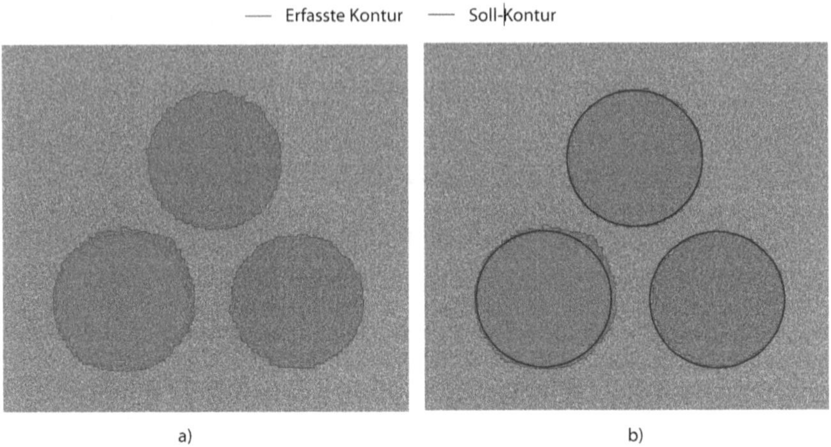

Abbildung 66: a) Mittels Graustufenabgleich erfasste Kontur und b) Vergleich mit der Soll-Kontur

6.2.3 Versuchsauswertung

Die Versuchsergebnisse werden auf Grund der teilweise komplexen statistischen Berechnungen mit Hilfe der Statistiksoftware *JMP Pro 17* ausgewertet. In diesem Rahmen werden die Faktoren und deren Zweifachwechselwirkungen hinsichtlich deren Signifikanz untersucht. Im Anschluss werden die Effekte der signifikanten Faktoren und Zweifachwechselwirkungen berechnet.

Temperaturdifferenz

In Abbildung 67 ist die jeweilige ermittelte Temperaturdifferenz zwischen der Prüfkörper- und Pulverbettoberfläche für alle Kombinationen der Faktorstufen dargestellt. Die über die Abszisse aufgetragenen Faktorkombinationen können Tabelle 12 entnommen werden. Die im Vergleich zu den Unterschieden zwischen den Mittelwerten der Faktorstufenkombinationen geringe Standardabweichung deutet auf eine ausreichende Messgenauigkeit bei der Temperaturmessung sowie eine gute Reproduzierbarkeit der Versuche hin. Die Versuchsergebnisse lassen weiterhin auf einen starken Einfluss der Schichtdicke und der Tintenauftragsmenge auf die Zielgröße Temperaturdifferenz schließen. Im Folgenden werden die Wechselwirkungen zwischen den Faktoren und der Zielgröße Temperaturdifferenz weiter analysiert.

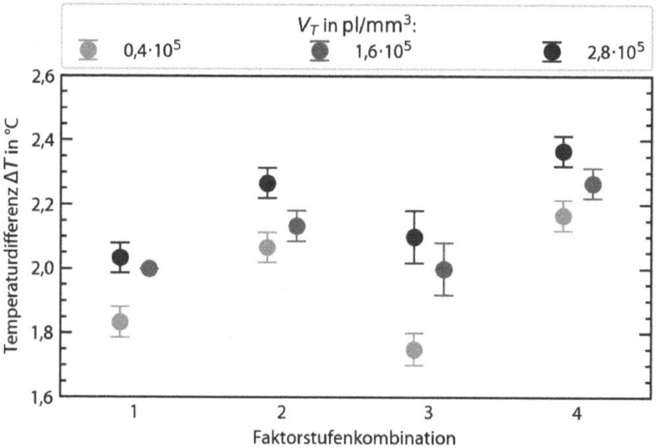

Abbildung 67: Temperaturdifferenz zwischen der Prüfkörper- und Pulverbettoberfläche in Abhängigkeit der Faktorstufenkombinationen und der Tintenauftragsmenge

Tabelle 12: Verwendete Faktorstufenkombinationen

Faktorstufenkombination	1	2	3	4
Schichtdicke d_z in µm	60	30	60	30
Bauplattentemperatur T_B in °C	20	20	50	50

Aus den in Abbildung 67 dargestellten Versuchsergebnissen wurden die Effekte der Faktoren auf die Zielgröße Temperaturdifferenz in Abbildung 68 abgeleitet. Die Steigung zwischen den Datenpunkten stellt die Stärke des Effektes des jeweiligen Faktors auf die Zielgröße dar. Hieraus geht hervor, dass die Faktoren Schichtdicke und Tintenauftragsmenge die Zielgröße vergleichsweise stark beeinflussen. Die Schichtdicke weist dabei als einziger Faktor eine negative Wirkrichtung auf. Die Bauplattentemperatur zeigt einen im Vergleich zur Tintenauftragsmenge und Schichtdicke geringeren Effekt auf die Temperaturdifferenz.

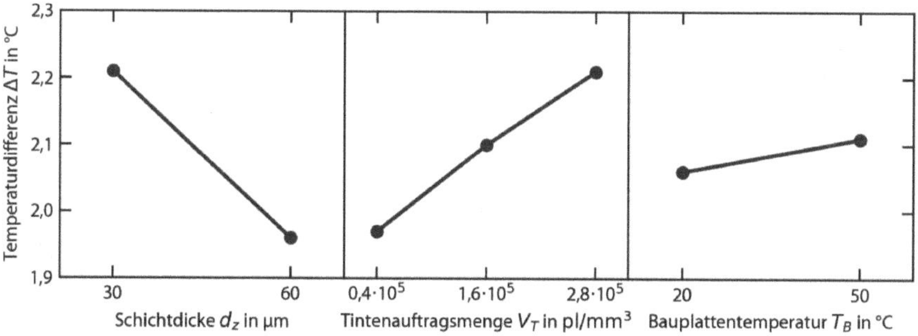

Abbildung 68: Haupteffektdiagramm für die Zielgröße Temperaturdifferenz

In Abbildung 69 sind die Faktoren und deren Zweifachwechselwirkungen hinsichtlich deren statistischer Signifikanz in Bezug auf die Beeinflussung der Zielgröße Temperaturdifferenz zwischen der Prüfkörper- und Pulverbettoberfläche dargestellt. Alle untersuchten Faktoren wurden als hochsignifikant bewertet. Dabei weist die Schichtdicke die höchste Signifikanz auf, gefolgt von der Tintenauftragsmenge und der Bauplattentemperatur. Die Zweifachwechselwirkung zwischen der Bauplattentemperatur und der Schichtdicke hat mit einem p-Wert von 5,14 % das Signifikanzniveau knapp unterschritten. Alle weiteren Zweifachwechselwirkungen zeigen eine deutlich geringere Signifikanz.

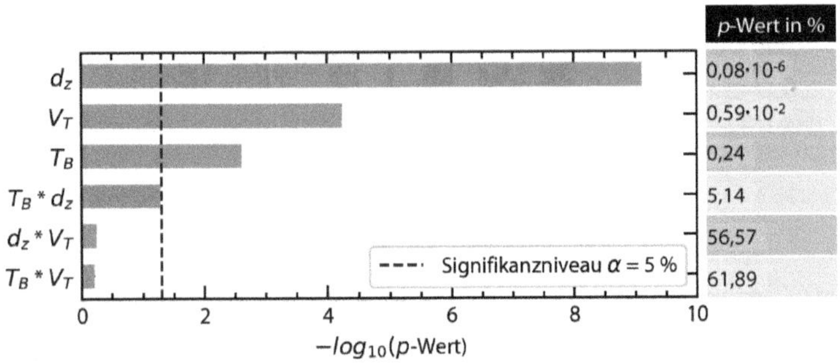

Abbildung 69: Signifikanz der Haupt- und Wechselwirkungseffekte der Faktoren auf die Temperaturdifferenz zwischen der Prüfkörper- und Pulverbettoberfläche

Auf Basis der dargestellten Ergebnisse lässt sich zusammenfassen, dass alle Faktoren einen signifikanten Einfluss auf die Temperaturdifferenz besitzen. Die Schichtdicke und die Tintenauftragsmenge weisen dabei einen stärkeren Effekt auf die Zielgröße auf als die Bauplattentemperatur. Die Effekte der Zweifachwechselwirkungen können auf Grund deren fehlender statistischer Signifikanz vernachlässigt werden. Der starke Effekt der Schichtdicke lässt darauf schließen, dass die im Pulverbett bestehenden Hohlräume trotz gleicher volumenbezogener Tintenauftragsmenge bei geringerer Schichtdicke effizienter gefüllt werden. Weiterhin ist in den betrachteten Systemgrenzen eine positive Beeinflussung der Zielgröße durch eine größere Tintenauftragsmenge und dem daraus resultierenden höheren Anteil an SiC-Partikeln im Pulverbett ersichtlich.

Effektive Wärmeleitfähigkeit

Auf Basis der erfassten Temperaturdifferenz zwischen der Prüfkörper- und der Pulverbettoberfläche wurde die in Abbildung 70 dargestellte effektive Wärmeleitfähigkeit nach der in Unterabschnitt 6.2.1 beschriebenen Vorgehensweise ermittelt. Die unterbrochene Referenzlinie stellt dabei die effektive Wärmeleitfähigkeit des unbedruckten Pulverbettes dar. In den Versuchsergebnissen ist eine Zunahme der Standardabweichung bei steigender effektiver Wärmeleitfähigkeit zu erkennen. Dies kann mit dem Umstand begründet werden, dass die Temperaturdifferenz zwischen der Prüfkörperunter- und -oberseite bei zunehmender effektiver Wärmeleitfähigkeit geringer wird. Hierdurch nimmt der Einfluss von Messungenauigkeiten bei der Temperaturmessung tendenziell zu.

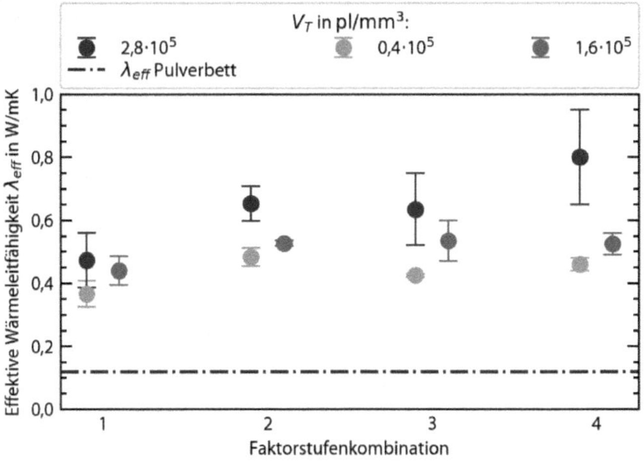

Abbildung 70: Effektive Wärmeleitfähigkeit λ_{eff} der Prüfkörper und des Pulverbettes

Die in Abbildung 71 dargestellten Effekte der Faktoren auf die Zielgröße effektive Wärmeleitfähigkeit zeigen ein ähnliches Bild auf wie die zuvor dargestellten Effekte der Faktoren auf die Zielgröße Temperaturdifferenz. Die Schichtdicke und die Tintenauftragsmenge weisen die stärksten Effekte auf. Der Effekt der Bauplattentemperatur nimmt eine untergeordnete Rolle ein.

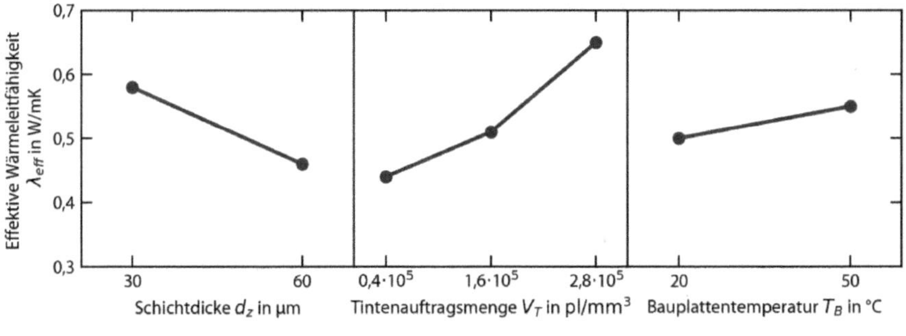

Abbildung 71: Haupteffektdiagramm für die Zielgröße effektive Wärmeleitfähigkeit

Die in Abbildung 72 dargestellte Analyse der statistischen Signifikanz der Faktoren und deren Zweifachwechselwirkungen zeigt, dass die Faktoren Schichtdicke und Tintenauftragsmenge hochsignifikant sind. Die Bauplattentemperatur sowie die Zweifachwechselwirkungen der Faktoren haben das Signifikanzniveau unterschritten. Allgemein kann eine im Vergleich zu den Betrachtungen zur Zielgröße Temperaturdifferenz reduzierte Signifikanz der Faktoren festgestellt werden. Dies kann durch die größere Varianz der Versuchsergebnisse insbesondere bei hohen Werten der effektiven Wärmeleitfähigkeit begründet werden.

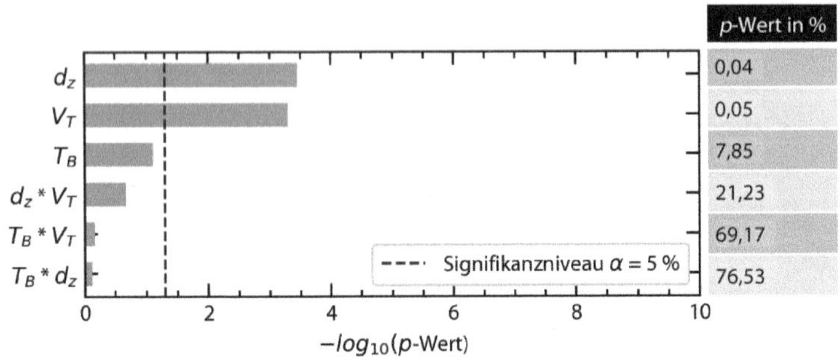

Abbildung 72: Signifikanz der Haupt- und Wechselwirkungseffekte der Faktoren auf die effektive Wärmeleitfähigkeit λ_{eff} des Pulverbettes

Zusammenfassend lässt sich feststellen, dass die Analyse der Versuchsergebnisse bezüglich der Zielgröße effektive Wärmeleitfähigkeit ein ähnliches Muster wie bei der Zielgröße Temperaturdifferenz aufweist. Dies ist darauf zurückzuführen, dass die effektive Wärmeleitfähigkeit der Prüfkörper indirekt von der Temperaturdifferenz zwischen der Prüfkörper- und der Pulverbettoberfläche abhängt.

Flächenabweichung

Die in Abbildung 73 dargestellten Versuchsergebnisse lassen auf eine Abhängigkeit der Zielgröße Flächenabweichung von der Tintenauftragsmenge schließen. Es zeigt sich, dass die Querschnittsflächen der Prüfkörper bei einer Einstellung der Tintenauftragsmenge auf die untere Faktorstufe im Vergleich zum definierten Sollwert tendenziell zu klein ausfallen, während sie bei einer Einstellung auf die obere Faktorstufe tendenziell zu groß sind. Insbesondere bei höheren Tintenauftragsmengen wird eine vergleichsweise hohe Standardabweichung beobachtet, was auf ein unregelmäßiges Verhalten der Tinte hindeutet. Eine Einstellung der Tintenauftragsmenge auf die mittlere Faktorstufe resultiert in vergleichsweise geringen Flächenabweichungen und erscheint somit geeignet für die Erzielung einer hohen geometrischen Genauigkeit beim Tintenauftrag.

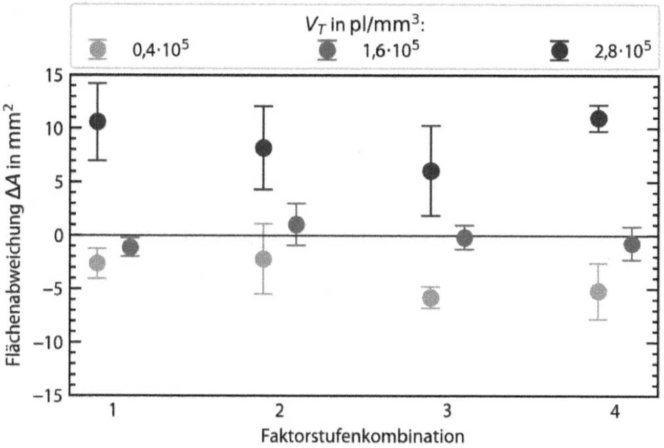

Abbildung 73: Flächenabweichung ΔA der bedruckten Bereiche vom Sollwert

Die in Abbildung 74 dargestellten berechneten Effekte der Faktoren auf die Zielgröße Flächenabweichung bestätigen die bereits aus der Analyse von Abbildung 73 gewonnenen Erkenntnisse. Die Tintenauftragsmenge weist den dominierenden Effekt im Hinblick auf die Flächenabweichung auf. Die Effekte der Faktoren Schichtdicke und Bauplattentemperaturen sind demgegenüber schwächer ausgeprägt.

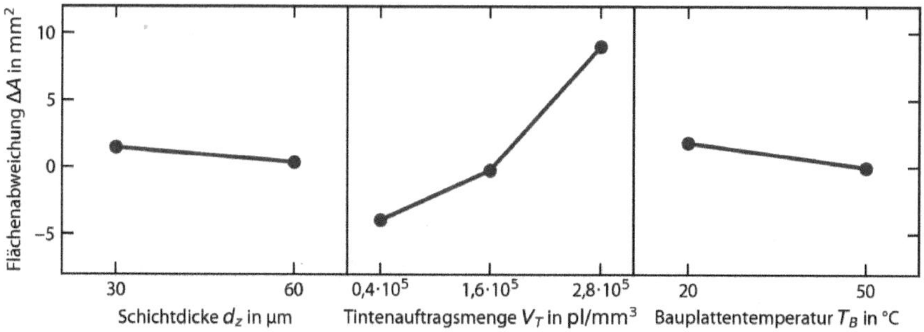

Abbildung 74: Haupteffektdiagramm für die Zielgröße Flächenabweichung

Die Analyse der statistischen Signifikanz der Faktoren und deren Zweifachwechselwirkungen zeigt, dass die Tintenauftragsmenge als einziger Faktor das Signifikanzniveau überschritten hat (vgl. Abbildung 75), was die Erkenntnisse aus den vorherigen Betrachtungen zur Zielgröße Flächenabweichung widerspiegelt.

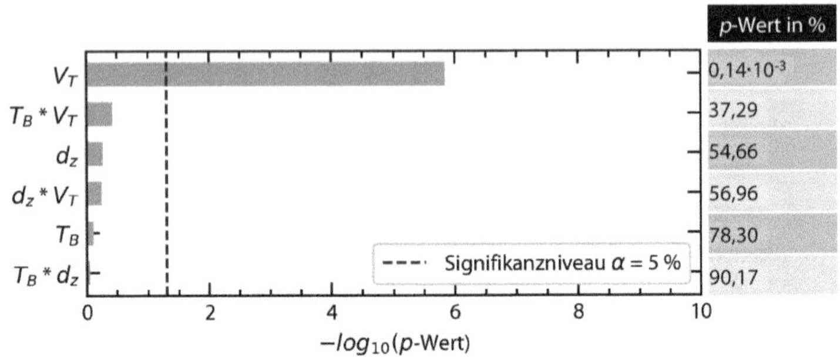

Abbildung 75: Signifikanz der Haupt- und Wechselwirkungseffekte der Faktoren auf Flächenabweichung ΔA der bedruckten Bereiche vom Sollwert

Die Analyse der Versuchsergebnisse zeigt, dass die Flächenabweichung maßgeblich von der Tintenauftragsmenge bestimmt wird. Alle anderen Faktoren weisen weder ausgeprägte Effekte auf die Flächenabweichung noch eine statistische Signifikanz auf.

Interpretation der Versuchsergebnisse

Die ermittelten Zusammenhänge zwischen den untersuchten Faktoren und Zielgrößen innerhalb der betrachteten Systemgrenzen sind in Tabelle 13 zusammengefasst. Zur Maximierung der Temperaturdifferenz zwischen der Prüfkörper- und Pulverbettoberfläche sowie der resultierenden effektiven Wärmeleitfähigkeit sollte eine möglichst geringe Schichtdicke sowie eine möglichst große Tintenauftragsmenge und Bauplattentemperatur eingestellt werden. Bei geringen Schichtdicken ist eine geringere Menge an Pulver durch die Tinte zu durchdringen, was die vollständige Füllung der Hohlräume in der aktuellen Pulverschicht begünstigt. Die Durchdringung der Pulverschichten kann durch eine Beheizung der Bauplatte und die damit einhergehende Viskositätsreduzierung der Tinte nach dem Tintenauftrag unterstützt werden. Durch eine Maximierung der Tintenauftragsmenge wird die Menge an SiC-Partikeln, die in die Hohlräume des Pulverbettes eingebracht werden, maximiert. Dies führt zu einer Erhöhung die Anzahl der Kontaktstellen zwischen den Metallpulverpartikeln im Pulverbett und schafft zusätzliche Wärmeleitungspfade, was die effektive Wärmeleitfähigkeit des Pulverbettes steigert. Gleichzeitig führt eine Maximierung der Tintenauftragsmenge zu einer erhöhten Flächenabweichung. Eine unkontrollierte Ausbreitung der Tinte im Pulverbett könnte den PBF-LB/M-Prozess negativ beeinflussen, wenn die Tinte sich in Bereiche des Pulverbettes ausbreitet, die im Anschluss an den Tintenauftrag durch den Laserstrahl belichtet werden. Im Rahmen der durchgeführten Versuche zeigte eine Einstellung der Tintenauftragsmenge auf die mittlere Faktorstufe eine Minimierung der Flächenabweichung.

Tabelle 13: Ermittelte Zusammenhänge zwischen Faktoren und Zielgrößen

Faktor	Temperaturunterschied ΔT	Effektive Wärmeleitfähigkeit λ_{eff}	Flächenabweichung ΔA
Schichtdicke d_z	−	−	−
Tintenauftragsmenge V_T	+	+	0
Bauplattentemperatur T_B	+	+	−

− Zielgrößenoptimierung bei Einstellung auf untere Faktorstufe

0 Zielgrößenoptimierung bei Einstellung auf mittlere Faktorstufe

\+ Zielgrößenoptimierung bei Einstellung auf obere Faktorstufe

■ Signifikanter Faktor

■ Nicht signifikanter Faktor

7 Analyse des Einflusses des Tintenauftrags auf den PBF-LB/M-Prozess

Im folgenden Kapitel wird der Einfluss des Tintenauftrags und der damit einhergehenden Steigerung der effektiven Wärmeleitfähigkeit des Pulverbettes auf den PBF-LB/M-Prozess untersucht. Hierfür wird der im Versuchsstand verwendete Aufbau des Druckkopf- und Fluidsystems auf Basis der Erfahrungen aus den Versuchen in Kapitel 6 angepasst und auf die in Abschnitt 4.1 beschriebene PBF-LB/M-Maschine *SLM125* übertragen. Im Anschluss werden die durch den Tintenauftrag erzielbaren Prozess- und Bauteileigenschaften mittels experimenteller Untersuchungen quantifiziert. Abschließend erfolgt eine technische Bewertung der Ergebnisse durch einen Vergleich mit der in Kapitel 4 charakterisierten Ausgangssituation.

7.1 Übertragung auf PBF-LB/M-Maschine

Zur Ermöglichung des Tintenauftrags auf das Pulverbett im Rahmen des PBF-LB/M-Prozesses wird ein Druckkopf- und Fluidsystem in die PBF-LB/M-Maschine *SLM 125* integriert (vgl. Abbildung 76). Hierbei wurden auf Basis der Erkenntnisse aus den vorhergehenden Versuchen folgende Anpassungen im Vergleich zu dem im Versuchsstand verwendeten Druckkopf- und Fluidsystem vorgenommen:

- Änderung des verwendeten Druckkopftyps auf *Ricoh GEN4L 15PL MH2620* auf Grund von herstellerunabhängigen Konfigurationsmöglichkeiten
- Verzicht auf ein Pumpensystem zur Zirkulation auf Grund ausreichender Stabilisierung der SiC-Partikel in der Tinte
- Druckregulierung bei der Tintenzufuhr durch die Verwendung von Druckdämpfern
- Direkte Befestigung des Druckkopf- und Fluidsystems am Beschichterschlitten der PBF-LB/M-Maschine zur Vermeidung einer zusätzlichen Achse

Der Wechsel des verwendeten Druckkopftyps ermöglicht die herstellerunabhängige Anpassung der Waveform sowie eine frei konfigurierbare Ansteuerung auf Basis einer Stapelverarbeitung von Bilddaten. Der verwendete Druckkopf *Ricoh GEN4L 15PL MH2620* weist eine Auflösung von 150 dpi bei einer maximalen Tropfengröße von 45 pl auf. Die Auflösung wird durch die Integration von zwei um einen halben Düsenabstand versetzten Druckköpfen verdoppelt, sodass eine Auflösung von 300 dpi realisiert wird. Weiterhin wird auf das Pumpensystem zur Zirkulation der Tinte verzichtet. Grund hierfür ist die durch eine ausreichende Stabilisierung ausbleibende Sedimentation der SiC-Partikel in der Tinte. Die Tinte fließt im vorliegenden Aufbau durch die Schwerkraft aus einem oberhalb der Prozesskammer positionierten Tintenvorratsbehälter durch die Zulaufschläuche in die Druckköpfe. Zur Vermeidung einer Über- oder Unterdosierung der Tintenzufuhr zu den Druckköpfen werden zwei Druckdämpfer zur Regulierung des Flüssigkeitsdruckes in den Zulaufschläuchen integriert. Die Komponenten des Druckkopf- und Fluidsystems innerhalb der Prozesskammer werden mittels einer Halterung am Beschichterschlitten der PBF-LB/M-Maschine befestigt. Hierdurch kann auf die Integration einer zusätzlichen Achse zur Realisierung einer Relativbewegung zwischen den Druckköpfen und der Bauplatte verzichtet werden. Die Position der Druckköpfe wird wie im Versuchsstand über einen Linearencoder erfasst. Das Magnetband des Encoders wird an der Seitenwand der Prozesskammer angebracht. Der Sensor des Encoders befindet sich hinter der Druckkopfsteuerung.

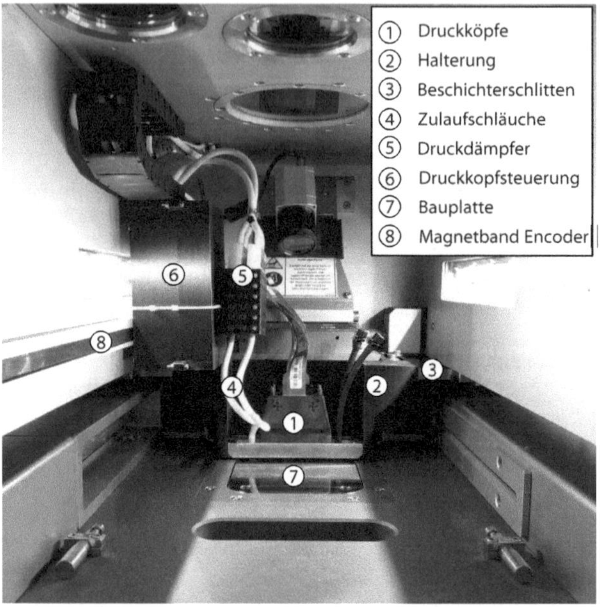

Abbildung 76: Prozesskammer der PBF-LB/M-Maschine *SLM125* mit integriertem Druckkopf- und Fluidsystem

Zur Erstellung der Eingangsdaten für die Druckköpfe werden die Prüfkörper zusammen mit den angrenzenden zu bedruckenden Bereichen in der CAD-Software *Creo Parametric* konstruiert (vgl. Abbildung 77 a)). Die Orientierung und Positionierung der Prüfkörper sowie der zu bedruckenden Bereiche in *Creo Parametric* entspricht dabei der späteren Positionierung und Orientierung im Bauraum der PBF-LB/M-Maschine. Die zu bedruckenden Bereiche werden im STL-Format exportiert und mit der Software *Rapix3D* in Schichten mit definierter Schichtdicke unterteilt. Die generierten Schichtdaten werden als Graustufenbilder exportiert, welche die Querschnittsflächen der jeweiligen Schichten darstellen (vgl. Abbildung 77 b)). Die resultierenden Graustufenbilder können im Rahmen des PBF-LB/M-Prozesses automatisiert von der Steuerungssoftware der Druckköpfe verarbeitet werden.

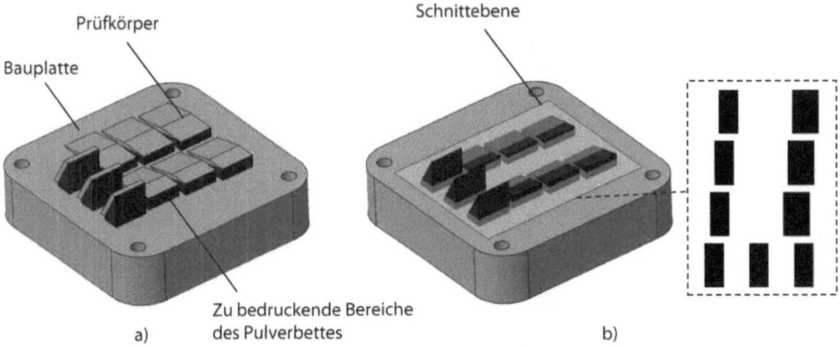

Abbildung 77: Erstellung der Eingangsdaten für die Druckkopfsteuerung: a) Konstruktion von Prüfkörpern und zu bedruckenden Bereichen, b) beispielhaftes aus dem Slicing in der dargestellten Schnittebene resultierendes Graustufenbild

Die Ansteuerung der Druckköpfe wurde so konzipiert, dass keine Kommunikation zwischen der Steuerung des Druckkopf- und Fluidsystems und der Steuerung der PBF-LB/M-Maschine notwendig ist. Der Start des Tintenauftrags wird durch Überfahrt des Beschichters über eine vordefinierte Position initiiert, welche durch den Linearencoder erfasst wird. Die Graustufenbilder werden so parallel zum Pulverauftrag schichtweise verarbeitet. Der Pulverauftrag der PBF-LB/M-Maschine erfolgt bidirektional[31]. Aufgrund der Einbaubedingungen, die die Montage der Druckköpfe nur auf einer Seite des Beschichters zulassen, wird der Tintenauftrag in jeder zweiten Schicht realisiert. Der resultierende Prozessablauf ist in Abbildung 78 dargestellt.

[31] Zur Vermeidung einer Produktivitätsreduzierung wird auf die Umstellung auf einen unidirektionalen Pulverauftrag verzichtet.

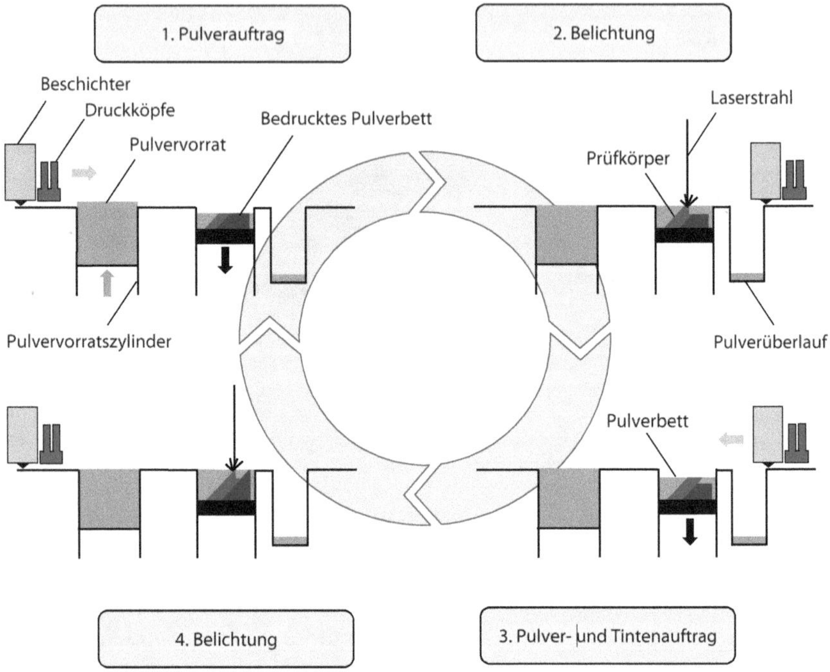

Abbildung 78: Prozessablauf des Tintenauftrags im Rahmen des PBF-LB/M

7.2 Experimentelle Untersuchungen

Im Folgenden wird der Einfluss des Tintenauftrags auf den PBF-LB/M-Prozess experimentell untersucht. Hierfür werden die bei Tintenauftrag realisierbaren Prozess- und Bauteileigenschaften ermittelt und anschließend der in Kapitel 4 charakterisierten Ausgangssituation gegenübergestellt.

7.2.1 Versuchsplanung

Die Ermittlung der bei Tintenauftrag realisierbaren Prozess- und Bauteileigenschaften erfolgt in Abhängigkeit des Überhangwinkels, der Schichtdicke und der Tintenauftragsmenge anhand der in Kapitel 4 definierten Prüfkörper. Hierfür werden zum einen die bei der Fertigung der Prüfkörper auftretenden Prozessfehler analysiert. Zum anderen werden die Prüfkörper hinsichtlich der Zielgrößen rel. Dichte, Oberflächenrauheit und Verzug untersucht. Die zu bedruckenden Bereiche werden durch senkrechte Projektion der Überhangfläche auf die Bauplatte konstruiert (vgl. Abbildung 79). Hierdurch wird die Wärmeleitung von überhängenden Bauteilbereichen in die Bauplatte unterstützt.

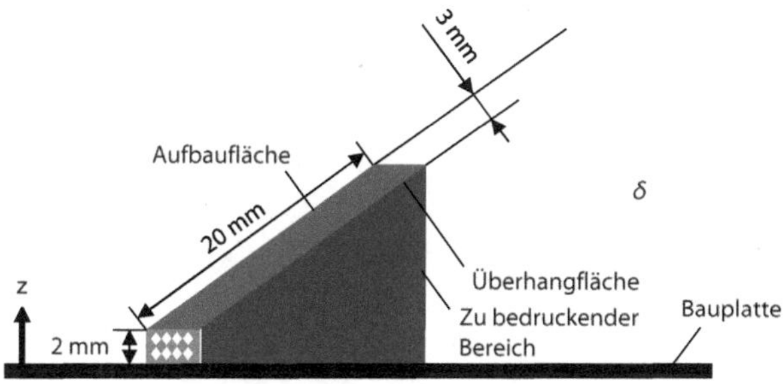

Abbildung 79: Gestaltung und Abmessungen der überhangwinkelabhängigen Prüfkörper und der zu bedruckenden Bereiche des Pulverbettes

Für die Analyse der Prozess- und Bauteileigenschaften wurde ein optimaler Versuchsplan[32] erstellt (vgl. Anhang 5, Tabelle A5.1). Hierfür wurde der Faktor Überhangwinkel zwischen $\delta = 10°$ und $\delta = 60°$ variiert (vgl. Tabelle 3). Der Abstand zwischen zwei Faktorstufen wurde wie bereits bei den Versuchen in Kapitel 4 mit abnehmendem Winkel reduziert, um im Bereich kleiner Überhangwinkel eine höhere Auflösung zu ermöglichen. Für die Schichtdicke wurden die Faktorstufen $d_z = 30$ µm und $d_z = 60$ µm gewählt. Die Tintenauftragsmenge wird für die Schichtdicke $d_z = 30$ µm zwischen den Faktorstufen $V_T = 2{,}10 \cdot 10^5$ pl/mm³ und $V_T = 4{,}20 \cdot 10^5$ pl/mm³ sowie für die Schichtdicke $d_z = 60$ µm zwischen den Faktorstufen $V_T = 1{,}05 \cdot 10^5$ pl/mm³ und $V_T = 2{,}10 \cdot 10^5$ pl/mm³ variiert.

Tabelle 14: Zusammenfassung der Versuchsplanung zur Analyse des Einflusses des Tintenauftrags auf den PBF-LB/M-prozess

Faktoren und Faktorstufen	Überhangwinkel δ in °:	10, 15, 20, 30, 40, 60
	Schichtdicke d_z in µm:	30, 60
	Tintenauftragsmenge V_T in 10^5 pl/mm³:	1,05, 2,10, 4,20
Zielgrößen	Rel. Dichte in %	
	Oberflächenrauheit (mittlere arithmetische Höhe S_a) in µm	
	Verzug in mm	
Versuchsplan	Optimaler Versuchsplan	
Anzahl Replikationen	3	

[32] Ein optimaler Versuchsplan wird aus einem vollfaktoriellen Versuchsplan abgeleitet, indem ungeeignete oder nicht realisierbare Faktorstufenkombinationen entfernt werden [SIE10].

Die Prüfkörper werden für die Fertigung auf Grund der Bauplattenabmessungen auf zwei Baujobs aufgeteilt. Es werden jeweils drei Replikate für jede Faktorstufenkombination gefertigt. Die resultierenden Baujobs sind in Abbildung 80 dargestellt.

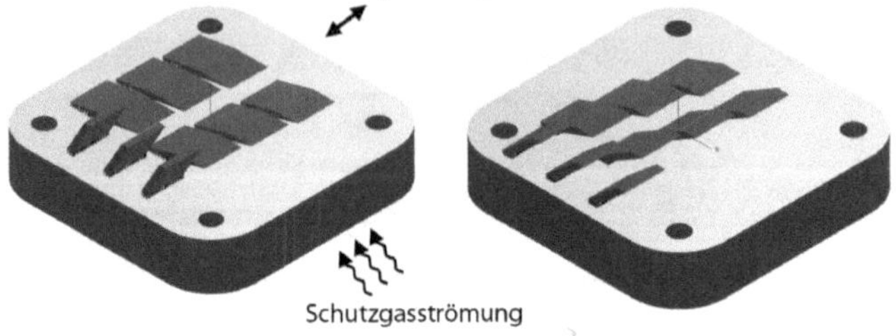

Abbildung 80: Positionierung und Orientierung der Prüfkörper auf der Bauplatte

7.2.2 Versuchsdurchführung

Die Baujobs wurden unter den in Abschnitt 4.1 beschriebenen Rahmenbedingungen mit der wie in Abschnitt 7.1 beschriebenen modifizierten PBF-LB/M-Maschine *SLM 125* gefertigt. Die Fertigung der Prüfkörper ist in Abbildung 81 exemplarisch dargestellt.

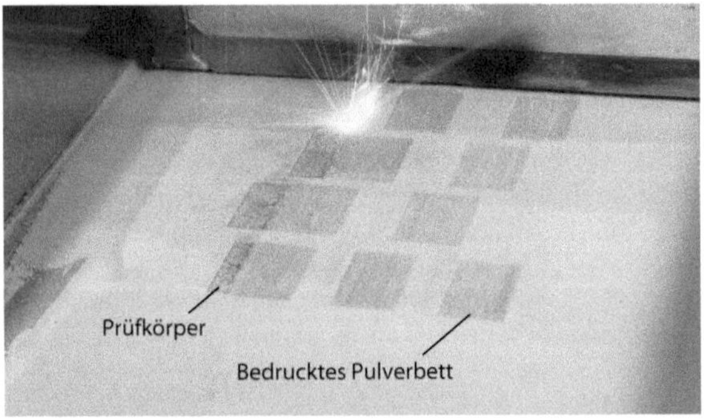

Abbildung 81: Fertigung der Prüfkörper mittels PBF-LB/M bei Auftrag der entwickelten Tinte

Bei der Ermittlung der Bauteileigenschaften rel. Dichte, Oberflächenrauheit und Verzug wird die in Abschnitt 4.3 beschriebene Vorgehensweise angewandt.

7.2.3 Versuchsauswertung

Prozesseigenschaften

Bei einer Schichtdicke von $d_z = 30\ \mu m$ konnten alle Prüfkörper unabhängig von der eingestellten Tintenauftragsmenge vollständig gefertigt werden. Für die Prüfkörper mit einem Überhangwinkel von

$\delta \leq 15°$ wurden im Verlauf der Baujobs Ansätze von Bauteilüberhöhungen festgestellt. Auf Grund der geringen Ausprägung der Bauteilüberhöhungen war keine Beeinträchtigung der Pulverbettoberfläche vor oder nach den Prüfkörpern erkennbar und somit kein Abbruch der Baujobs notwendig[33].

Bei einer Schichtdicke von $d_z = 60\ \mu m$ konnten ausschließlich bei einer Tintenauftragsmenge von $V_T = 2{,}10 \cdot 10^5$ pl/mm³ alle Prüfkörper vollständig gefertigt werden. Für die Prüfkörper mit einem Überhangwinkel von $\delta \leq 15°$ wurden Bauteilüberhöhungen festgestellt, welche jedoch kein kritisches Ausmaß erreicht haben. Für eine Tintenauftragsmenge von $V_T = 1{,}05 \cdot 10^5$ pl/mm³ konnten ausschließlich die Prüfkörper mit einem Überhangwinkel von $\delta \geq 15°$ vollständig gefertigt werden. Für die 15°-Prüfkörper waren Bauteilüberhöhungen in einem unkritischen Ausmaß zu erkennen (vgl. Abbildung 82, rechts). Die Fertigung der 10°-Prüfkörper musste auf Grund der im Verlauf des Baujobs sukzessive zunehmenden Bauteilüberhöhungen nach Schicht 72 abgebrochen werden (vgl. Abbildung 82, links).

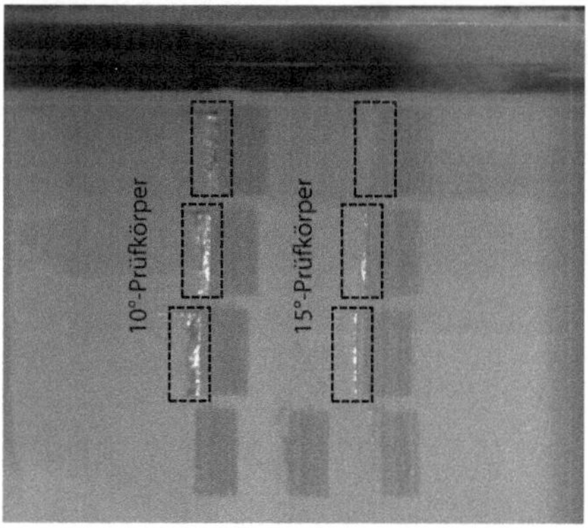

Abbildung 82: Bei der Fertigung der Prüfkörper mit einer Schichtdicke von $d_z = 60\ \mu m$ auftretender Prozessfehler Bauteilüberhöhung (Aufnahme der Pulverbettoberfläche nach Beschichtungsprozess)

Nach der Entnahme der Prüfkörper aus der PBF-LB/M-Maschine ist unabhängig von der Schichtdicke bei einer Tintenauftragsmenge von $V_T \geq 2{,}10 \cdot 10^5$ pl/mm³ im Randbereich der 10°-Prüfkörper der Balling-Effekt erkennbar (vgl. Abbildung 83 a)). Außerdem weisen die Oberflächen der 10°-Prüfkörper leichte Deformationen auf. Für eine Schichtdicke von $d_z = 60\ \mu m$ und eine Tintenauftragsmenge von $V_T = 1{,}05 \cdot 10^5$ pl/mm³ sind bereits bei den 15°-Prüfkörpern der Balling-Effekt sowie leichte Deformationen der Prüfkörperoberfläche zu erkennen (vgl. Abbildung 83 b), oben links). Für die 10°-Prüfkörper ist sowohl der Balling-Effekt im Randbereich der Prüfkörper als auch die Deformation der Prüfkörperoberfläche stark ausgeprägt (vgl. Abbildung 83 b), oben rechts).

[33] Als Abbruchkriterium wurde in Abschnitt 4.4 eine Beeinträchtigung des Pulverbettes vor oder nach den Prüfkörpern (in Verfahrrichtung des Beschichters) auf Grund einer Beschädigung der Beschichterlippe definiert.

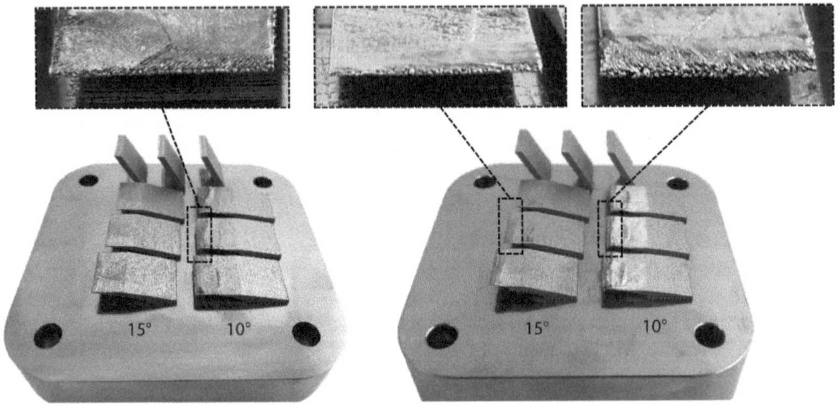

Abbildung 83: Exemplarische Darstellung der Deformation der Prüfkörper und des Balling-Effektes a) für die Prüfkörper mit einer Tintenauftragsmenge von $V_T = 2{,}10 \times 10^5$ pl/mm³ und b) für die Prüfkörper mit einer Tintenauftragsmenge von $V_T = 1{,}05 \cdot 10^5$ pl/mm³

Bauteileigenschaften

Die rel. Dichte der Prüfkörper ist in Abbildung 84 in Abhängigkeit des Überhangwinkels, der Schichtdicke sowie der Tintenauftragsmenge dargestellt. Für die Faktorstufenkombinationen aus Schichtdicke und Tintenauftragsmenge ist jeweils eine sinkende rel. Dichte der Prüfkörper bei abnehmendem Überhangwinkel zu erkennen.

Die absolute Höhe der rel. Dichte ist sowohl von der Schichtdicke als auch von der Tintenauftragsmenge abhängig. Wie bereits bei den in Abschnitt 4.4 dargestellten Versuchsergebnissen werden bei einer Schichtdicke von $d_z = 30$ µm höhere rel. Dichten erzielt als bei einer Schichtdicke von $d_z = 60$ µm. Dies kann zum einen damit begründet werden, dass die Belichtung bei kleineren Schichtdicken mit einer geringeren Laserleistung erfolgt und somit ein geringerer Energieeintrag pro Schicht stattfindet. Hierdurch sind Wärmestauungen, die in Folge der verminderten Wärmeleitung in überhängenden Bauteilbereichen auftreten, weniger stark ausgeprägt sind. Zum anderen erfolgt der Tintenauftrag bei kleineren Schichtdicken in kleineren Schritten, was zu einer effizienteren Füllung der Hohlräume im Pulverbett mit SiC-Partikeln und somit zu einer höheren effektiven Wärmeleitfähigkeit führt (vgl. Unterabschnitt 6.2.3).

Unabhängig von der Schichtdicke und dem Überhangwinkel tritt eine Maximierung der rel. Dichte bei einer Tintenauftragsmenge von $V_T = 2{,}10 \cdot 10^5$ pl/mm³ auf. Bei einer Schichtdicke von $d_z = 30$ µm und einer Tintenauftragsmenge von $V_T = 4{,}20 \cdot 10^5$ pl/mm³ kann die geringere rel. Dichte durch das Verlaufen der Tinte bei Überdosierung erklärt werden (vgl. Unterabschnitt 6.2.3). Die SiC-Partikel werden so ungewollt in den Bereich des Pulverbettes transportiert, der mittels Laserstrahl belichtet wird. Die Absorptionseigenschaften des Pulverbettes werden hierdurch beeinflusst, was einen lokal erhöhten Energieeintrag und folglich erhöhte Maximaltemperaturen zur Folge hat. Die erhöhten Maximaltemperaturen begünstigen wiederum die Porenbildung [KRA16]. Bei einer Schichtdicke von $d_z = 60$ µm und einer Tintenauftragsmenge von $V_T = 1{,}05 \cdot 10^5$ pl/mm³ ist die im Vergleich zu einer Tintenauftragsmenge von $V_T = 2{,}10 \cdot 10^5$ pl/mm³ geringere rel. Dichte auf die geringere Steigerung der effektiven Wärmeleitfähigkeit des Pulverbettes in Folge des geringeren Anteils an SiC-Partikeln im Pulverbett zurückzuführen.

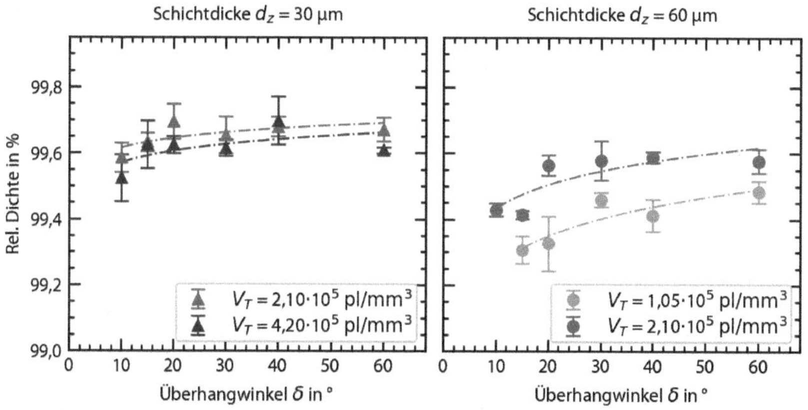

Abbildung 84: Rel. Dichte der Prüfkörper in Abhängigkeit des Überhangwinkels, der Schichtdicke und der Tintenauftragsmenge

Die Oberflächenrauheit der Überhangfläche in Form der mittleren arithmetischen Höhe S_a ist für die betrachteten Schichtdicken und Tintenauftragsmengen in Abbildung 85 in Abhängigkeit des Überhangwinkels dargestellt. Unabhängig von der Schichtdicke und der Tintenauftragsmenge ist mit sinkendem Überhangwinkel ein exponentieller Anstieg der Oberflächenrauheit erkennbar. Die Prüfkörper mit einer Schichtdicke von $d_z = 60$ µm weisen auf Grund der reduzierten Schichtauflösung durchgehend eine höhere Oberflächenrauigkeit auf als die Prüfkörper mit einer Schichtdicke von $d_z = 30$ µm. Unabhängig von der Schichtdicke wird bei einer geringeren Tintenauftragsmenge eine geringere Oberflächenrauheit erzielt. Bei einer Schichtdicke von $d_z = 30$ µm zeichnet sich der Unterschied in der Oberflächenrauheit bei unterschiedlichen Tintenauftragsmengen erst ab einem Überhangwinkel von $\delta \leq 20°$ ab und ist geringer ausgeprägt als bei einer Schichtdicke von $d_z = 60$ µm.

Bei einer Tintenauftragsmenge von $V_T = 2{,}10 \cdot 10^5$ pl/mm³ ist unabhängig von der Schichtdicke für Überhangwinkel von $\delta \geq 15°$ eine vergleichsweise geringe Standardabweichung der Oberflächenrauheit erkennbar, was auf eine gute Reproduzierbarkeit der Oberflächeneigenschaften für diese Überhangwinkel schließen lässt. Bei den Tintenauftragsmengen $V_T = 1{,}05 \cdot 10^5$ pl/mm³ ($d_z = 60$ µm) und $V_T = 4{,}20 \cdot 10^5$ pl/mm³ ($d_z = 30$ µm) steigt die Standardabweichung bereits ab einem Überhangwinkel von $\delta = 20°$ an.

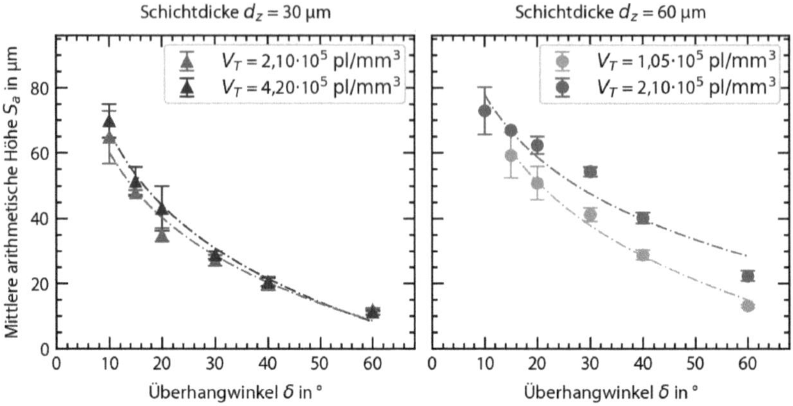

Abbildung 85: Oberflächenrauheit der Überhangfläche der Prüfkörper in Abhängigkeit des Überhangwinkels, der Schichtdicke und der Tintenauftragsmenge

Der Verzug der Prüfkörper ist in Abhängigkeit des Überhangwinkels, der Schichtdicke und der Tintenauftragsmenge für die in Abschnitt 4.3 definierten Messlinien in Abbildung 86 dargestellt. Unabhängig von der Schichtdicke weisen die Prüfkörper über alle drei Messlinien einen mit sinkendem Überhangwinkel zunehmenden Verzug auf. Der Verzug steigt von Messlinie1 bis Messlinie 3 an, was einem in Aufbaurichtung abnehmenden Verzug entspricht. Für beide Schichtdicken ist der Verzug nahezu unabhängig von der Tintenauftragsmenge. Einzig für die Messlinie 3 bei einer Schichtdicke von d_z = 30 µm ist für Überhangwinkel von $\delta \leq 30°$ bei einer Tintenauftragsmenge von $V_T = 2{,}10 \cdot 10^5$ pl/mm³ ein höherer Verzug erkennbar als bei einer Tintenauftragsmenge von $V_T = 4{,}20 \cdot 10^5$ pl/mm³.

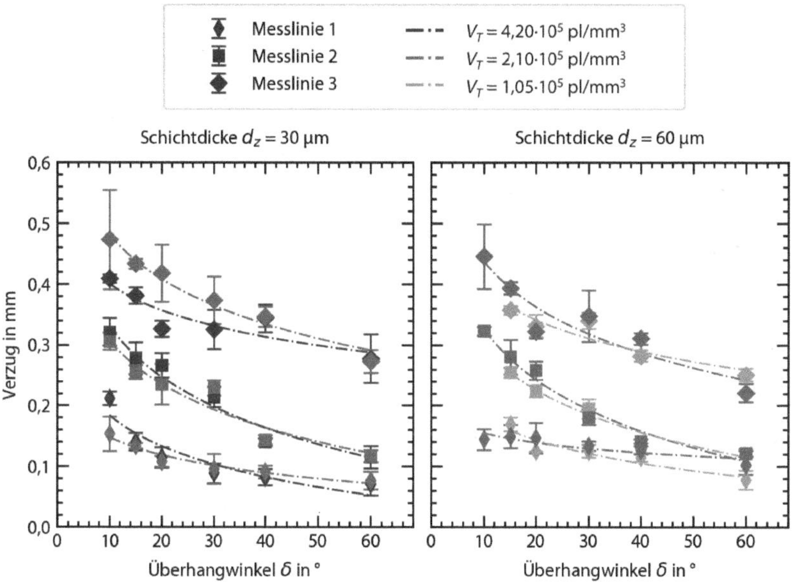

Abbildung 86: Verzug der Prüfkörper in Abhängigkeit des Überhangwinkels, der Schichtdicke und der Tintenauftragsmenge

7.3 Technische Bewertung

Im folgenden Abschnitt werden die Versuchsergebnisse mit der in Kapitel 4 charakterisierten Ausgangssituation verglichen und bewertet.

Prozesseigenschaften

Die Prüfkörper mit einem Überhangwinkel von $\delta \geq 20°$ konnten bereits in der Ausgangssituation ($V_T = 0$ pl/mm³) vollständig gefertigt werden. Für den Vergleich der Prozesseigenschaften ist in Abbildung 87 der Baufortschritt der 10°-Prüfkörper sowie der 15°-Prüfkörper in Abhängigkeit der Tintenauftragsmenge dargestellt. Die horizontalen Linien repräsentieren jeweils die maximale Schichtanzahl der Prüfkörper. Bei einer Schichtdicke von $d_z = 30$ µm konnten durch den Tintenauftrag alle Prüfkörper vollständig gefertigt werden. Bei einer Schichtdicke von $d_z = 60$ µm konnte die Fertigung der 10°-Prüfkörper ausschließlich bei einer Tintenauftragsmenge von $V_T = 2{,}10 \cdot 10^5$ pl/mm³ vollständig abgeschlossen werden. Bei einer Tintenauftragsmenge von $V_T = 1{,}05 \cdot 10^5$ pl/mm³ konnte der Baufortschritt der 10°-Prüfkörper gegenüber der Ausgangssituation um sieben Schichten verlängert werden.

Insgesamt konnte der ohne Stützstrukturen realisierbare Überhangwinkel unabhängig von der Schichtdicke durch den Tintenauftrag von $\delta = 20°$ auf $\delta = 10°$ gesenkt werden. Durch die in Folge des Tintenauftrags gesteigerte effektive Wärmeleitfähigkeit des Pulverbettes konnten Überhitzungen und daraus resultierende Prozessfehler erfolgreich reduziert werden. Der Tintenauftrag hat demnach einen positiven Einfluss auf die Prozesseigenschaften des PBF-LB/M.

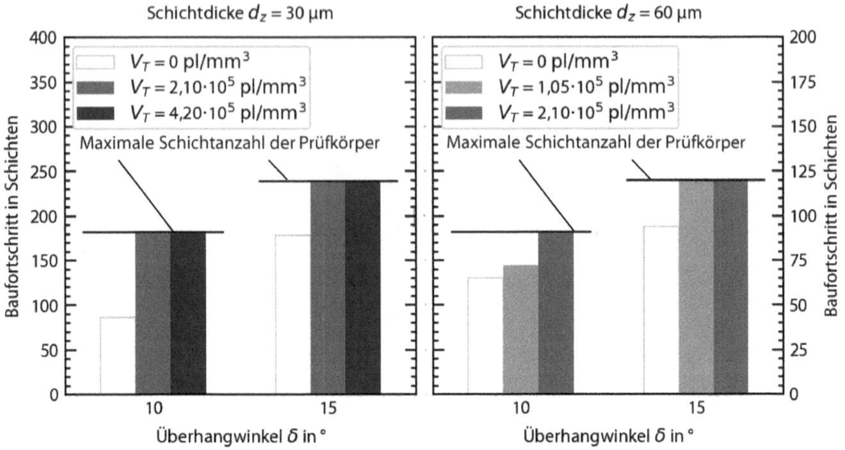

Abbildung 87: Baufortschritt bei der Prüfkörperfertigung in Abhängigkeit der Tintenauftragsmenge und der Schichtdicke

Bauteileigenschaften

In Abbildung 88 ist der Einfluss des Tintenauftrags auf die rel. Dichte der Prüfkörper dargestellt. Für beide Schichtdicken ist durch den Tintenauftrag über alle Überhangwinkel eine Steigerung der rel. Dichte der Prüfkörper zu erkennen. Die Abnahme der rel. Dichte mit sinkendem Überhangwinkel ist im Vergleich zur Ausgangssituation geringer ausgeprägt. Bei einer Schichtdicke von d_z = 30 µm wird durch den Tintenauftrag bei einem Überhangwinkel von $\delta = 10°$ eine rel. Dichte ≥ 99,5 % erreicht. Die rel. Dichte der 20°-Prüfkörper, die ohne Tintenauftrag gefertigt wurden, ist im Vergleich dazu um ca. 1 %-Punkt niedriger. Für eine Schichtdicke von d_z = 60 µm ist die rel. Dichte der 10°-Prüfkörper, die mit Tintenauftrag gefertigt wurden, ≥ 99,3 % was ca. 1 %-Punkt über der rel. Dichte der 20°-Prüfkörper liegt, die ohne Tintenauftrag gefertigt wurden. Weiterhin ist für eine Schichtdicke von d_z = 60 µm ab einem Überhangwinkel von $\delta \leq 30°$ und für eine Schichtdicke von d_z = 30 µm ab einem Überhangwinkel von $\delta \leq 25°$ durch den Tintenauftrag eine reduzierte Standardabweichung der rel. Dichte zu erkennen, was auf eine gesteigerte Reproduzierbarkeit der Bauteileigenschaften schließen lässt.

Insgesamt konnte durch den Tintenauftrag der Einfluss des Überhangwinkels und somit der Einfluss von lokal unterschiedlichen Wärmeleitungsbedingungen beim PBF-LB/M auf die rel. Dichte reduziert werden. Hierdurch wird gewährleistet, dass auch ohne den Einsatz von Stützstrukturen gleichbleibende Bauteileigenschaften (rel. Dichte ≥ 99,5 % für d_z = 30 µm bzw. ≥ 99,3 % für d_z = 60 µm) realisiert werden können.

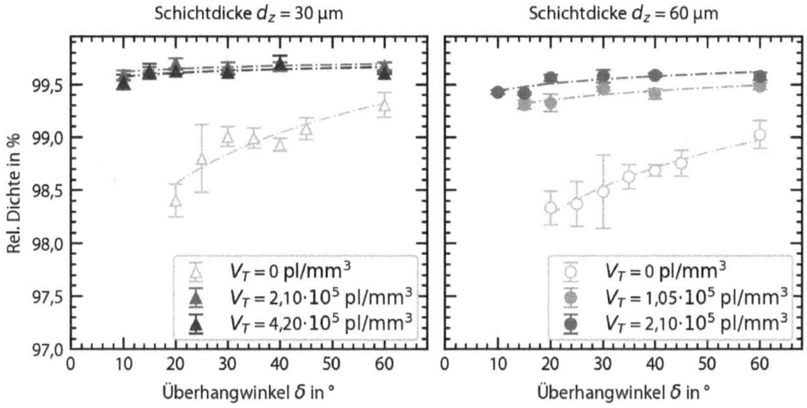

Abbildung 88: Rel. Dichte der Prüfkörper in Abhängigkeit der Tintenauftragsmenge, des Überhangwinkels und der Schichtdicke

Hinsichtlich der Oberflächenrauheit ist für eine Schichtdicke von d_z = 30 µm bei einer Tintenauftragsmenge von V_T = 2,10·10⁵ pl/mm³ im Überhangwinkelbereich von 20° ≤ δ ≤ 60° und bei einer Tintenauftragsmenge von V_T = 4,20·10⁵ pl/mm³ im Überhangwinkelbereich von 30° ≤ δ ≤ 60° eine im Vergleich zur Ausgangssituation reduzierte Oberflächenrauheit zu erkennen. Die Unterschiede in der Oberflächenrauheit sind dabei gering ausgeprägt. Für die Schichtdicke d_z = 60 µm ist die Oberflächenrauheit ausschließlich bei einer Tintenauftragsmenge von V_T = 1,05·10⁵ pl/mm³ im Überhangwinkelbereich von 30° ≤ δ ≤ 60° geringer als in der Ausgangssituation. Eine Tintenauftragsmenge von V_T = 2,10·10⁵ pl/mm³ führt unabhängig vom Überhangwinkel zu einer Erhöhung der Oberflächenrauheit um ca. 5 µm.

Der Tintenauftrag weist bei einer Schichtdicke von d_z = 30 µm einen geringen Einfluss auf die Oberflächenrauheit auf. Bei einer Schichtdicke von d_z = 60 µm ist durch geeignete Wahl der Tintenauftragsmenge eine Reduzierung der Oberflächenrauheit realisierbar.

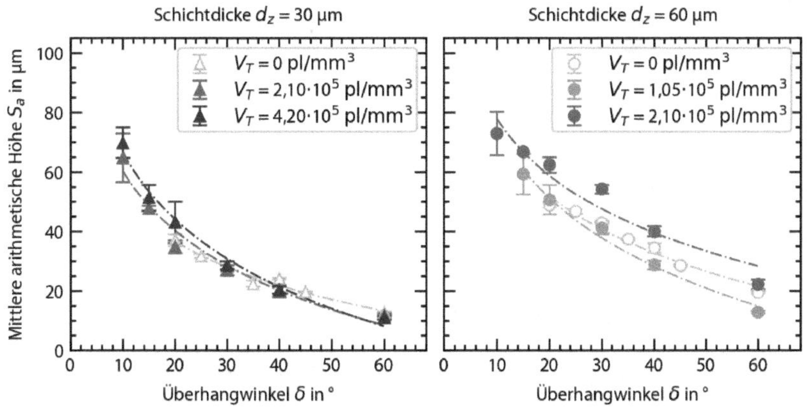

Abbildung 89: Oberflächenrauheit der Überhangfläche der Prüfkörper in Abhängigkeit der Tintenauftragsmenge, des Überhangwinkels und der Schichtdicke

Der Verzug der Prüfkörper ist in Abbildung 90 im Vergleich zur Ausgangssituation dargestellt. Da die Messlinie 3 für alle Prüfkörper unabhängig vom Überhangwinkel den maximalen Verzug aufweist, wird diese für den Vergleich mit der Ausgangssituation herangezogen. Bei einer Schichtdicke von d_z = 30 µm ist durch den Tintenauftrag für nahezu alle Faktorstufenkombinationen ein im Vergleich zur Ausgangssituation gesteigerter Verzug zu erkennen. Einzig die 20°-Prüfkörper weisen bei einer Tintenauftragsmenge von $V_T = 4{,}20 \cdot 10^5$ pl/mm³ einen reduzierten Verzug auf. Bei einer Schichtdicke von d_z = 60 µm ist der Verzug der Prüfkörper, die mit Tintenauftrag gefertigt wurden, für Überhangwinkel von $\delta \geq 40°$ tendenziell größer und für Überhangwinkel von $\delta < 40°$ tendenziell kleiner als in der Ausgangssituation.

Unabhängig von der Schichtdicke ist durch die gesteigerte effektive Wärmeleitfähigkeit in Folge des Tintenauftrags eine geringere Zunahme des Verzugs mit sinkendem Überhangwinkel zu erkennen als in der Ausgangssituation. Ursache hierfür sind die durch den Tintenauftrag verminderten Unterschiede in den lokalen Wärmeleitungsbedingungen, welche wiederum zu einer homogeneren Abkühlung der Prüfkörper führen. Dies wirkt sich insbesondere auf den Verzug der Prüfkörper mit einem kleinen Überhangwinkel ($\delta < 20°$ bei d_z = 30 µm und $\delta < 40°$ bei d_z = 60 µm) positiv aus. Gleichzeitig erfolgt durch den schichtweisen Tintenauftrag und das anschließende Verdampfen des Mediums ein Abschrecken der Randbereiche der Prüfkörper, was sich negativ auf den Verzug der Prüfkörper auswirkt. Hierdurch tritt insbesondere für die Prüfkörper mit größerem Überhangwinkel ($\delta > 20°$ bei d_z = 30 µm und $\delta > 40°$ bei d_z = 60 µm) ein stärkerer Verzug auf als in der Ausgangssituation.

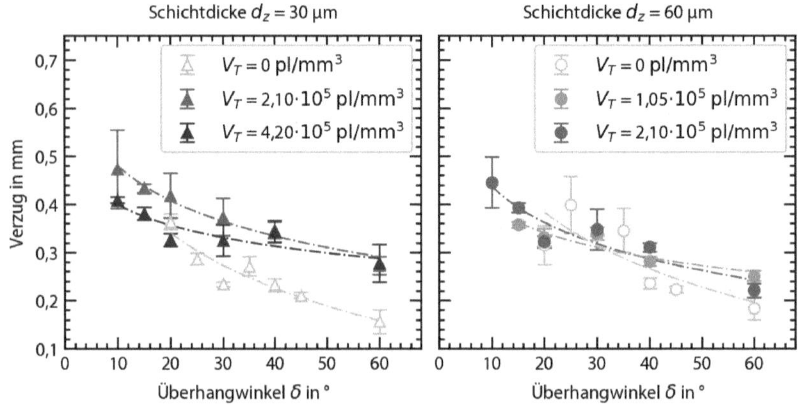

Abbildung 90: Verzug der Prüfkörper anhand von Messlinie 3 in Abhängigkeit der Tintenauftragsmenge, des Überhangwinkels und der Schichtdicke

Zusammenfassend konnte der ohne Stützstrukturen realisierbare Überhangwinkelbereich durch den Tintenauftrag um 10° erweitert werden. Zusätzlich wurde für alle Überhangwinkel eine gegenüber der Ausgangssituation gesteigerte rel. Dichte ≥ 99,5 % (d_z = 30 µm) bzw. ≥ 99,3 % (d_z = 60 µm) erreicht, was die Voraussetzung für den industriellen Einsatz des entwickelten Verfahrens darstellt. Für die Maximierung der rel. Dichte hat sich unabhängig von der Schichtdicke eine Tintenauftragsmenge von $V_T = 2{,}10 \cdot 10^5$ pl/mm³ als geeignet erwiesen. Der Einfluss des Tintenauftrags auf die Oberflächenrauheit ist insbesondere für eine Schichtdicke von $d_z = 30$ µm gering ausgeprägt. Eine Minimierung der Oberflächenrauheit wird bei einer Schichtdicke von $d_z = 30$ µm durch eine Tintenauftragsmenge von $V_T = 2{,}10 \cdot 10^5$ pl/mm³ und bei einer Schichtdicke von $d_z = 60$ µm durch eine Tintenauftragsmenge von $V_T = 1{,}05 \cdot 10^5$ pl/mm³ erreicht. Auf den Verzug hat der Tintenauftrag lediglich im Bereich kleiner Überhangwinkel ($\delta < 20°$ bei $d_z = 30$ µm und $\delta < 40°$ bei $d_z = 60$ µm) einen positiven Einfluss. Bei großen Überhangwinkeln wirkt sich der Tintenauftrag durch das Abschrecken der Bauteile negativ auf den Verzug der Prüfkörper aus ($\delta > 20°$ bei $d_z = 30$ µm und $\delta > 40°$ bei $d_z = 60$ µm). Für eine Schichtdicke von $d_z = 30$ µm führt eine Tintenauftragsmenge von $V_T = 4{,}20 \cdot 10^5$ pl/mm³ zum geringsten Verzug der Prüfkörper. Bei einer Schichtdicke von $d_z = 60$ µm ist die hinsichtlich des Verzugs optimale Tintenauftragsmenge abhängig vom Überhangwinkel.

8 Praktische Erprobung

Im Folgenden wird die Übertragbarkeit der anhand von Prüfkörpern generierten Ergebnisse auf komplexe Bauteile überprüft. Hierfür wird ein Referenzbauteil in Form des in Abbildung 91 dargestellten Impellers zum einen mit konventionellen Stützstrukturen und zum anderen mit Tintenauftrag gefertigt. Der Impeller weist im Bereich der Schaufeln Überhangwinkel von bis zu $\delta = 16°$ auf und hat einen Durchmesser von 67 mm.

Abbildung 91: Geometriemodell des Impellers

Der Vergleich der beiden Fertigungsvarianten des Impellers erfolgt anhand der Zielgrößen des sogenannten Wirkungsdreiecks der Produktion Zeit, Kosten und Qualität [WES06, FIE20]. Die weitere Unterteilung der genannten Zielgrößen ist in Abbildung 92 dargestellt.

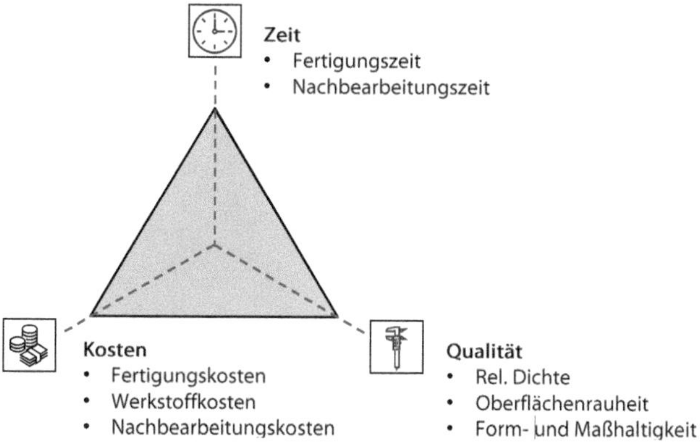

Abbildung 92: Betrachtete Zielgrößen in Form des Wirkungsdreiecks der Produktion

8.1 Fertigung und Analyse des Referenzbauteils

Für die Fertigung der Impeller werden eine Schichtdicke von d_z = 60 µm sowie die in Abschnitt 4.1 dargestellten PBF-LB/M-Fertigungsparameter verwendet. Die Generierung der Stützstrukturen erfolgt in der Prozessvorbereitungssoftware *AM Studio*. Hierfür wird der Impeller wie in Abbildung 93 dargestellt in einem Abstand von 2 mm über der Bauplattenoberfläche positioniert.

Abbildung 93: Positionierung und Orientierung des Impellers mit Stützstrukturen auf der Bauplatte

Die Stützstrukturen werden in der gängigen Gestaltungsform Block Support ausgeführt. Als Grenzwert für die Notwendigkeit von Stützstrukturen wird der in *AM Studio* für den Werkstoff Ti-6Al-4V hinterlegte Überhangwinkel von $\delta = 41°$ als Grenzwert angewandt. Die resultierenden Stützstrukturen sind in Abbildung 94 a) separat vom Impeller dargestellt. Für den Impeller, der unter Zuhilfenahme des Tintenauftrags gefertigt wird, wird auf die Stützstrukturen in einem Überhangwinkelbereich von $\delta \geq 10°$ verzichtet. Hierdurch wird das Volumen der Stützstrukturen um 86 % reduziert. Die zu bedruckenden Bereiche des Pulverbettes sind in Abbildung 94 b) als keilförmige Volumenelemente dargestellt. Die Eingangsdaten für die Steuerung der Druckköpfe werden nach der in Abschnitt 7.1 beschriebenen Vorgehensweise erstellt.

a) b)

Abbildung 94: a) Notwendige Stützstrukturen bei der Fertigung des Impellers ohne Tintenauftrag und b) notwendige Stützstrukturen und zu bedruckende Bereiche des Pulverbettes (keilförmige Volumenkörper) bei der Fertigung des Impellers mit Tintenauftrag

Der Impeller wird je einmal mit konventionellen Stützstrukturen und einmal unter Verwendung des entwickelten Tintenauftragsprozesses gefertigt. Nach der Fertigung der Impeller werden diese jeweils bündig an der Verbindungsfläche zwischen Stützstrukturen und Impellerunterseite mittels Sägen von der Bauplatte getrennt (vgl. Abbildung 95). Die verbleibenden Stützstrukturen werden anschließend manuell entfernt.

Für den Vergleich der beiden Fertigungsvarianten hinsichtlich der Zielgröße **Zeit** werden jeweils die Fertigungs- und die Nachbearbeitungszeit erfasst. Die Fertigungszeit umfasst dabei die Dauer des PBF-LB/M-Prozesses und die Nachbearbeitungszeit die manuelle Entfernung der Stützstrukturen. Alle weiteren Prozessschritte werden im Rahmen des Vergleichs vernachlässigt, da sich diese für die beiden Fertigungsvarianten nicht unterscheiden.

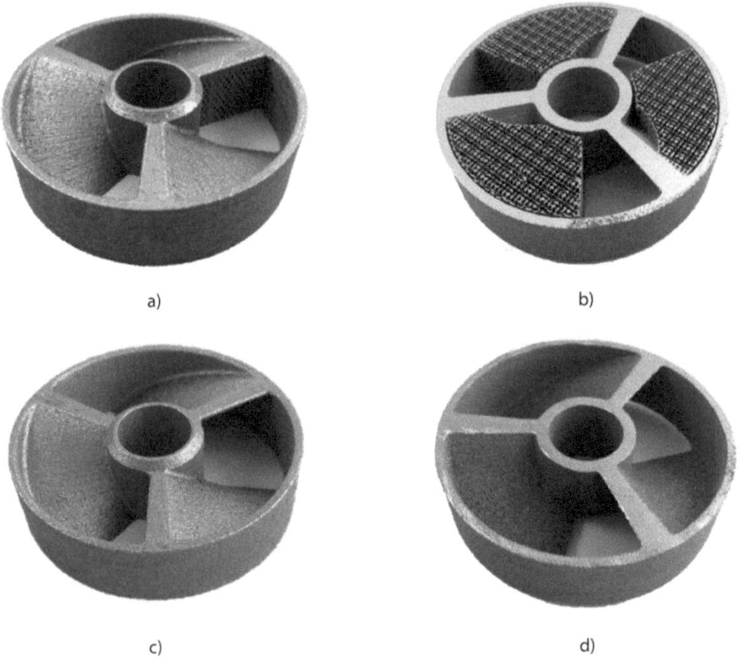

Abbildung 95: Darstellung der a) Oberseite und b) Unterseite des mit Stützstrukturen gefertigten Impellers sowie der c) Oberseite und d) Unterseite des mit Tintenauftrag gefertigten Impellers jeweils nach dem Trennen von der Bauplatte

Für die Betrachtung der Zielgröße **Kosten** wird die Masse des verbrauchten Pulverwerkstoffes sowie das Volumen der verbrauchten Tinte erfasst und monetarisiert. Der verbrauchte Pulverwerkstoff beinhaltet den für die Fertigung der Impeller sowie der Stützstrukturen aufgeschmolzenen Pulverwerkstoff. Für die mit Tinte bedruckten Bereiche des Pulverbettes wird hinsichtlich des Werkstoffverbrauchs zwischen zwei Szenarien unterschieden. Im ersten Szenario wird davon ausgegangen, dass die SiC-Partikel durch entsprechende Abtrenn- und Aufbereitungsverfahren wie beispielsweise Sedimentations- oder Zentrifugierverfahren vollständig von dem metallischen Pulverwerkstoff getrennt werden können. Im zweiten Szenario wird der bedruckte Bereich des Pulverbettes als nicht recyclebar betrachtet. Alle weiteren Pulververluste (beispielsweise durch die Prozessgasfilterung oder durch Einsaugen mittels Nassabscheider beim Entpacken der Baujobs) werden als unabhängig von der Fertigungsvariante angenommen und fließen deshalb nicht in die Kostenbetrachtung mit ein. Die Kosten für den verwendeten Pulverwerkstoff betragen 290 €/kg. Die Tinte wird mit einem Wert von 200 €/l berücksichtigt. Zusätzlich zu den Kosten für den Pulverwerkstoff und die Tinte werden die bereits erfassten Fertigungs- und die Nachbearbeitungszeiten monetarisiert. Für die Monetarisierung der Fertigungszeit wird in Anlehnung an *Wyscisk et al.* ein Maschinenstundensatz von 30 € angenommen [WYC17]. Der Mitarbeiterstundensatz für die Monetarisierung der Nachbearbeitung wird auf Basis des Entgeltrahmenabkommens der *IG-Metall* zum

Stand des 01.06.2023 für einen Mitarbeiter in der Entgeltstufe 5 in Bayern mit durchschnittlich 151 Arbeitsstunden pro Monat unter Berücksichtigung der Arbeitgeber-Sozialabgaben und indirekter Personalkosten in Höhe von 30 % zu 28,50 €/h berechnet [IGM23].

Der Vergleich hinsichtlich der Zielgröße **Qualität** erfolgt anhand der rel. Dichte und Oberflächenrauheit mittels der in Abschnitt 4.3 beschriebenen Messmethoden sowie anhand der Form- und Maßhaltigkeit. Die verwendeten Messflächen für die Ermittlung der Oberflächenrauheit an der Unterseite der Impellerschaufeln sind in Abbildung 96 dargestellt. Für die Bewertung der Oberflächenqualität wird der Mittelwert der Oberflächenrauheit der drei Messflächen gebildet.

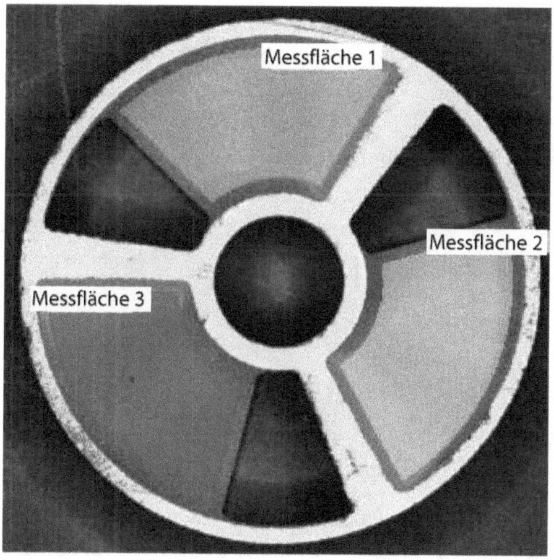

Abbildung 96: Messflächen für die Ermittlung der Oberflächenrauheit an der Unterseite der Impellerschaufeln

Die Form- und Maßhaltigkeit der gefertigten Impeller wird durch eine Abweichungsanalyse ermittelt. Hierfür wird die Impelleroberfläche mittels des 3D-Scanners *GOM ATOS Compact Scan 5M* erfasst und mit dem CAD-Modell des Impellers überlagert. Die Volumenabweichung zwischen 3D-Scan und CAD-Modell wird nach der in Abbildung 97 dargestellten Systematik ermittelt.

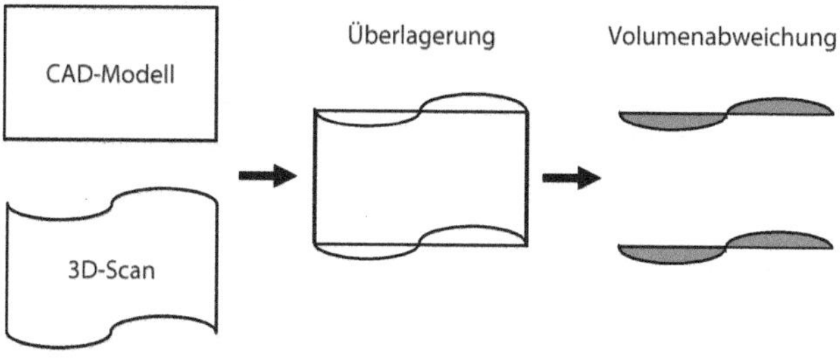

Abbildung 97: Zweidimensionale Darstellung der Systematik zur Ermittlung der Volumenabweichung

8.2 Technisch-wirtschaftliche Gegenüberstellung

Für die Gegenüberstellung der beiden Fertigungsvarianten hinsichtlich der Zielgröße **Zeit** sind die jeweils erfassten Zeiten der betrachteten Prozessschritte in Abbildung 98 dargestellt. Die Fertigungszeit teilt sich auf in den Beschichtungs- und den Belichtungsprozess. Da der Tintenauftrag zeitparallel zum Beschichtungsprozess erfolgt, entfallen für beide Fertigungsvarianten 43 Minuten und 10 Sekunden der Fertigungszeit auf den Beschichtungsprozess. Die Dauer des Belichtungsprozesses konnte aufgrund der Reduzierung der zu belichtenden Stützstrukturen durch den Tintenauftrag von 47 Minuten und 10 Sekunden um 15,19 % auf 40 Minuten gesenkt werden. Insgesamt konnte die Fertigungszeit von 90 Minuten und 20 Sekunden um 7,95 % auf 83 Minuten und 10 Sekunden reduziert werden. Die Nachbearbeitungszeit von 42 Minuten und 30 Sekunden (Fertigungsalternative Stützstrukturen) für die manuelle Entfernung der Stützstrukturen konnte durch den Tintenauftrag vollständig eingespart werden.

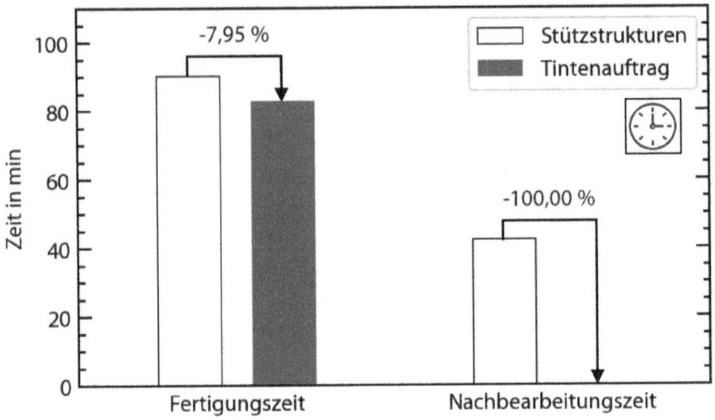

Abbildung 98: Vergleich der Fertigungsvarianten hinsichtlich der Zielgröße Zeit

Für die Gegenüberstellung hinsichtlich der Zielgröße **Kosten** wurde der jeweilige Werkstoffverbrauch für die Fertigungsvarianten ermittelt (vgl. Tabelle 15). Bei der Verwendung von konventionellen Stützstrukturen ist ein Anteil von 25,08 % des Werkstoffverbrauchs auf die Stützstrukturen zurückzuführen. Die Reduzierung der Stützstrukturen weist somit ein erhebliches Potential zur Ressourceneffizienzsteigerung und Kostensenkung auf. Der Unterschied des Werkstoffverbrauchs zwischen den betrachteten Fertigungsvarianten ist abhängig von der Recyclingfähigkeit der mit Tinte bedruckten Bereiche des Pulverbettes. Bei Annahme der Recyclingfähigkeit der bedruckten Bereiche des Pulverbettes reduziert sich der Werkstoffverbrauch durch den Tintenauftrag auf Grund der reduzierten Stützstrukturen und dem somit reduzierten Volumen an aufgeschmolzenem Pulverwerkstoff von 93,7 g (Fertigungsvariante Stützstrukturen) um 21,64 % auf 73,4 g (Fertigungsvariante Tintenauftrag). Bei der Betrachtung der bedruckten Bereiche des Pulverbettes als nicht recyclingfähig steigt der Werkstoffverbrauch durch den Tintenauftrag um 18,62 % auf 111,1 g an.

Tabelle 15: Übersicht des Werkstoffverbrauchs je Fertigungsvariante

Fertigungsvariante	Stützstrukturen	Tintenauftrag (recyclingfähig)	Tintenauftrag (nicht recyclingfähig)
Werkstoffverbrauch Impeller	70,2 g	70,2 g	70,2 g
Werkstoffverbrauch Stützstruktur/bedrucktes Pulverbett	23,5 g	3,2 g	40,9 g
Summe	**93,7 g**	**73,4 g**	**111,1 g**

Die aus der Fertigungs- und Nachbearbeitungszeit sowie aus dem Werkstoffverbrauch resultierenden Kosten sind in Abbildung 99 dargestellt. Die Fertigungskosten sind durch den Tintenauftrag in Folge der reduzierten Fertigungszeit um 7,95 % geringer als bei der Fertigungsvariante mit konventionellen Stützstrukturen (41,58 € zu 45,17 €). Die Werkstoffkosten für die Fertigungsvariante mit Tintenauftrag steigen bzw. sinken abhängig von der Recyclingfähigkeit der bedruckten Bereiche des Pulverbettes im Vergleich zur Fertigungsvariante mit konventionellen Stützstrukturen von 27,17 € um 18,62 % auf 32,23 € bzw. um 21,64 % auf 21,29 €. Die Nachbearbeitungskosten von 20,19 € für die manuelle Entfernung der Stützstrukturen konnten durch den Tintenauftrag vollständig eingespart werden.

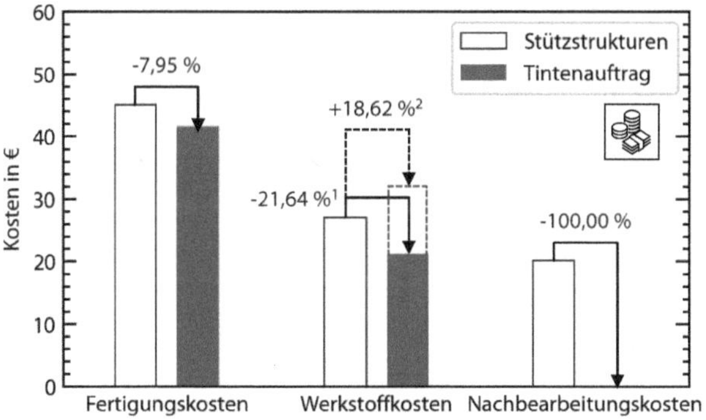

[1] Änderung der Werkstoffkosten bei Recyclingfähigkeit der bedruckten Bereiche des Pulverbettes
[2] Änderung der Werkstoffkosten ohne Recyclingfähigkeit der bedruckten Bereiche des Pulverbettes

Abbildung 99: Vergleich der Fertigungsvarianten hinsichtlich der Zielgröße Kosten

Die Gegenüberstellung der Fertigungsvarianten hinsichtlich der Zielgröße **Qualität** erfolgt anhand der ermittelten rel. Dichte, der Oberflächenrauheit sowie der Form- und Maßhaltigkeit der Impeller (vgl. Abbildung 100). Zwischen dem mit Stützstrukturen und dem mit Tintenauftrag gefertigten Impeller ist kein signifikanter Unterschied in der rel. Dichte zu erkennen. Mit beiden Fertigungsvarianten wurde eine rel. Dichte über 99,50 % erzielt.

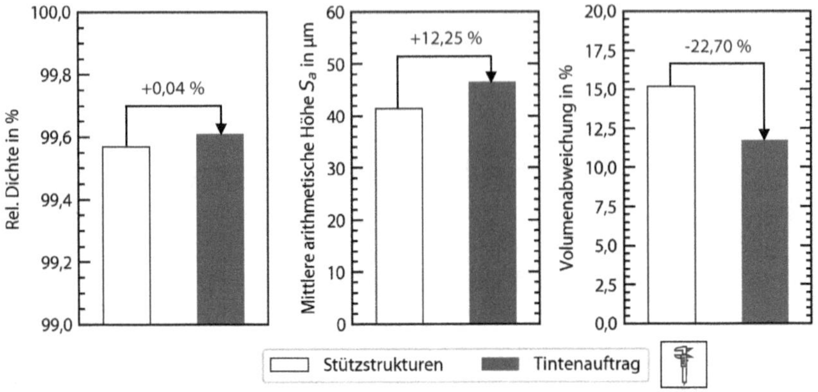

Abbildung 100: Vergleich der Fertigungsvarianten hinsichtlich der Zielgröße Qualität

Die an der Unterseite der Impellerschaufeln ermittelte Oberflächenrauheit in Form der mittleren arithmetischen Höhe S_a ist für den mit Tintenauftrag gefertigten Impeller um 12,25 % höher als bei der Fertigungsvariante mit Stützstrukturen. Dies kann zum einen damit begründet werden, dass die Unterseite der Impellerschaufeln durch die manuelle Entfernung der Stützstrukturen bereits teilweise geglättet wurde. Zum anderen werden die verbleibenden lokalen Anbindungspunkte der Stützstrukturen an der Oberfläche durch die mittlere arithmetische Höhe S_a nur im Rahmen der Mittelwertbildung berücksichtigt. Für eine umfangreichere Betrachtung der Oberflächeneigenschaften wurde deshalb zusätzlich die maximale Höhe S_z (vgl. *DIN EN ISO 25178-2,* [DIN19]) des Oberflächenprofils ermittelt (vgl. Abbildung 101). Der mit Tintenauftrag gefertigte Impeller weist mit einem Wert von S_z = 558,7 µm eine um 51,01 % reduzierte maximale Höhe im Vergleich zu dem mit Stützstrukturen gefertigten Impeller (S_z = 1140,5 µm) auf. Insgesamt kann festgestellt werden, dass durch den Tintenauftrag im Mittel eine Erhöhung der Oberflächenrauheit erzielt wird (S_a: +12,25 %), die Extremwerte im Oberflächenprofil, welche durch die Verwendung von Stützstrukturen entstehen, jedoch reduziert werden (S_z: -51,01 %).

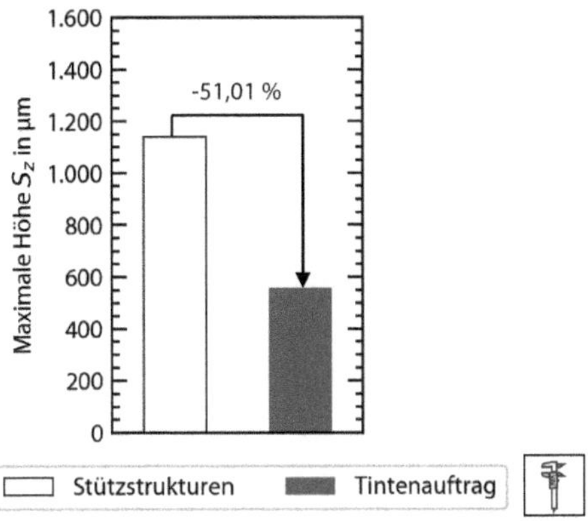

Abbildung 101: Erweiterung der Betrachtung der Oberflächeneigenschaften um die maximale Höhe S_z

Die Volumenabweichung konnte durch den Tintenauftrag im Vergleich zur Fertigungsvariante mit Stützstrukturen von 15,23 % auf 11,75 % reduziert werden. Zur besseren Interpretierbarkeit der Ergebnisse sind die lokal auftretenden Abweichungen der gefertigten Impeller zum CAD-Modell in Abbildung 102 dargestellt. Der mit Stützstrukturen gefertigte Impeller weist einen höheren Verzug auf als der mit Tintenauftrag gefertigte Impeller, was in höheren Abweichungen insbesondere an der Oberseite des Impellers resultiert (vgl. Abbildung 102 a) und b)). Weiterhin sind an der Unterseite der Impellerschaufeln vereinzelt Anbindungspunkte der Stützstrukturen in Form von Oberflächenüberhöhungen erkennbar (vgl. Abbildung 102 c)). Wie bereits im Kontext der Oberflächenrauheit diskutiert, lässt sich die Ausprägung dieser Extrempunkte im Oberflächenprofil durch die Substitution der Stützstrukturen durch den Tintenauftrag reduzieren (vgl. Abbildung 102 d)).

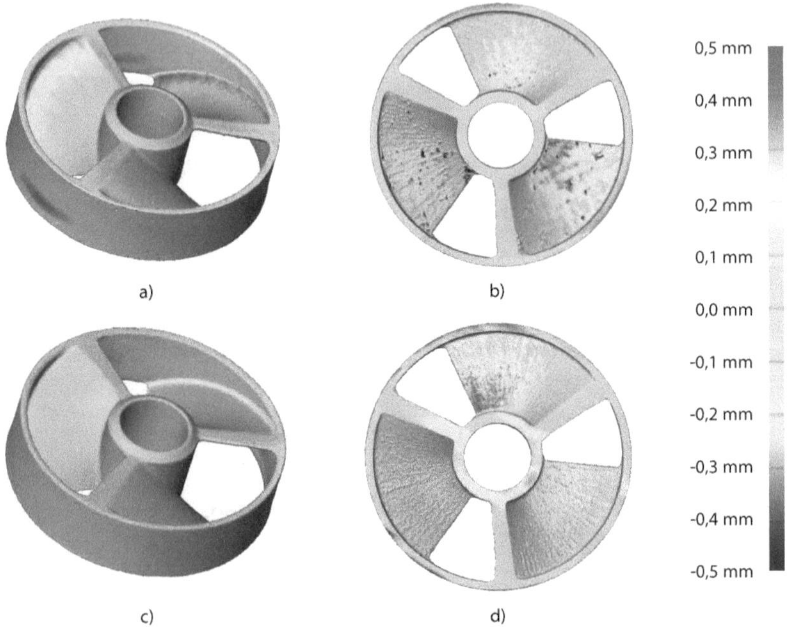

Abbildung 102: Falschfarbendarstellung der lokalen Abweichungen der a) Oberseite und b) Unterseite des mit Stützstrukturen gefertigten Impellers sowie der c) Oberseite und d) Unterseite des mit Tintenauftrag gefertigten Impellers vom CAD-Modell

Für einen abschließenden Vergleich der beiden Fertigungsvarianten wird der Einfluss des Tintenauftrags auf die Zielgrößen des Wirkungsdreiecks der Produktion ermittelt. Die Kosten entsprechen dabei der Summe aus Fertigungskosten, Werkstoffkosten und Nachbearbeitungskosten. Die Zeit setzt sich zusammen aus der Fertigungszeit und der Nachbearbeitungszeit. Der Einfluss des Tintenauftrags auf die Qualität wird in Anlehnung an die Methodik der Nutzwertanalyse quantifiziert. Hierfür wird die Gesamtqualitätsänderung auf Basis der Qualitätsänderung der betrachteten Kenngrößen rel. Dichte, Oberflächenrauheit sowie Form- und Maßhaltigkeit bei Gewichtung gemäß Tabelle 16 berechnet:

$$\Delta Q = \sum_{i=1}^{n} Q_{K,i} \alpha_i \tag{8.1}$$

ΔQ: Gesamtqualitätsänderung

$Q_{K,i}$: Qualitätsänderung der Kenngrößen

α_i: Gewichtung der Kenngrößen

Tabelle 16: Gewichtung, Ausprägung und Qualitätsänderung der Kenngrößen für die betrachteten Fertigungsvarianten

Kenngröße	Gewichtung a_i	Fertigungsvariante Stützstrukturen	Fertigungsvariante Tintenauftrag	Qualitätsänderung $Q_{K,i}$
Rel. Dichte	1/3	99,57 %	99,61 %	+ 0,04 %
Oberflächenrauheit S_a	1/6	41,5 µm	45,4 µm	- 12,25 %
Oberflächenrauheit S_z	1/6	1140,5	529,6 µm	+ 51,01 %
Volumenabweichung	1/3	15,23 %	11,75 %	+ 22,70 %

Die Ergebnisse des Vergleichs der betrachteten Fertigungsvarianten sind in Abbildung 103 dargestellt. Die benötigte Zeit für die Fertigung und Nachbearbeitung des Impellers sinkt durch den Tintenauftrag von 132 Minuten und 50 Sekunden um 37,39 % auf 83 Minuten und 10 Sekunden. Die Kosten konnten durch den Tintenauftrag bei Annahme der Recyclingfähigkeit der bedruckten Bereiche des Pulverbettes im Vergleich zu konventionellen Stützstrukturen von 92,53 € um 31,64 % auf 63,25 € reduziert werden. Bei ausbleibender Recyclingfähigkeit der bedruckten Bereiche des Pulverbettes können die Kosten um 19,82 % auf 74,19 € gesenkt werden. Insgesamt wurde durch den Tintenauftrag eine Gesamtqualitätsänderung von + 23,48 % im Vergleich zur Verwendung von konventionellen Stützstrukturen erzielt. Somit wurden durch den Tintenauftrag alle drei Zielgrößen des Wirkungsdreiecks der Produktion im Vergleich zur Verwendung konventioneller Stützstrukturen positiv beeinflusst. Die Zielsetzung der Arbeit – eine Reduzierung der prozessbedingten Stützstrukturen bei mindestens gleichbleibender Bauteilqualität – wurde folglich erreicht.

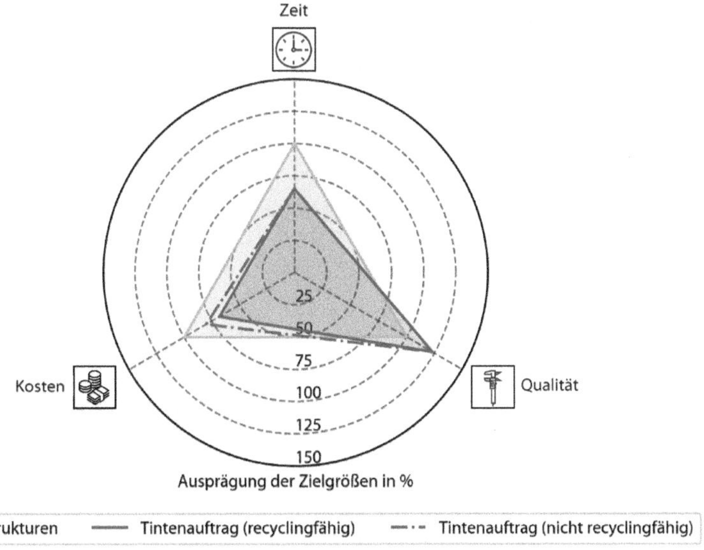

Abbildung 103: Vergleich der Fertigungsvarianten hinsichtlich der Zielgrößen des Wirkungsdreiecks der Produktion

9 Schlussbetrachtung

9.1 Zusammenfassung

Die vorliegende Dissertation befasst sich mit der Reduzierung der prozessbedingten Stützstrukturen beim PBF-LB/M mit dem Ziel, bestehende Hemmnisse für einen breiten industriellen Einsatz des Fertigungsverfahrens abzubauen. Hierfür wurde ein Prozess entwickelt, mit dem die effektive Wärmeleitfähigkeit des Pulverbettes unterhalb überhängender Bauteilbereiche lokal erhöht werden kann. Die Erhöhung der effektiven Wärmeleitfähigkeit des Pulverbettes wird durch Wärmeleitpartikel realisiert, die in einer Tinte dispergiert vorliegen und schichtweise in die Hohlräume zwischen den Metallpulverpartikeln appliziert werden. Durch die lokal erhöhte effektive Wärmeleitfähigkeit des Pulverbettes können Überhitzungen und Wärmestauungen insbesondere in überhängenden Bauteilbereichen vermieden werden, wodurch der Bedarf an Stützstrukturen reduziert wird.

Um eine technische Bewertung der mittels des entwickelten Fertigungsprozesses realisierbaren Prozess- und Bauteileigenschaften zu ermöglichen, wurde zunächst die vorliegende Ausgangssituation charakterisiert (vgl. **Kapitel 4**). Hierzu wurden die verwendete PBF-LB/M-Maschine *SLM125* sowie der verwendete Ti-6Al-4V-Pulverwerkstoff mit den dazugehörigen Fertigungsparametern vorgestellt. Die Prozess- und Bauteileigenschaften, die innerhalb der beschriebenen Versuchsumgebung realisiert werden können, wurden experimentell anhand von Prüfkörpern ermittelt. Die betrachteten Bauteileigenschaften umfassten die rel. Dichte, die Oberflächenrauheit und den Verzug.

Im nächsten Schritt wurden die Wärmeleitpartikel (insbesondere deren Werkstoff, Partikelgröße und -morphologie) ausgewählt (vgl. **Kapitel 5**). Die Werkstoffauswahl erfolgte mittels einer Nutzwertanalyse, wobei sowohl funktionale und wirtschaftliche Kriterien als auch Kriterien der Arbeitssicherheit und Recyclingfähigkeit berücksichtigt wurden. In diesem Rahmen wurde SiC als der Werkstoff mit dem größten Gesamtnutzwert ermittelt. Die Belastbarkeit des Ergebnisses wurde durch eine Sensitivitätsanalyse überprüft und bestätigt. Auf dieser Basis wurden drei kommerziell erhältliche SiC-Pulverwerkstoffe mit unterschiedlichen Partikelgrößenverteilungen und Morphologien ausgewählt und verglichen. Der Vergleich der SiC-Pulverwerkstoffe erfolgte anhand der in Kombination mit dem Ti-6Al-4V erreichbaren Zielgrößen Packungsdichte, effektive Temperaturleitfähigkeit und effektive Wärmeleitfähigkeit. Bei der experimentellen Ermittlung wurden jeweils verschiedene Mischungsverhältnisse berücksichtigt, welche auf Basis eines semiempirischen Modells für die Berechnung der Packungsdichte von Kugelpackungen abgeleitet wurden. Der für die weiteren experimentellen Untersuchungen ausgewählte SiC-Pulverwerkstoff E-SINSIC 25 wurde anschließend in einer mittels Inkjet-Druck verarbeitbaren Tinte dispergiert. Die Stabilität, die fluidmechanischen Eigenschaften sowie das Benetzungs- und Trocknungsverhalten der Tinte wurden experimentell ermittelt. Hierdurch konnten erste, für die Verarbeitung der Tinte im Rahmen des PBF-LB/M-Prozesses relevante, Erkenntnisse generiert werden.

Anschließend wurde der schichtweise Tintenauftrag auf Metallpulver innerhalb eines entwickelten Versuchsstandes analysiert (vgl. **Kapitel 6**). Auf Grund der begrenzten bestehenden Erkenntnisse über die Wirkzusammenhänge zwischen den vorliegenden Faktoren und Zielgrößen wurde die statistische Versuchsplanung und -auswertung als Untersuchungsmethode gewählt. Die Tintenauftragsmenge und die Schichtdicke konnten als signifikante Faktoren hinsichtlich der effektiven Wärmeleitfähigkeit und der

Flächenabweichung (Abweichung der Ist-Fläche von der Soll-Fläche des Druckbildes) der bedruckten Bereiche ermittelt werden. Für die Analyse des Einflusses des Tintenauftrags auf den PBF-LB/M-Prozess wurde das im Versuchsstand verwendete Druckkopf- und Fluidsystem auf Basis der Erkenntnisse aus den vorangegangenen Versuchen angepasst und in die PBF-LB/M-Maschine *SLM125* integriert (vgl. **Kapitel 7**). Anschließend wurden die in Kapitel 4 durchgeführten Untersuchungen zur Charakterisierung der Ausgangssituation in der PBF-LB/M-Maschine unter Anwendung des Tintenauftrags wiederholt. Der stützstrukturlos realisierbare Überhangwinkel konnte durch den Tintenauftrag von $\delta = 20°$ auf $\delta = 10°$ reduziert werden. Weiterhin konnten durch den Tintenauftrag Überhitzungen und daraus resultierende Prozessfehler erfolgreich vermieden werden. Neben den beschriebenen Einflüssen des Tintenauftrags auf die Prozesseigenschaften konnte eine signifikante Steigerung der rel. Dichte der Prüfkörper insbesondere für kleine Überhangwinkel ($\delta \leq 45°$) erzielt werden. Alle Prüfkörper wiesen dabei eine rel. Dichte $\geq 99{,}5$ % ($d_z = 30$ µm) bzw. $\geq 99{,}3$ % ($d_z = 60$ µm) auf. In Bezug auf die Oberflächenrauheit der Überhangfläche der Prüfkörper wurde ein untergeordneter Einfluss des Tintenauftrags festgestellt. Der Verzug wurde vom Tintenauftrag lediglich im Bereich kleiner Überhangwinkel ($\delta < 20°$ bei $d_z = 30$ µm und $\delta < 40°$ bei $d_z = 60$ µm) positiv beeinflusst.

Abschließend wurde der entwickelte Prozess anhand eines praxisnahen Referenzbauteils erprobt (vgl. **Kapitel 8**). Das Referenzbauteil wurde hierfür jeweils einmal mit konventionellen Stützstrukturen und einmal mit Tintenauftrag gefertigt. Die gefertigten Referenzbauteile wurden hinsichtlich der Zielgrößen Zeit, Kosten und Qualität gegenübergestellt. Die für die Fertigung und die Nachbearbeitung der Referenzbauteile benötigte Zeit konnte durch den Tintenauftrag insgesamt um 49 Minuten und 40 Sekunden bzw. um 37,39 % reduziert werden. Weiterhin wurde, unter Annahme der Recyclingfähigkeit der bedruckten Bereiche des Pulverbettes nach dem PBF-LB/M-Prozess, durch den Tintenauftrag eine Kosteneinsparung von 29,28 € bzw. 31,64 % realisiert. Bei ausbleibender Recyclingfähigkeit der bedruckten Bereiche des Pulverbettes nach dem PBF-LB/M reduziert sich die Kosteneinsparung auf einen Wert von 18,34 € bzw. 19,82 %. Die Bauteilqualität konnte durch den Tintenauftrag um 23,48 % im Vergleich zur Fertigungsvariante mit konventionellen Stützstrukturen gesteigert werden. Hervorzuheben ist in diesem Zusammenhang eine um 51,01 % reduzierte Oberflächenrauheit S_z sowie eine um 22,70 % reduzierte Volumenabweichung der Prüfkörper. Insgesamt wurde im Rahmen der praktischen Erprobung durch den Tintenauftrag eine Verbesserung in allen betrachteten Zielgrößen (Zeit, Kosten, Qualität) im Vergleich zur Verwendung von konventionellen Stützstrukturen festgestellt.

Zusammenfassend wurde durch die vorliegende Arbeit ein Beitrag zum Abbau eines der zentralen Hemmnisse für eine breite industrielle Anwendung des PBF-LB/M – der Notwendigkeit von Stützstrukturen – geleistet.

9.2 Ausblick

Anknüpfend an die Ergebnisse der vorliegenden Dissertation bestehen Bedarfe an weiterführenden Forschungs- und Entwicklungsarbeiten. So erscheint eine Kombination des entwickelten Prozesses zur lokalen Anpassung der effektiven Wärmeleitfähigkeit des Pulverbettes mit Lösungsansätzen, die die Fertigungsparameter an die lokalen Wärmeleitungsbedingungen anpassen, als vielversprechend, um die Notwendigkeit prozessbedingter Stützstrukturen weiter zu reduzieren. Im Hinblick auf die Ressourceneffizienz sollte außerdem die Recyclingfähigkeit der bedruckten Bereiche des Pulverbettes näher untersucht werden. In diesem Kontext sollten einfache und effiziente Abtrenn- und Aufbereitungsverfahren wie beispielsweise Sedimentations- oder Zentrifugierverfahren erprobt werden. Weiterhin sollte der Einfluss des Tintenauftrags auf die Eigenschaften des Metallpulvers bei wiederholter Aufbereitung des Metallpulvers untersucht werden.

Auf Basis der Erfahrungen aus den experimentellen Untersuchungen konnte der Inkjet-Druck als potentialreiches Verfahren für die lokale Partikelapplikation identifiziert werden. Die additive Fertigung von partikelverstärkten Metallmatrixverbundwerkstoffen (engl. metal matrix composites, MMCs) durch gezielte Applikation von Partikeln in die Bereiche des Pulverbettes, die mittels Laserstrahl belichtet werden, stellt daher einen vielversprechenden Forschungsansatz zur lokalen Einstellung der mechanischen, thermischen und tribologischen Bauteileigenschaften dar. In diesem Kontext stellt die Entwicklung von weiteren für den Inkjet-Druck geeigneten partikelhaltigen Tinten eine zentrale Aufgabenstellung dar.

10 Conclusion

10.1 Summary

This dissertation addresses the reduction of process-related support structures in PBF-LB/M with the aim of removing existing barriers to the broad industrial use of the manufacturing process. For this purpose, technical process was developed to locally adjust the effective thermal conductivity of the powder bed below overhanging component areas. The adjustment of the effective thermal conductivity of the powder bed is realized by heat-conducting particles, which are dispersed in an ink and applied layer by layer into the cavities between the metal powder particles. Due to the resulting locally increased effective thermal conductivity of the powder bed, overheating and heat accumulation can be prevented, particularly in overhanging component areas, which reduces the need for support structures.

In order to enable a technical evaluation of the process and component properties that can be realized using the developed process, the existing initial situation was first characterized (see **chapter 4**). In this context, the PBF-LB/M machine *SLM125* and the Ti-6Al-4V powder material used were presented together with the associated production parameters. The process and component properties that can be realized within the described test environment were determined experimentally using test specimens. The component properties considered included relative density, surface roughness and distortion.

In the next step, the heat-conducting particles (in particular their material, particle size and morphology) were selected (see **chapter 5**). The material was selected by means of a utility analysis, taking into account functional and economic aspects as well as aspects of occupational safety and recyclability. In this context, SiC was identified as the material with the greatest total utility value. The reliability of the result was checked and confirmed by a sensitivity analysis. On this basis, three commercially available SiC powder materials with different particle size distributions and morphologies were selected and compared. The SiC powder materials were compared on the basis of the packing density, effective thermal diffusivity and effective thermal conductivity that can be achieved in combination with the Ti-6Al-4V powder material. Different mixing ratios were taken into account in the experimental determination, which were derived on the basis of a semi-empirical model for spherical packings. The SiC powder material E-SINSIC 25 selected for the further experimental investigations was then dispersed in the inkjet printable ink. The stability, the fluid mechanical properties and the wetting and drying behavior of the ink were determined experimentally. This provided initial findings relevant to the processing of the ink in the PBF-LB/M process.

The layer by layer ink application on the powder bed was analyzed within a developed test setup (see **chapter 6**). Due to the limited existing insights into the correlations between the factors and target variables, design of experiments and statistical analysis were chosen as the method of investigation. The ink application quantity and the layer thickness were identified as significant factors with regard to the effective thermal conductivity and the area deviation (deviation of the actual area from the target area of the printed image) of the printed areas.

To analyze the influence of ink application on the PBF-LB/M process, the print head and fluid system used in the test setup was adapted on the basis of the findings from the previous experiments and integrated into the *SLM125* PBF-LB/M machine (see **chapter 7**). Subsequently, the investigations carried out in chapter 4 to characterize the initial situation were repeated in the PBF-LB/M machine using the ink application. The overhang angle that can be realized without support structure was reduced from $\delta = 20°$ to $\delta = 10°$ by applying the ink. Furthermore, the ink application successfully prevented overheating and the resulting process errors. In addition to the described influences of the ink application on the process properties, a significant increase in the relative density of the test specimens was achieved, particularly for small overhang angles ($\delta \leq 45°$). All test specimens exhibited a relative density ≥ 99,5 % ($d_z = 30$ µm) or ≥ 99,3 % ($d_z = 60$ µm). With regard to the surface roughness of the overhang surface of the test specimens, a subordinate influence of the ink application was determined. The distortion was only positively influenced by the ink application in the area of small overhang angles ($\delta < 20°$ at $d_z = 30$ µm and $\delta < 40°$ at $d_z = 60$ µm).

Finally, the developed process was tested using a practice-oriented reference component (see **chapter 8**). The reference component was manufactured once using conventional support structures and once using ink application. The manufactured reference components were compared with regard to time, costs and quality. The time required for the production and post-processing of the reference components was reduced by a total of 49 minutes and 40 seconds, or 37,39 %, by using ink application. Furthermore, assuming the recyclability of the printed areas of the powder bed after the PBF-LB/M process, a cost saving of 29,28 € or 31,64 % was realized through the ink application. If the printed areas of the powder bed are not recyclable after the PBF-LB/M process, the cost savings are reduced to 18,34 € and 19,82 % respectively. The component quality was increased by 23,48 % compared to the production variant with conventional support structures through the ink application. In this context, a 51,01 % reduction in surface roughness S_z and a 22,70 % reduction in volume deviation of the test specimens should be emphasized. Overall, an improvement in all target variables (time, costs, quality) considered compared to the use of conventional support structures was therefore determined during the practical tests.

Overall, the present work has contributed to the reduction of one of the central barriers to a broad industrial application of PBF-LB/M - the need for support structures.

10.2 Outlook

Based on the results of this dissertation, there is a need for further research and development work. For example, a combination of the developed process for local adjustment of the effective thermal conductivity of the powder bed with solution approaches that adjust the manufacturing parameters to the local heat conduction conditions appears promising in order to further reduce the need for process-related support structures. In terms of resource efficiency, the recyclability of the printed areas of the powder bed should also be investigated in the future. In this context, simple and efficient separation and recycling processes such as sedimentation or centrifugation processes could be tested. Furthermore, the influence of the ink application on the properties of the metal powder during repeated reprocessing of the metal powder was to be investigated.

Based on the experience gained from the experimental investigations, inkjet printing was identified as a high-potential process for local particle application. The additive production of particle-reinforced metal matrix composites (MMCs) through the localized application of particles in the areas of the powder bed that are irradiated by a laser beam represents a research approach for the local adjustment of mechanical, thermal and tribological component properties. In this context, the development of further particle-containing inks suitable for inkjet printing is a central task.

Abkürzungsverzeichnis

Abkürzung	Begriff
Ag	Silber
Al	Aluminium
Al_2O_3	Aluminiumoxid
AlN	Aluminiumnitrid
ANOVA	Varianzanalyse (engl. Analysis of Variance)
C_{CNT}	Kohlenstoff (Carbon-Nano-Tubes)
C_D	Kohlenstoff (Diamant)
CDPM	Abkühlphasenmodell (engl. cool-down phase model)
C_G	Kohlenstoff (Graphit)
CJI	kontinuierlicher Tintenstrahldruck (engl. Continuous-Inkjet-Printing)
CNTs	Carbon-Nano-Tubes
Cu	Kupfer
DoD	Drop-on-Demand-Inkjet-Printing
EPS	Expandiertes Polystyrol
FE	Finite Elemente
FEM	Finite-Elemente-Methode
GCF	Geometrischer Leitfähigkeitsfaktor (engl. geometric conductivity factor)
MMC	Metall-Matrix-Verbundwerkstoff (engl. metal matrix composite)
MTPS	Modified Transient Plane Source
PBF-LB/M	Pulverbettbasiertes Schmelzen von Metallen mittels laserstrahl (engl. powder bed fusion of metals with laser beam)
PGV	Partikelgrößenverteilung
PTFE	Polytetrafluorethylen
RCP	Zufällige, dichte Packung (engl. random close packing)
RLP	Zufällige, lose Packung (engl. random loose packing)
Si_3N_4	Siliziumnitrid
SiC	Siliziumcarbid
STL	Standard-Triangulationssprache (engl. standard triangulation language)

TGA	Thermogravimetrische Analyse
TGM	Temperaturgradienten-Mechanismus (engl. temperature gradient mechanism)
YAG-Laser	Yttrium-Aluminium-Granat-Laser
ZrO_2	Zirkonoxid

Formelzeichenverzeichnis

Formelzeichen	Einheit	Beschreibung
A	mm^2	Querschnittsfläche
a	mm^2/s	Temperaturleitfähigkeit
A_b	-	Absorptionsgrad
a_{eff}	mm^2/s	effektive Temperaturleitfähigkeit
a_h	µm	Schmelzbahnabstand
c_G	m5	Geometriefaktor
c_p	J/gK	spezifische Wärmekapazität des Werkstoffes
D	-	Durchmesserverhältnis der Partikel unterschiedlicher Fraktionen
d	mm	Dicke
D_i	m^2/s	Diffusionskoeffizient
d_L	µm	Fokusdurchmesser des Laserstrahls
d_P	µm	Punktdurchmesser
d_T	µm	Tropfendurchmesser
d_z	µm	Schichtdicke
E	-	Effekt
E_v	J/mm^3	Volumenenergieeintrag
F_G	N	Gewichtskraft
F_H	N	Interpartikuläre Haftkraft
g	m/s^2	Erdbeschleunigung
GNW	Pkt.	Gesamtnutzwert
k_B	J/K	Boltzmann-Konstante
l	mm	Länge
L	µm	L-Filter
l_c	µm	Charakteristische Länge
$l_ü$	mm	Überhanglänge
m	g	Masse
$\dot{m}$	%/min	Masseänderung
m_{PF}	g	Masse des Prüfkörpers bei Wägung in der Messflüssigkeit

m_{PL}	g	Masse des Prüfkörpers bei Wägung in Luft
m_r	%	relative Masse
Oh	-	Ohnesorge-Zahl
P	-	Polydispersität
Pe	-	Péclet-Zahl
P_i	Pkt.	Punktwert
P_L	W	Laserleistung
P_Q	W	Leistung der Wärmequelle
$\dot{Q}$	W	Wärmestrom
$Q(r_Q)$	J	Wärmequelle mit gaußförmiger Intensitätsverteilung
$\dot{Q}_{F,K,O}$	W	Konvektion an der Feststoffoberfläche
$\dot{Q}_{F,WL,I}$	W	Wärmeleitung innerhalb des bereits verfestigten Feststoffes
$\dot{Q}_{F,WS,O}$	W	Wärmestrahlung an der Feststoffoberfläche
$Q_{K,i}$	%	Qualitätsänderung der Kenngrößen
$\dot{Q}_{P,K,O}$	W	Konvektion an der Pulverbettoberfläche
$\dot{Q}_{P,WL,I}$	W	Wärmeleitung innerhalb des Pulverbettes
$\dot{Q}_{P,WS,I}$	W	Wärmestrahlung innerhalb des Pulverbettes
$\dot{Q}_{P,WS,O}$	W	Wärmestrahlung an der Pulverbettoberfläche
$q_r(x)$	-	Verteilungsdichte
$Q_r(x)$	-	Verteilungssumme
$\dot{Q}_{S,K,I}$	W	Konvektion innerhalb des Schmelzbades
$\dot{Q}_{S,K,O}$	W	Konvektion an der Schmelzbadoberfläche
$\dot{Q}_{S,WL,I}$	W	Wärmeleitung innerhalb des Schmelzbades
$\dot{Q}_{S,WS,O}$	W	Wärmestrahlung an der Schmelzbadoberfläche
$\dot{Q}_{SF,WL}$	W	Wärmeleitung zwischen Schmelzbad und Feststoff
$\dot{Q}_{SP,WL}$	W	Wärmeleitung zwischen Schmelzbad und Pulverbett
$\dot{Q}_{SP,WS}$	W	Wärmestrahlung zwischen Schmelzbad und Pulverbett
R_e	-	Reflexionsgrad
Re	-	Reynolds-Zahl
r_g	mm	Strahlradius der Wärmequelle

r_Q	mm	Radialer Abstand vom Zentrum der Wärmequelle
S	-	Sättigung
S	-	Sättigungsgrad
S_a	µm	Mittlere arithmetische Höhe
SSB	-	Sum of Squares Between Groups
SSW	-	Sum of Squares Within Groups
S_v	mm^2/mm^3	Spezifische Oberfläche
T	°C	Temperatur
t	s	Zeit
T_B	°C	Bauplattentemperatur
TNW_i	Pkt.	Teilnutzwert
T_r	-	Transmissionsgrad
TSS	-	Total Sum of Squares
u	-	Faktorstufe
$\dot{V}$	m^3/s	Volumenstrom
V_F	mm^3	Feststoffvolumen
V_{Fl}	ml	Flüssigkeitsvolumen
V_G	mm^3	Gesamtvolumen
V_L	%	Volumenanteil der großen Fraktion
v_S	mm/s	Scangeschwindigkeit
V_S	%	Volumenanteil der kleinen Fraktion
v_{Stokes}	m/s	Sedimentationsgeschwindigkeit nach Stokes
V_T	10^5 pl/mm^3	Tintenauftragsmenge
v_T	m/s	Tropfengeschwindigkeit
V_ε	mm^3	Porenvolumen
We	-	Weber-Zahl
x	µm	Partikelgröße
x_L	µm	Partikelgröße der großen Fraktion
x_{max}	µm	Maximaler Partikeldurchmesser der Partikelgrößenverteilung
x_{min}	µm	Minimaler Partikeldurchmesser der Partikelgrößenverteilung

x_S	µm	Partikelgröße der kleinen Franktion
$\dot{y}$	1/s	Scherrate
y_Z	-	Schätzwert der Zielgröße
$\hat{y_Z}$	-	Messwert der Zielgröße
$\bar{y_Z}$	-	Gesamtmittelwert aller Messwerte der Zielgröße
α	%	Gewichtung
δ	°	Überhangwinkel
ΔA	mm^2	Flächenabweichung
$\Delta GNW^{\pm}$	Pkt.	Fehlerunschärfe des Gesamtnutzwertes
ΔQ	%	Gesamtqualitätsänderung
ΔT	°C	Temperaturdifferenz
ε	-	Porosität
η	mPas	Dynamische Viskosität
η_T	mPas	Dynamische Viskosität der Tinte
θ	°	Kontaktwinkel
λ	W/m·K	Wärmeleitfähigkeit
λ_{eff}	W/m·K	effektive Wärmeleitfähigkeit
ρ	g/cm^3	Dichte
ρ_F	g/cm3	Dichte der Messflüssigkeit
ρ_m	g/cm^3	Dichte des Werkstoffes
ρ_M	g/cm^3	Dichte des Mediums
ρ_P	g/cm^3	Dichte der Partikel
ρ_P	g/cm3	Dichte des Prüfkörpers
ρ_T	g/cm^3	Dichte der Tinte
σ_{Druck}	N/mm^2	Druckspannung
σ_O	mN/m	Oberflächenspannung
σ_{Zug}	N/mm^2	Zugspannung
ϕ	-	Packungsdichte
ϕ_L	-	Packungsdichte der großen Fraktion
$\phi_{max}(D)$	-	maximal mögliche Packungsdichte

ϕ_S	-	Packungsdichte der kleinen Fraktion
ψ	-	Sphärizität

Abbildungsverzeichnis

Tabellenverzeichnis

Literaturverzeichnis

Literatur

[3DL24] 3D-Laserdruck GbR: *Materialdatenblatt : Titanlegierung TiAl6V4.* Titanlegierung in Pulverform, chemische Zusammensetzung, 2024. Verfügbar unter: https://www.3d-laser-druck.de/materialien, [Zuletzt geprüft: 21. Mai 2024].

[3MD15] 3M Deutschland GmbH: *Siliciumcarbid,* 2015. Verfügbar unter: https://multimedia.3m.com/mws/media/1826514O/3m-advanced-materials-tds-silicon-carbide-d-cer-tds-d.pdf, [Zuletzt geprüft: 21. Mai 2024].

[ABO14] Aboulkhair, N.; Everitt, N.; Ashcroft, I.; Tuck, C.: *Reducing porosity in AlSi10Mg parts processed by selective laser melting.* In: Additive Manufacturing, Jg. 1-4, S. 77-86, 2014. ISSN 22148604. Verfügbar unter: doi:10.1016/j.addma.2014.08.001.

[ACO24] Aconity3D: *Aconity Control,* 2024. Verfügbar unter: https://cloud.aconity3d.com/index.php/s/Wf55H3Q9nYw5FH3?dir=undefined&openfile=104083, [Zuletzt geprüft: 21. Mai 2024].

[AIN02] Ainsley, C.; Reis, N.; Derby, B.: *Freeform Fabrication by Controlled Droplet Deposition of Powder Filled Melts.* In: Journal of Materials Science, Jg. 37(15), S. 3155-3161, 2002. ISSN 00222461. Verfügbar unter: doi:10.1023/A:1016106311185.

[ALI22] Aliyev, R.; Hentschel, B.: *HSC-Fräsen von stäubenden Werkstoffen : Strategien zur Auslegung von Prozess und Komponenten.* korrigierte Publikation. Springer Vieweg, Berlin, 2022. ISBN 978-3-662-63693-0.

[ALK12] Alkahari, M.; Furumoto, T.; Ueda, T.; Hosokawa, A.; Tanaka, R.; Abdul Aziz, M.: *Thermal Conductivity of Metal Powder and Consolidated Material Fabricated via Selective Laser Melting.* In: Key Engineering Materials, Jg. 523-524, S. 244-249, 2012. ISSN 1662-9795. Verfügbar unter: doi:10.4028/www.scientific.net/KEM.523-524.244.

[AMA12] Amato, K.: *Comparison of Microstructures and Properties for a Ni-Base Superalloy (Alloy 625) Fabricated by Electron Beam Melting.* In: Journal of Materials Science Research, Jg. 1(2), 2012. ISSN 1927-0585. Verfügbar unter: doi:10.5539/jmsr.v1n2p3.

[AMS24a] AMSIS: *GENESIS: Buildjob Preparation & Simulation Software.* Verfügbar unter: https://www.amsis.de/, [Zuletzt geprüft: 21. Mai 2024].

[AMS24b] AMSIS: *Make your first support-free part.* Verfügbar unter: https://www.amsis.de/use-cases/, [Zuletzt geprüft: 21. Mai 2024].

[ANA14] Anam, M.; Dilip, J.; Pal, D.; Stucker, B.: *Effect of Scan Pattern on the Microstructural Evolution of Inconel 625 during Selective Laser Melting.* University of Texas at Austin, 2014.

[ARN17] Arnold, B.: *Werkstofftechnik für Wirtschaftsingenieure.* Springer Berlin Heidelberg, Berlin, Heidelberg, 2017. ISBN 978-3-662-54547-8.

[ASH22] Ashby, A.; Guss, G.; Ganeriwala, R.; Martin, A.; DePond, P.; Deane, D.; Matthews, M.; Druzgalski, C.: *Thermal history and high-speed optical imaging of overhang structures during laser powder bed fusion: A computational and experimental analysis.* In: Additive Manufacturing, Jg. 53, S. 102669, 2022. ISSN 22148604. Verfügbar unter: doi:10.1016/j.addma.2022.102669.

[ATZ15] Atzeni, E.; Salmi, A.: *Study on unsupported overhangs of AlSi10Mg parts processed by Direct Metal Laser Sintering (DMLS).* In: Journal of Manufacturing Processes, Jg. 20, S. 500-506, 2015. ISSN 15266125. Verfügbar unter: doi:10.1016/j.jmapro.2015.04.004.

[BAH04] Bahrami, M.; Yovanovich, M.; Culham, J.: *Thermal Joint Resistances of Nonconforming Rough Surfaces with Gas-Filled Gaps.* In: Journal of Thermophysics and Heat Transfer, Jg. 18(3), S. 326-332, 2004. Verfügbar unter: doi:10.2514/1.5482.

[BAL89] Bala, K.; Pradhan, P.; Saxena, N.; Saksena, M.: *Effective thermal conductivity of copper powders.* In: Journal of Physics D: Applied Physics, Jg. 22(8), S. 1068-1072, 1989. ISSN 00223727. Verfügbar unter: doi:10.1088/0022-3727/22/8/009.

[BAR19] Bartsch, K.: *A Novel Approach to Support Structures Optimized for Heat Dissipation in SLM by Combining Process Simulation with Topology Optimization.* In: Proceedings of the NAFEMS World Congress, Jg. (25), 2019.

[BAR21] Bartsch, K.; Herzog, D.; Bossen, B.; Emmelmann, C.: *Material modeling of Ti–6Al–4V alloy processed by laser powder bed fusion for application in macro-scale process simulation.* In: Materials Science and Engineering: A, Jg. 814, S. 141237, 2021. ISSN 09215093. Verfügbar unter: doi:10.1016/j.msea.2021.141237.

[BAY22] Bay, C.: *Anforderungsdeterminiertes und aufwandsorientiertes Qualitätsmanagement für die additive Fertigung.* Dissertation, Universität Bayreuth, 2022.

[BCE24] BCE Special Ceramics GmbH: *Vergleichstabelle Technischer Keramik.* Verfügbar unter: https://www.bce-special-ceramics.de/vergleich/bce-materialtabelle.htm, [Zuletzt geprüft: 15. Mai 2024].

[BÖC13] Böckh, P. von; Saumweber, C.: *Fluidmechanik.* Springer Berlin Heidelberg, Berlin, Heidelberg, 2013. ISBN 978-3-642-33891-5.

[BRI17] Brika, S.; Mezzetta, J.; Brochu, M.; Zhao, Y.: *Multi-Objective Build Orientation Optimization for Powder Bed Fusion by Laser. In: : Volume 2: Additive Manufacturing; Materials,* American Society of Mechanical Engineers, 2017. ISBN 978-0-7918-5073-2.

[BUG99] Bugeda Miguel Cervera, G.; Lombera, G.: *Numerical prediction of temperature and density distributions in selective laser sintering processes.* In: Rapid Prototyping Journal, Jg. 5(1), S. 21-26, 1999. ISSN 1355-2546. Verfügbar unter: doi:10.1108/13552549910251846.

[BÜR11] Bürgel, R.; Jürgen Maier, H.; Niendorf, T.: *Handbuch Hochtemperatur- Werkstofftechnik.* Vieweg+Teubner, Wiesbaden, 2011. ISBN 978-3-8348-1388-6.

[CAM14] Campanelli, S.; Casalino, G.; Contuzzi, N.; Angelastro, A.; Ludovico, A.: *Analysis of the molten/solidified zone in selective laser melted parts. In:* (Hrsg.) Dorsch, Friedhelm: *High-Power Laser Materials Processing: Lasers, Beam Delivery, Diagnostics, and Applications III,* S. 896311, SPIE, 2014.

[CAR08] Carslaw, H.; Jaeger, J.: *Conduction of heat in solids.* 2. ed., reprinted. Clarendon Press, Oxford, 2008. Oxford science publications. ISBN 978-0-19-853368-9.

[ÇEL22] Çelik, A.; Tekoğlu, E.; Yasa, E.; Sönmez, M.: *Contact-Free Support Structures for the Direct Metal Laser Melting Process.* In: Materials (Basel, Switzerland), Jg. 15(11), 2022. ISSN 1996-1944. Verfügbar unter: doi:10.3390/ma15113765.

[CHA19] Charles, A.; Elkaseer, A.; Thijs, L.; Hagenmeyer, V.; Scholz, S.: *Effect of Process Parameters on the Generated Surface Roughness of Down-Facing Surfaces in Selective Laser Melting.* In: Applied Sciences, Jg. 9(6), S. 1256, 2019. Verfügbar unter: doi:10.3390/app9061256.

[CHE17] Chen, H.; Gu, D.; Xiong, J.; Xia, M.: *Improving additive manufacturing processability of hard-to-process overhanging structure by selective laser melting.* In: Journal of Materials Processing Technology, Jg. 250, S. 99-108, 2017. ISSN 09240136. Verfügbar unter: doi:10.1016/j.jmatprotec.2017.06.044.

[CHE15] Cheng, B.; Chou, K.: *Geometric consideration of support structures in part overhang fabrications by electron beam additive manufacturing.* In: Computer-Aided Design, Jg. 69, S. 102-111, 2015. ISSN 00104485. Verfügbar unter: doi:10.1016/j.cad.2015.06.007.

[CHI02] Chibowski, E.; Perea-Carpio, R.: *Problems of contact angle and solid surface free energy determination.* In: Advances in colloid and interface science, Jg. 98(2), S. 245-264, 2002. ISSN 0001-8686. Verfügbar unter: doi:10.1016/S0001-8686(01)00097-5.

[CHR10] Christen, D.: *Praxiswissen der chemischen Verfahrenstechnik.* Springer Berlin Heidelberg, Berlin, Heidelberg, 2010. ISBN 978-3-540-88974-8.

[CLI14] Clijsters, S.; Craeghs, T.; Buls, S.; Kempen, K.; Kruth, J.-P.: *In situ quality control of the selective laser melting process using a high-speed, real-time melt pool monitoring system.* In: The International Journal of Advanced Manufacturing Technology, Jg. 75(5-8), S. 1089-1101, 2014. ISSN 0268-3768. Verfügbar unter: doi:10.1007/s00170-014-6214-8.

[CLI11] Clijsters, S.; Craeghs, T.; Kruth, J.: *A priori process parameter adjustment for SLM process optimization. In:* (Hrsg.) Bártolo, Paulo; Lemos, Ana de; Tojeira, Ana; Pereira, António, et al.: *Innovative Developments in Virtual and Physical Prototyping,* S. 553-560, CRC Press, 2011. ISBN 978-0-415-68418-7.

[CLO13] Cloots, M.; Spierings, A.; Wegener, K.: *Assessing new support minimizing strategies for the additive manufacturing technology SLM.* In: 24th International SFF Symposium - An Additive Manufacturing Conference, SFF 2013, S. 631-643, 2013.

[CLO17] Cloots, M.; Zumofen, L.; Spierings, A.; Kirchheim, A.; Wegener, K.: *Approaches to minimize overhang angles of SLM parts.* In: Rapid Prototyping Journal, Jg. 23(2), S. 362-369, 2017. ISSN 1355-2546. Verfügbar unter: doi:10.1108/RPJ-05-2015-0061.

[COO18] Cooper, K.; Steele, P.; Cheng, B.; Chou, K.: *Contact-Free Support Structures for Part Overhangs in Powder-Bed Metal Additive Manufacturing.* In: Inventions, Jg. 3(1), S. 2, 2018. ISSN 2411-5134. Verfügbar unter: doi:10.3390/inventions3010002.

[COR99] Coremans, A.: *Laserstrahlsintern von Metallpulver : Prozeßmodellierung, Systemtechnik, Eigenschaften laserstrahlgesinterter Metallkörper ; Bericht aus dem Lehrstuhl für Fertigungstechnologie.* Bericht aus dem Lehrstuhl für Fertigungstechnologie, 1999.

[CRA12] Craeghs, T.; Clijsters, S.; Kruth, J.-P.; Bechmann, F.; Ebert, M.-C.: *Detection of Process Failures in Layerwise Laser Melting with Optical Process Monitoring.* In: Physics Procedia, Jg. 39, S. 753-759, 2012. ISSN 18753892. Verfügbar unter: doi:10.1016/j.phpro.2012.10.097.

[CRI17] Criales, L.; Özel, T.: *Temperature profile and melt depth in laser powder bed fusion of Ti-6Al-4V titanium alloy.* In: Progress in Additive Manufacturing, Jg. 2(3), S. 169-177, 2017. ISSN 2363-9512. Verfügbar unter: doi:10.1007/s40964-017-0029-8.

[CUM12] Cummins, G.; Desmulliez, M.: *Inkjet printing of conductive materials: a review.* In: Circuit World, Jg. 38(4), S. 193-213, 2012. ISSN 0305-6120. Verfügbar unter: doi:10.1108/03056121211280413.

[CUR10] Currle, U.: *Funktionelle Partikeltinten für den Inkjet-Druck von mikroelektronischen Strukturen.* Dissertation, Helmut-Schmidt-Universität Hamburg, 2010.

[DEB18] DebRoy, T.; Wei, H.; Zuback, J.; Mukherjee, T.; Elmer, J.; Milewski, J.; Beese, A.; Wilson-Heid, A.; De, A.; Zhang, W.: *Additive manufacturing of metallic components – Process, structure and properties.* In: Progress in Materials Science, Jg. 92, S. 112-224, 2018. ISSN 00796425. Verfügbar unter: doi:10.1016/j.pmatsci.2017.10.001.

[DEE00] Deegan, R.: *Pattern formation in drying drops.* In: Physical review. E, Statistical physics, plasmas, fluids, and related interdisciplinary topics, Jg. 61(1), S. 475-485, 2000. ISSN 1063-651X. Verfügbar unter: doi:10.1103/PhysRevE.61.475.

[DEJ23] Dejene, N.; Lemu, H.: *Current Status and Challenges of Powder Bed Fusion-Based Metal Additive Manufacturing: Literature Review.* In: Metals, Jg. 13(2), S. 424, 2023. ISSN 2075-4701. Verfügbar unter: doi:10.3390/met13020424.

[DER10] Derby, B.: *Inkjet Printing of Functional and Structural Materials: Fluid Property Requirements, Feature Stability, and Resolution.* In: Annual Review of Materials Research, Jg. 40(1), S. 395-414, 2010. ISSN 1531-7331. Verfügbar unter: doi:10.1146/annurev-matsci-070909-104502.

[DER03] Derby, B.; Reis, N.: *Inkjet Printing of Highly Loaded Particulate Suspensions.* In: MRS Bulletin, Jg. 28(11), S. 815-818, 2003. ISSN 0883-7694. Verfügbar unter: doi:10.1557/mrs2003.230.

[DIA24] Diamond Materials GmbH: *The CVD diamond booklet.* Verfügbar unter: https://www.diamond-materials.com/site/assets/files/1095/cvd_diamond_booklet.pdf, [Zuletzt geprüft: 21. Mai 2024].

[DIE02] Dietrich, A.: *Kolloidale Herstellung nanoskaliger Keramik,* Technische Universität, 2002. Verfügbar unter: http://tuprints.ulb.tu-darmstadt.de/207/.

[DIN04] DIN Deutsches Institut für Normung DIN ISO 9276-1 (2004): *Darstellung der Ergebnisse von Partikelgrößenanalysen – Teil 1: Garfische Darstellung,* 2004.

[DIN12a] DIN Deutsches Institut für Normung DIN ISO 9276-6 (2012): *Darstellung der Ergebnisse von Partikelgrößenanalysen – Teil 6: Deskriptive und quantitative Darstellung der Form und Morphologie von Partikeln*, 2012.

[DIN10] DIN Deutsches Institut für Normung e.V. (2010): *DIN EN ISO 3369*. Beuth-Verlag, 2010.

[DIN11] DIN Deutsches Institut für Normung e.V. DIN 3953 (2011): *DIN EN ISO 3953: Metallpulver – Bestimmung der Klopfdichte (ISO 3953:2011); Deutsche Fassung EN ISO 3953:2011*. Beuth-Verlag, 2011.

[DIN12b] DIN Deutsches Institut für Normung e.V. (2012): *DIN ISO 9276-6: Darstellung der Ergebnisse von Partikelgrößenanalysen - Teil 6: Deskriptive und quantitative Darstellung der Form und Morphologie von Partikeln (ISO 9276-6:2008)*. Beuth-Verlag, 2012.

[DIN18] DIN Deutsches Institut für Normung e.V. DIN 3923-1 (2018): *DIN EN ISO 3923-1: Metallpulver – Ermittlung der Fülldichte – Teil 1: Trichterverfahren (ISO 3923-1:2018); Deutsche Fassung EN ISO 3923-1:2018*. Beuth-Verlag, 2018.

[DIN19] DIN Deutsches Institut für Normung e.V. (2019): *DIN EN ISO 25178-2: Geometrische Produktspezifikation (GPS) – Oberflächenbeschaffenheit: Flächenhaft – Teil 2: Begriffe, Definitionen und Oberflächen-Kenngrößen*. Beuth-Verlag, 2019.

[DOG23] Dogea, R.; Yan, X.; Millar, R.: *An extended cost analysis method for complex lightweight aircraft components manufactured with selective laser melting*. In: SN Applied Sciences, Jg. 5(7), 2023. ISSN 2523-3963. Verfügbar unter: doi:10.1007/s42452-023-05382-z.

[DOW21] Downing, D.; Miller, J.; McMillan, M.; Leary, M.; Wischeropp, T.; Emmelmann, C.; Brandt, M.: *The Effect of Geometry on Local Processing State in Additively Manufactured Ti-6Al-4V Lattices*. In: Integrating Materials and Manufacturing Innovation, Jg. 10(3), S. 508-523, 2021. ISSN 2193-9764. Verfügbar unter: doi:10.1007/s40192-021-00225-4.

[DRU20] Druzgalski, C.; Ashby, A.; Guss, G.; King, W.; Roehling, T.; Matthews, M.: *Process optimization of complex geometries using feed forward control for laser powder bed fusion additive manufacturing*. In: Additive Manufacturing, Jg. 34, S. 101169, 2020. ISSN 22148604. Verfügbar unter: doi:10.1016/j.addma.2020.101169.

[DUA21] Duan, W.; Wu, M.; Han, J.; Ma, Y.; Miao, X.: *Effect of layer thickness on the overhanging surface quality manufactured by selective laser melting*. In: Proceedings of the Institution of Mechanical Engineers, Part C: Journal of Mechanical Engineering Science, 095440622110528, 2021. ISSN 0954-4062. Verfügbar unter: doi:10.1177/09544062211052820.

[DUI01] Duineveld, P.; Kok, M. de; Buechel, M.; Sempel, A.; Mutsaers, K.; van de Weijer, P.; Camps, I.; van de Biggelaar, T.; Rubingh, J.-E.; Haskal, E.: *Ink-jet printing of polymer light-emitting devices. In:* (Hrsg.) Kafafi, Zakya: *Organic Light-Emitting Materials and Devices V*, S. 59, SPIE, 2001.

[EOS24] EOS: *Smart Fusion : Fortschittliche Prozesssteuerung zur Reduzierung von Stützstrukturen*. Verfügbar unter: https://www.eos.info/de-de/loesungskette/software/eos-smart-monitoring/smart-fusion, [Zuletzt geprüft: 21. Mai 2024].

[ESK19] ESK-SIC GmbH: *Werkstoffdatenblatt Siliciumcarbid*, 2019.

[ESK23] ESK-SIC GmbH: *Angebot SiC*, 27. April 2023.

[FEN20] Feng, S.; Chen, S.; Kamat, A.; Zhang, R.; Huang, M.; Hu, L.: *Investigation on shape deviation of horizontal interior circular channels fabricated by laser powder bed fusion*. In: Additive Manufacturing, Jg. 36, S. 101585, 2020. ISSN 22148604. Verfügbar unter: doi:10.1016/j.addma.2020.101585.

[FEN21] Feng, S.; Kamat, A.; Sabooni, S.; Pei, Y.: *Experimental and numerical investigation of the origin of surface roughness in laser powder bed fused overhang regions*. In: Virtual and Physical Prototyping, Jg. 16(sup1), S66-S84, 2021. ISSN 1745-2759. Verfügbar unter: doi:10.1080/17452759.2021.1896970.

[FIE20] Fiedler, R.: *Controlling von Projekten*. Springer Fachmedien Wiesbaden, Wiesbaden, 2020. ISBN 978-3-658-28031-4.

[FIS24] Fisher Scientific: *Diamantpulver, synthetisch, < 1 Micron, 99.9 % (Metallbasis), Thermo Scientific Chemicals*. Verfügbar unter: https://www.fishersci.de/shop/products/diamond-powder-synthetic-1-micron-99-9-metals-basis/11356718/en, [Zuletzt geprüft: 21. Mai 2024].

[FOR01a] Forsyth, A.; Hutton, S.; Osborne, C.; Rhodes, M.: *Effects of interparticle force on the packing of spherical granular material*. In: Physical review letters, Jg. 87(24), S. 244301, 2001. ISSN 0031-9007. Verfügbar unter: doi:10.1103/PhysRevLett.87.244301.

[FOR01b] Forsyth, A.; Hutton, S.; Rhodes, M.; Osborne, C.: *Effect of applied interparticle force on the static and dynamic angles of repose of spherical granular material*. In: Physical review. E, Statistical, nonlinear, and soft matter physics, Jg. 63(3 Pt 1), S. 31302, 2001. ISSN 1539-3755. Verfügbar unter: doi:10.1103/PhysRevE.63.031302.

[FOX16] Fox, J.; Moylan, S.; Lane, B.: *Effect of Process Parameters on the Surface Roughness of Overhanging Structures in Laser Powder Bed Fusion Additive Manufacturing*. In: Procedia CIRP, Jg. 45, S. 131-134, 2016. ISSN 22128271. Verfügbar unter: doi:10.1016/j.procir.2016.02.347.

[FRO84] Fromm, J.: *Numerical Calculation of the Fluid Dynamics of Drop-on-Demand Jets*. In: IBM Journal of Research and Development, Jg. 28(3), S. 322-333, 1984. ISSN 0018-8646. Verfügbar unter: doi:10.1147/rd.283.0322.

[FUL02] Fuller, S.; Wilhelm, E.; Jacobson, J.: *Ink-jet printed nanoparticle microelectromechanical systems*. In: Journal of Microelectromechanical Systems, Jg. 11(1), S. 54-60, 2002. ISSN 10577157. Verfügbar unter: doi:10.1109/84.982863.

[GAN16] Gan, M.; Wong, C.: *Practical support structures for selective laser melting*. In: Journal of Materials Processing Technology, Jg. 238, S. 474-484, 2016. ISSN 09240136. Verfügbar unter: doi:10.1016/j.jmatprotec.2016.08.006.

[GEB19] Gebhardt, A.; Kessler, J.; Schwarz, A.: *Produktgestaltung für die Additive Fertigung*. Hanser; Ciando, München, 2019. ISBN 978-3-446-46133-8.

[GER94] German, R.: *Powder metallurgy science.* 2. ed. Metal Powder Industries Federation, Princeton, N.J, 1994. ISBN 9781878954428.

[GOV20] Govender, N.; Cleary, P.; Kiani-Oshtorjani, M.; Wilke, D.; Wu, C.-Y.; Kureck, H.: *The effect of particle shape on the packed bed effective thermal conductivity based on DEM with polyhedral particles on the GPU.* In: Chemical Engineering Science, Jg. 219, S. 115584, 2020. ISSN 00092509. Verfügbar unter: doi:10.1016/j.ces.2020.115584.

[GRO94] Grong, Ø.: *Metallurgical modelling of welding,* London, 1994. Materials modelling series, Bd. 557. ISBN 978-0-901716-37-8.

[GRO20] Großmann, A.: *Fertigungsgetriebene Gestaltung zellulärer Strukturen beim pulverbasierten Laserstrahlschmelzen,* UNSPECIFIED, 2020.

[GÜL22] Gülcan, O.; Günaydın, K.; Çelik, A.; Yasa, E.: *The effect of contactless support parameters on the mechanical properties of laser powder bed fusion produced overhang parts.* In: The International Journal of Advanced Manufacturing Technology, Jg. 122(7-8), S. 3235-3253, 2022. ISSN 0268-3768. Verfügbar unter: doi:10.1007/s00170-022-10135-0.

[GUS03] Gusarov, A.; Laoui, T.; Froyen, L.; Titov, V.: *Contact thermal conductivity of a powder bed in selective laser sintering.* In: International Journal of Heat and Mass Transfer, Jg. 46(6), S. 1103-1109, 2003. ISSN 00179310. Verfügbar unter: doi:10.1016/S0017-9310(02)00370-8.

[GUS07] Gusarov, A.; Yadroitsev, I.; Bertrand, P.; Smurov, I.: *Heat transfer modelling and stability analysis of selective laser melting.* In: Applied Surface Science, Jg. 254(4), S. 975-979, 2007. ISSN 01694332. Verfügbar unter: doi:10.1016/j.apsusc.2007.08.074.

[HAH12] Hahn, D.; Özişik, M.: *Heat conduction.* 3. ed. Wiley, Hoboken, N.J, 2012. ISBN 978-1-118-32197-3.

[HAN18] Hannoschöck, N.: *Wärmeleitung und -transport.* Springer Berlin Heidelberg, Berlin, Heidelberg, 2018. ISBN 978-3-662-57571-0.

[HAN21] Hanumantha, M.; Farhang, B.; Ravichander, B.; Ganesh-Ram, A.; Ramachandra, S.; Finley, B.; Swails, N.; Amerinatanzi, A.: *Microstructural and Mechanical Characterization of Laser Powder Bed Fusion of IN718 Overhangs.* University of Texas at Austin, 2021.

[HE98] He, D.; Ekere, N.: *Computer Simulation of Powder Compaction of Spherical Particles.* In: Journal of Materials Science Letters, Jg. 17(20), S. 1723-1725, 1998. ISSN 02618028. Verfügbar unter: doi:10.1023/A:1006623201757.

[HEI20] Heigel, J.; Lane, B.; Levine, L.: *In Situ Measurements of Melt-Pool Length and Cooling Rate During 3D Builds of the Metal AM-Bench Artifacts.* In: Integrating Materials and Manufacturing Innovation, Jg. 9(1), S. 31-53, 2020. ISSN 2193-9764. Verfügbar unter: doi:10.1007/s40192-020-00170-8.

[HEL23] Helmrich, S.: *Schlüsseltechnologiedefinition der deutschen Industrie,* 26. Mai 2023.

[HOE12] Hoeren, K.; Witt, G.: *Konstruktive Möglichkeiten und verfahrensspezifische Grenzen in der additiven Fertigung. In:* (Hrsg.) Paul, Lothar; Stanke, Gerd; Heuwold, Niels: *3D-NordOst*

2012. Tagungsband ; 15. Anwendungsbezogener Workshop zur Erfassung, Modellierung, Verarbeitung und Auswertung von 3D-Daten im Rahmen der GFaI-Workshop-Familie NordOst ; Berlin, 06./07. Dezember 2012, Berlin, Ges. zur Förderung angewandter Informatik, 2012. ISBN 978-3-942709-07-1.

[HOF22] Hofmann, A.; Huber, A.; Mahr, A.; Bay, C.; Döpper, F.: *Influence of the effective thermal conductivity of the powder bed on the properties of overhanging areas in Laser-based Powder Bed Fusion of Ti-6Al-4V.* In: Procedia CIRP, Jg. 111, S. 138-143, 2022. ISSN 22128271. Verfügbar unter: doi:10.1016/j.procir.2022.08.137.

[HOF03] Hofmann, T.; Baumann, T.; Bundschuh, T.; v. d. Kammer, F.; Leis, A.; Schmitt, D.; Schäfer, T.; Thieme, J.; Totsche, K.-U.; Zänker, H.: *Aquatische Kolloide I: Eine Übersichtsarbeit zur Definition, zu Systemen und zur Relevanz.* In: Grundwasser, Jg. 8(4), S. 203-212, 2003. ISSN 1430-483X. Verfügbar unter: doi:10.1007/s00767-003-0001-z.

[HOO18] Hooper, P.: *Melt pool temperature and cooling rates in laser powder bed fusion.* In: Additive Manufacturing, Jg. 22, S. 548-559, 2018. ISSN 22148604. Verfügbar unter: doi:10.1016/j.addma.2018.05.032.

[HOR06] Hornbogen, E.: *Werkstoffe : Aufbau und Eigenschaften von Keramik-, Metall-, Polymer- und Verbundwerkstoffen.* 8., bearbeitete und erganzte Auflage. Springer Berlin Heidelberg, Berlin, Heidelberg, 2006. SpringerLink Bücher. ISBN 3-540-30723-0.

[HRA13] Hrabe, N.; Quinn, T.: *Effects of processing on microstructure and mechanical properties of a titanium alloy (Ti–6Al–4V) fabricated using electron beam melting (EBM), Part 2: Energy input, orientation, and location.* In: Materials Science and Engineering: A, Jg. 573, S. 271-277, 2013. ISSN 09215093. Verfügbar unter: doi:10.1016/j.msea.2013.02.065.

[HUA20] Huang, R.; Dai, N.; Cheng, X.; Wang, L.: *Topology optimization of lattice support structures for heat conduction in selective laser melting.* In: The International Journal of Advanced Manufacturing Technology, Jg. 109(7-8), S. 1841-1851, 2020. ISSN 0268-3768. Verfügbar unter: doi:10.1007/s00170-020-05741-9.

[IGM23] IG Metall: *ERA-Monatsentgelte und Ausbildungsvergütungen,* 2023. Verfügbar unter: https://www.igmetall.de/tarif/tariftabellen/metall-und-elektroindustrie.

[ILI14] Ilin, A.; Logvinov, R.; Kulikov, A.; Prihodovsky, A.; Xu, H.; Ploshikhin, V.; Günther, B.; Bechmann, F.: *Computer Aided Optimisation of the Thermal Management During Laser Beam Melting Process.* In: Physics Procedia, Jg. 56, S. 390-399, 2014. ISSN 18753892. Verfügbar unter: doi:10.1016/j.phpro.2014.08.142.

[ILL20] Illies, O.: *Simulationsbasierte thermische Analyse zur Anpassung der Hatching-Strategie beim selektiven Laserstrahlschmelzen.* Dissertation, Universität Bremen, 2020.

[INS24a] Institut für Arbeitsschutz der Deutschen Gesetzlichen Unfallversicherung: *Aluminium, Pulver, nicht stabilisiert.* Verfügbar unter: https://gestis.dguv.de/data?name=008100, [Zuletzt geprüft: 21. Mai 2024].

[INS24b] Institut für Arbeitsschutz der Deutschen Gesetzlichen Unfallversicherung: *Aluminiumnitrid*. Verfügbar unter: https://gestis.dguv.de/data?name=004980, [Zuletzt geprüft: 21. Mai 2024].

[INS24c] Institut für Arbeitsschutz der Deutschen Gesetzlichen Unfallversicherung: *Aluminiumoxid*. Verfügbar unter: https://gestis.dguv.de/data?name=001280, [Zuletzt geprüft: 21. Mai 2024].

[INS24d] Institut für Arbeitsschutz der Deutschen Gesetzlichen Unfallversicherung: *Kupfer(II)-oxid*. Verfügbar unter: https://gestis.dguv.de/data?name=001990, [Zuletzt geprüft: 21. Mai 2024].

[INS24e] Institut für Arbeitsschutz der Deutschen Gesetzlichen Unfallversicherung: *Silber, Pulver*. Verfügbar unter: https://gestis.dguv.de/data?name=008350, [Zuletzt geprüft: 21. Mai 2024].

[INS24f] Institut für Arbeitsschutz der Deutschen Gesetzlichen Unfallversicherung: *Siliciumcarbid*. Verfügbar unter: https://gestis.dguv.de/data?name=004700, [Zuletzt geprüft: 21. Mai 2024].

[INS24g] Institut für Arbeitsschutz der Deutschen Gesetzlichen Unfallversicherung: *Zirconium(IV)-oxid*. Verfügbar unter: https://gestis.dguv.de/data?name=004000, [Zuletzt geprüft: 21. Mai 2024].

[INS23a] Institut für Arbeitsschutz der Deutschen Gesetzlichen Unfallversicherung: *Graphit*, 2023.

[INS23b] Institut für Arbeitsschutz der Deutschen Gesetzlichen Unfallversicherung: *Kohlenstoff*, 2023. Verfügbar unter: https://gestis.dguv.de/data?name=008040.

[INT91] International Organization for Standardizatlon (1991): *ISO 8302:1991-08 : Wärmeschutz; Bestimmung des stationären Wärmedurchlaßwiderstandes und verwandter Eigenschaften; Verfahren mit dem Plattengerät*. Beuth-Verlag, 1991.

[ION16] Ionic Liquids Technologies GmbH: *Safety Data Sheet : Zirconium Oxide powder*, 13. Mai 2016.

[ION17] Ionic Liquids Technologies GmbH: *Safety Data Sheet alpha-Aluminium oxide powder*, 4. April 2017.

[ION18a] Ionic Liquids Technologies GmbH: *Safety Data Sheet Copper (II)oxide powder*, 2018. Verfügbar unter: https://nanomaterials.iolitec.de/en/products/oxides/NO-0031-HP, [Zuletzt geprüft: 21. Mai 2024].

[ION18b] Ionic Liquids Technologies GmbH: *Safety Data Sheet Silicon carbide*, 2018. Verfügbar unter: https://nanomaterials.iolitec.de/sites/nanomaterials.iolitec.de/files/sds/SDS%20NC-0008%20SiC.pdf, [Zuletzt geprüft: 21. Mai 2024].

[ION19a] Ionic Liquids Technologies GmbH: *Safety Data Sheet Copper(II)-oxide*, 2019. Verfügbar unter: https://nanomaterials.iolitec.de/en/products/oxides/NO-0031-HP, [Zuletzt geprüft: 21. Mai 2024].

[ION19b] Ionic Liquids Technologies GmbH: *Safety Data Sheet Silver Powder*, 14. August 2019.

[ION23] Ionic Liquids Technologies GmbH: *Offer No. 24185*, 14. Februar 2023.

[JI15] Ji, L.; Shi, B.: *A novel method for determining surface free energy of powders using Washburn's equation without calculating capillary factor and contact angle.* In: Powder Technology, Jg. 271, S. 88-92, 2015. ISSN 00325910. Verfügbar unter: doi:10.1016/j.powtec.2014.11.002.

[JIA18] Jiang, J.; Xu, X.; Stringer, J.: *Support Structures for Additive Manufacturing: A Review.* In: Journal of Manufacturing and Materials Processing, Jg. 2(4), S. 64, 2018. ISSN 2504-4494. Verfügbar unter: doi:10.3390/jmmp2040064.

[JON02] Jones, M.; Zheng, L.; Newlands, M.: *Comparison of particle packing models for proportioning concrete constitutents for minimum voids ratio.* In: Materials and Structures, Jg. 35(5), S. 301-309, 2002. ISSN 1359-5997. Verfügbar unter: doi:10.1007/BF02482136.

[KAT06] Katainen, J.; Paajanen, M.; Ahtola, E.; Pore, V.; Lahtinen, J.: *Adhesion as an interplay between particle size and surface roughness.* In: Journal of colloid and interface science, Jg. 304(2), S. 524-529, 2006. ISSN 0021-9797. Verfügbar unter: doi:10.1016/j.jcis.2006.09.015.

[KEM15] Kempen, K.; Thijs, L.; van Humbeeck, J.; Kruth, J.-P.: *Processing AlSi10Mg by selective laser melting: parameter optimisation and material characterisation.* In: Materials Science and Technology, Jg. 31(8), S. 917-923, 2015. ISSN 0267-0836. Verfügbar unter: doi:10.1179/1743284714Y.0000000702.

[KIP00] Kipphan, H.: *Handbuch der Printmedien.* Springer Berlin Heidelberg, Berlin, Heidelberg, 2000. ISBN 978-3-540-66941-8.

[KIR13] Kirdponpattara, S.; Phisalaphong, M.; Newby, B.-m.: *Applicability of Washburn capillary rise for determining contact angles of powders/porous materials.* In: Journal of colloid and interface science, Jg. 397, S. 169-176, 2013. ISSN 0021-9797. Verfügbar unter: doi:10.1016/j.jcis.2013.01.033.

[KLÄ24] Kläger Spritzguss GmbH & Co. KG: *Material-Information Al2O3_Aluminiumoxid.* Verfügbar unter: https://klaeger.de/wp-content/uploads/Materialinformation-Aluminiumoxid-Al2O3.pdf, [Zuletzt geprüft: 21. Mai 2024].

[KLE16] Kleppmann, W.: *Versuchsplanung : Produkte und Prozesse optimieren.* 9., überarbeitete Auflage. Hanser, München, 2016. Praxisreihe Qualitätswissen. ISBN 978-3-446-44716-5.

[KLE18] Kleszczynski, S.: *Potenziale der bildgestützten Prozessanalyse zur Steigerung des technologischen Reifegrades von Laser-Strahlschmelzverfahren.* Dissertation, Universität Duisburg-Essen, August 2018. Verfügbar unter: https://www.researchgate.net/profile/Stefan_Kleszczynski/publication/333565520_Potenziale_der_bildgestutzten_Prozessuberwachung_zur_Steigerung_des_technologischen_Reifegrades_von_Laser-Strahlschmelzverfahren/links/5cf4c3cc4585153c3daeda5c/Potenziale-der-bildgestuetzten-Prozessueberwachung-zur-Steigerung-des-technologischen-Reifegrades-von-Laser-Strahlschmelzverfahren.pdf.

[KOL11] Koltze, K.; Souchkov, V.: *Systematische Innovation : TRIZ-Anwendung in der Produkt- und Prozessentwicklung.* Hanser, München, 2011. Praxisreihe Qualitätswissen. ISBN 978-3-446-42132-5.

[KRA15] Kranz, J.; Herzog, D.; Emmelmann, C.: *Design guidelines for laser additive manufacturing of lightweight structures in TiAl6V4.* In: Journal of Laser Applications, Jg. 27(S1), S14001, 2015. ISSN 1042-346X. Verfügbar unter: doi:10.2351/1.4885235.

[KRA16] Krauss, H.: *Qualitätssicherung beim Laserstrahlschmelzen durch schichtweise thermografische In-Process-Überwachung.* Dissertation, Herbert Utz Verlag GmbH, 2016.

[KRE21] Kremer, A.: *Additive Fertigung keramischer Strukturen mittels Multimaterial-Druck.* Dissertation, RWTH Aachen, 2021.

[KRÜ07] Krüger, A.: *Neue Kohlenstoffmaterialien : Eine Einführung.* Teubner, Wiesbaden, 2007. Teubner Studienbücher Chemie. ISBN 978-3-8351-9098-6.

[KRU04] Kruth, J.; Froyen, L.; van Vaerenbergh, J.; Mercelis, P.; Rombouts, M.; Lauwers, B.: *Selective laser melting of iron-based powder.* In: Journal of Materials Processing Technology, Jg. 149(1-3), S. 616-622, 2004. ISSN 09240136. Verfügbar unter: doi:10.1016/j.jmatprotec.2003.11.051.

[KRU10] Kruth, J.-P.; Badrossamay, M.; Yasa, E.; Deckers, J.; Thijs, L.; Humbeeck, J.: *Part and material properties in selective laser melting of metals.* In: 16th International Symposium on Electromachining, ISEM 2010, 2010.

[KRU12] Kruth, J.-P.; Deckers, J.; Yasa, E.; Wauthlé, R.: *Assessing and comparing influencing factors of residual stresses in selective laser melting using a novel analysis method.* In: Proceedings of the Institution of Mechanical Engineers, Part B: Journal of Engineering Manufacture, Jg. 226(6), S. 980-991, 2012. ISSN 0954-4054. Verfügbar unter: doi:10.1177/0954405412437085.

[KRU07a] Kruth, J.-P.; Levy, G.; Klocke, F.; Childs, T.H.C.: *Consolidation phenomena in laser and powder-bed based layered manufacturing.* In: CIRP Annals, Jg. 56(2), S. 730-759, 2007. ISSN 00078506. Verfügbar unter: doi:10.1016/j.cirp.2007.10.004.

[KRU07b] Kruth, J.-P.; Mercelis, P.; van Vaerenbergh, J.; Craeghs, T.: *Feedback control of selective laser melting. In: : Virtual and Rapid Manufacturing,* S. 521-528, CRC Press, 2007.

[KÜH21] Kühnapfel, J.: *Scoring und Nutzwertanalysen.* Springer Fachmedien Wiesbaden, Wiesbaden, 2021. ISBN 978-3-658-34809-0.

[KUR21] Kurzweil, P.; Frenzel, B.; Gebhard, F.: *Physik Formelsammlung : Mit Erläuterungen und Beispielen aus der Praxis für Ingenieure und Naturwissenschaftler.* 5., überarbeitete und aktualisierte Auflage. Springer Vieweg, Wiesbaden, 2021. Lehrbuch. ISBN 978-3-658-33362-1.

[LAN21] Lange, F.: *Prozessgerechte Topologieoptimierung Für Die Additive Fertigung.* Springer Berlin / Heidelberg, Berlin, Heidelberg, 2021. Light Engineering Für Die Praxis Ser. ISBN 9783662631331.

[LAN95] Lange, H.: *Comparative Test of Methods to Determine Particle Size and Particle Size Distribution in the Submicron Range.* In: Particle & Particle Systems Characterization, Jg. 12(3), S. 148-157, 1995. ISSN 09340866. Verfügbar unter: doi:10.1002/ppsc.19950120307.

[LAU16] Lauth, G.; Kowalczyk, J.: *Einführung in die Physik und Chemie der Grenzflächen und Kolloide.* Springer Berlin Heidelberg, Berlin, Heidelberg, 2016. ISBN 978-3-662-47017-6.

[LE98] Le, P.: *Progress and Trends in Ink-jet Printing Technology*, Jg. (42), S. 49-62, 1998.

[LEE70] Lee, D.: *Packing of Spheres and Its Effet on the Viscosity of Suspension.* In: Journal of Paint Technology, Jg. 44, S. 513-522, 1970. Verfügbar unter: https://cir.nii.ac.jp/crid/1571135650053971328.

[LI19] Li, H.; Ramezani, M.; Chen, Z.; Singamneni, S.: *Effects of Process Parameters on Temperature and Stress Distributions During Selective Laser Melting of Ti–6Al–4V.* In: Transactions of the Indian Institute of Metals, Jg. 72(12), S. 3201-3214, 2019. ISSN 0972-2815. Verfügbar unter: doi:10.1007/s12666-019-01785-y.

[LI21] Li, L.; Liou, F.: *Numerical Investigation of Thermo-Mechanical Field during Selective Laser Melting Process with Experimental Validation.* In: Metals, Jg. 11(7), S. 1003, 2021. ISSN 2075-4701. Verfügbar unter: doi:10.3390/met11071003.

[LI12] Li, R.; Liu, J.; Shi, Y.; Wang, L.; Jiang, W.: *Balling behavior of stainless steel and nickel powder during selective laser melting process.* In: The International Journal of Advanced Manufacturing Technology, Jg. 59(9-12), S. 1025-1035, 2012. ISSN 0268-3768. Verfügbar unter: doi:10.1007/s00170-011-3566-1.

[LI17] Li, Z.; Zhang, D.; Dong, P.; Kucukkoc, I.: *A lightweight and support-free design method for selective laser melting.* In: The International Journal of Advanced Manufacturing Technology, Jg. 90(9-12), S. 2943-2953, 2017. ISSN 0268-3768. Verfügbar unter: doi:10.1007/s00170-016-9509-0.

[LIN09] Lindemann, U.: *Methodische Entwicklung technischer Produkte.* Springer Berlin Heidelberg, Berlin, Heidelberg, 2009. ISBN 978-3-642-01422-2.

[LIU11] Liu, B.; Wildmann, R.; Tuck, C.; Ashcroft, I.; Hague, R.: *Investigation the effect of particle size distribution on processing parameters optimisation in selective laser melting process*, S. 227-238, 2011.

[LIU06] Liu, M.-S.; Lin, M.; Huang, I.-T.; Wang, C.-C.: *Enhancement of Thermal Conductivity with CuO for Nanofluids.* In: Chemical Engineering & Technology, Jg. 29(1), S. 72-77, 2006. ISSN 0930-7516. Verfügbar unter: doi:10.1002/ceat.200500184.

[LIU16] Liu, Y.; Yang, Y.; Wang, Di: *A study on the residual stress during selective laser melting (SLM) of metallic powder.* In: The International Journal of Advanced Manufacturing Technology, Jg. 87(1-4), S. 647-656, 2016. ISSN 0268-3768. Verfügbar unter: doi:10.1007/s00170-016-8466-y.

[LUT20] Lutter-Günther, M.: *Qualitätsorientiertes und modellbasiertes Pulverrecycling beim Laserstrahlschmelzen.* Universitätsbibliothek der TU München, München, 2020.

[MAG09] Magdassi, S.: *The Chemistry of Inkjet Inks.* WORLD SCIENTIFIC, 2009. ISBN 978-981-281-821-8.

[MAH21] Mahr, A.; Bay, C.; Huber, T.; Döpper, F.: *Systematische Bewertung der materialspezifischen humantoxischen Gefährdungen bei additiven Fertigungsverfahren. In:* (Hrsg.) Kynast, Michael; Witt, Gerd; Eichmann, Michael: *Proceedings of the 17th Rapid.Tech 3D Conference Erfurt, Germany, 22–23 June 2021*, S. 127-140, München, Carl Hanser Verlag GmbH & Co. KG, 2021. ISBN 978-3-446-47171-9.

[MAI19] Maisch, P.: *Process Development for Inkjet Printing of Organic Photovoltaics*, 2019.

[MAN17] Mani, M.; Lane, B.; Donmez, M.; Feng, S.; Moylan, S.: *A review on measurement science needs for real-time control of additive manufacturing metal powder bed fusion processes.* In: International Journal of Production Research, Jg. 55(5), S. 1400-1418, 2017. ISSN 0020-7543. Verfügbar unter: doi:10.1080/00207543.2016.1223378.

[MAR15] Mariani, P.; Vesce, L.; Di Carlo, A.: *The role of printing techniques for large-area dye sensitized solar cells.* In: Semiconductor Science and Technology, Jg. 30(10), S. 104003, 2015. ISSN 0268-1242. Verfügbar unter: doi:10.1088/0268-1242/30/10/104003.

[MAS15a] Masmoudi, A.; Bolot, R.; Coddet, C.: *Investigation of the laser–powder–atmosphere interaction zone during the selective laser melting process.* In: Journal of Materials Processing Technology, Jg. 225, S. 122-132, 2015. ISSN 09240136. Verfügbar unter: doi:10.1016/j.jmatprotec.2015.05.008.

[MAS15b] Masoomi, M.; Thompson, S.; Shamsaei, N.; Elwany, A.; Bian, L.: *An Experimental-Numerical Investigation of Heat Transfer during Selective Laser Melting.* Unpublished, 2015.

[MCC21] McCann, R.; Obeidi, M.; Hughes, C.; McCarthy, É.; Egan, D.; Vijayaraghavan, R.; Joshi, A.; Acinas Garzon, V.; Dowling, D.; McNally, P.; Brabazon, D.: *In-situ sensing, process monitoring and machine control in Laser Powder Bed Fusion: A review.* In: Additive Manufacturing, Jg. 45, S. 102058, 2021. ISSN 22148604. Verfügbar unter: doi:10.1016/j.addma.2021.102058.

[MEI99] Meiners, W.: *Direktes selektives Laser Sintern einkomponentiger metallischer Werkstoffe.* Dissertation, RWTH Aachen, 1999.

[MER06] Mercelis, P.; Kruth, J.-P.: *Residual stresses in selective laser sintering and selective laser melting.* In: Rapid Prototyping Journal, Jg. 12(5), S. 254-265, 2006. ISSN 1355-2546. Verfügbar unter: doi:10.1108/13552540610707013.

[MIK18] Mikolajek, M.: *Tintenstrahldruck organisch/anorganischer Komposite.* Karlsruhe, 2018.

[MIK15] Mikolajek, M.; Friederich, A.; Bauer, W.; Binder, J.: *Funktioneller Tintenstrahldruck keramischer Dickschichten: Druckprozess und Suspensionsanforderungen*, 2015. Verfügbar unter: doi:10.13140/RG.2.1.3860.2963.

[MIT06] Mitarai, N.; Nori, F.: *Wet granular materials.* In: Advances in Physics, Jg. 55(1-2), S. 1-45, 2006. ISSN 0001-8732. Verfügbar unter: doi:10.1080/00018730600626065.

[MOC15] Mock, S.: *Simulation von hoch polydispersen zufällig dichten Partikelpackungen unter Berücksichtigung der Agglomeration im Feinstkornbereich.* Dissertation, Technische Universität Clausthal, 2015.

[MOR18] Moraes, D.; Czekanski, A.: *Parametric Thermal FE Analysis on the Laser Power Input and Powder Effective Thermal Conductivity during Selective Laser Melting of SS304L.* In: Journal of Manufacturing and Materials Processing, Jg. 2(3), S. 47, 2018. ISSN 2504-4494. Verfügbar unter: doi:10.3390/jmmp2030047.

[MUG19] Mugwagwa, L.; Dimitrov, D.; Matope, S.; Yadroitsev, I.: *Evaluation of the impact of scanning strategies on residual stresses in selective laser melting.* In: The International Journal of Advanced Manufacturing Technology, Jg. 102(5-8), S. 2441-2450, 2019. ISSN 0268-3768. Verfügbar unter: doi:10.1007/s00170-019-03396-9.

[MUK18] Mukherjee, T.; DebRoy, T.: *Mitigation of lack of fusion defects in powder bed fusion additive manufacturing.* In: Journal of Manufacturing Processes, Jg. 36, S. 442-449, 2018. ISSN 15266125. Verfügbar unter: doi:10.1016/j.jmapro.2018.10.028.

[MUN24] Munsch, M.; Schmidt-Lehr, M.; Wycsik, E.; Führer, T.: *AMPOWER REPORT 2024 : Management Summary,* 2024. Verfügbar unter: https://additive-manufacturing-report.com/download-summary/, [Zuletzt geprüft: 21. Mai 2024].

[NAN20] Nandwana, P.; Plotkowski, A.; Kannan, R.; Yoder, S.; Dehoff, R.: *Predicting geometric influences in metal additive manufacturing.* In: Materials Today Communications, Jg. 25, S. 101174, 2020. ISSN 23524928. Verfügbar unter: doi:10.1016/j.mtcomm.2020.101174.

[NAN24a] Nanografi Nanotechnology: *Conductive Carbon Black Nanopowder/Nanoparticles, Purity: 95%, Size: 148 nm (Plant).* Verfügbar unter: https://nanografi.com/nanoparticles/conductive-carbon-black-nanopowder-nanoparticles-purity-95-size-148-nm-plant/, [Zuletzt geprüft: 21. Mai 2024].

[NAN24b] Nanografi Nanotechnology: *Silicon Nitride (Si3N4) Nanopowder/Nanoparticles, Amorphous, Purity: 99.5%, Size: 20-35 nm.* Verfügbar unter: https://nanografi.com/nanoparticles/silicon-nitride-si3n4-nanopowder-nanoparticles-amorphous-purity-99-5-size-20-35-nm/, [Zuletzt geprüft: 21. Mai 2024].

[NAN19a] Nanografi Nanotechnology: *Material Safety Data Sheet : Conductive Carbon Black,148nm (Plant),* 17. Mai 2019.

[NAN19b] Nanografi Nanotechnology: *Material Safety Data Sheet Al,* 17. Mai 2019.

[NAN19c] Nanografi Nanotechnology: *Material Safty Data Sheet : Silicon Nitride Nano Powder Amorphous,* 17. Mai 2019.

[NAN23] Nanoshel-UK Ltd.: *Pricing Information : Aluminium Nanopowder (100nm),* 11. Mai 2023.

[OGO21] Ogoke, F.; Farimani, A.: *Thermal control of laser powder bed fusion using deep reinforcement learning.* In: Additive Manufacturing, Jg. 46, S. 102033, 2021. ISSN 22148604. Verfügbar unter: doi:10.1016/j.addma.2021.102033.

[OST14] Ostermann, F.: *Anwendungstechnologie Aluminium.* Springer Berlin Heidelberg, Berlin, Heidelberg, 2014. ISBN 978-3-662-43806-0.

[OTT12] Ott, M.: *Multimaterialverarbeitung bei der additiven strahl- und pulverbettbasierten Fertigung.* München, Technische Universität München, Diss., 2012, Universitätsbibliothek der TU München, 2012.

[OVE03] Over, C.: *Generative Fertigung von Bauteilen aus Werkzeugstahl X38CrMoV5-1 und Titan TiAl6V4 mit "Selective Laser Melting".* Zugl.: Aachen, Techn. Hochsch., Diss., 2003, 2003.

[PAR19] Parry, L.; Ashcroft, I.; Wildman, R.: *Geometrical effects on residual stress in selective laser melting.* In: Additive Manufacturing, Jg. 25, S. 166-175, 2019. ISSN 22148604. Verfügbar unter: doi:10.1016/j.addma.2018.09.026.

[PAR14] Parzinger, S.: *Analytische Modellierung der temperatur- und gasdruckabhängigen effektiven Wärmeleitfähigkeit von Pulvern.* Zugl.: München,Techn. Univ., Diss., 2014. Verl. Dr. Hut, München, 2014. Energietechnik. ISBN 978-3-8439-1686-8.

[PAT17] Patterson, A.; Messimer, S.; Farrington, P.: *Overhanging Features and the SLM/DMLS Residual Stresses Problem: Review and Future Research Need,* 2017. Verfügbar unter: doi:10.20944/preprints201703.0202.v3.

[PAU08] Paucksch, E.: *Zerspantechnik : Prozesse, Werkzeuge, Technologien.* 12., vollständig überarbeitete und erweiterte Auflage. Vieweg+Teubner, Wiesbaden, 2008. Springer eBook Collection Computer Science & Engineering. ISBN 978-3-8348-9494-6.

[PAU19] Paudel, B.; Thompson, S.: *Localized Effect of Overhangs on Heat Transfer During Laser Powder Bed Fusion Additive Manufacturing.* University of Texas at Austin, 2019.

[PIT18] Pitassi, D.; Savoia, E.; Fontanari, V.; Molinari, A.; Luchin, V.; Zappini, G.; Benedetti, M.: *Finite Element Thermal Analysis of Metal Parts Additively Manufactured via Selective Laser Melting. In:* (Hrsg.) Păcurar, Răzvan: *Finite Element Method - Simulation, Numerical Analysis and Solution Techniques,* InTech, 2018. ISBN 978-953-51-3849-5.

[PRE24] Presse- und Informationsamt der Bundesregierung: *Zukunftsstrategie Forschung und Innovation : Innovationsstandort Deutschland mit neuen Lösungen stärken,* 2024. Verfügbar unter: https://www.bundesregierung.de/breg-de/themen/forschung/zukunftsstrategie-forschung-innovation-2163454#tar-3, [Zuletzt geprüft: 17. April 2024].

[PRI18] Priarone, P.; Lunetto, V.; Atzeni, E.; Salmi, A.: *Laser powder bed fusion (L-PBF) additive manufacturing: On the correlation between design choices and process sustainability.* In: Procedia CIRP, Jg. 78, S. 85-90, 2018. ISSN 22128271. Verfügbar unter: doi:10.1016/j.procir.2018.09.058.

[PRO22] Prorok, S.: *Statistische Unsicherheit in der Industriellen Produktion : Grundlagen und Methoden der Modernen Qualitätssicherung.* Springer Berlin / Heidelberg, Berlin, Heidelberg, 2022. ISBN 978-3-662-63889-7.

[RAD92] Radaj, D.: *Heat Effects of Welding : Temperature Field, Residual Stress, Distortion.* Springer Berlin Heidelberg, Berlin, Heidelberg, 1992. ISBN 978-3-642-48640-1.

[RAF13] Rafi, H.; Karthik, N.; Gong, H.; Starr, T.; Stucker, B.: *Microstructures and Mechanical Properties of Ti6Al4V Parts Fabricated by Selective Laser Melting and Electron Beam Melting.* In: Journal of Materials Engineering and Performance, Jg. 22(12), S. 3872-3883, 2013. ISSN 1059-9495. Verfügbar unter: doi:10.1007/s11665-013-0658-0.

[RAM01] Ramaswamy, S.: *Issues in the statistical mechanics of steady sedimentation.* In: Advances in Physics, Jg. 50(3), S. 297-341, 2001. ISSN 0001-8732. Verfügbar unter: doi:10.1080/00018730110050617.

[RAM02] Ramos, J.; Murphy, J.; Lappo, K.; Wood, K.; Bourell, D.; Beaman, J.: *Single-Layer Deposits of Nickel Base Superalloy by Means of Selective Laser Sintering.* The University of Texas at Austin, 2002.

[RAS10] Raschdorf, S.: *Bestimmung der Raumausfüllung von Partikelmischungen :* Modelle und Datenstrukturen für die Simulation durch Kugelpackungen. Dissertation, Technische Universität Clausthal, 2010.

[REH10] Rehme, O.: *Cellular Design for Laser Freeform Fabrication.* Cuvillier Verlag, Göttingen, 2010. Schriftenreihe Lasertechnik, v.4. ISBN 9783736932739.

[REI21] Reiff, C.; Bubeck, W.; Krawczyk, D.; Steeb, M.; Lechler, A.; Verl, A.: *Learning Feedforward Control for Laser Powder Bed Fusion.* In: Procedia CIRP, Jg. 96, S. 127-132, 2021. ISSN 22128271. Verfügbar unter: doi:10.1016/j.procir.2021.01.064.

[REI00] Reis, N.; Derby, B.: *Ink Jet Deposition of Ceramic Suspensions: Modeling and Experiments of Droplet Formation.* In: MRS Proceedings, Jg. 625, 2000. ISSN 0272-9172. Verfügbar unter: doi:10.1557/PROC-625-117.

[REI88] Reiss, H.: *Radiative Transfer in Nontransparent, Dispersed Media.* Springer Berlin / Heidelberg, Berlin, Heidelberg, 1988. Springer Tracts in Modern Physics Ser, v.113. ISBN 978-3540186083.

[REN18] Renken, V.; Lübbert, L.; Blom, H.; Freyberg, A. von; Fischer, A.: *Model assisted closed-loop control strategy for selective laser melting.* In: Procedia CIRP, Jg. 74, S. 659-663, 2018. ISSN 22128271. Verfügbar unter: doi:10.1016/j.procir.2018.08.053.

[ROM15] Romano, J.; Ladani, L.; Sadowski, M.: *Thermal Modeling of Laser Based Additive Manufacturing Processes within Common Materials.* In: Procedia Manufacturing, Jg. 1, S. 238-250, 2015. ISSN 23519789. Verfügbar unter: doi:10.1016/j.promfg.2015.09.012.

[ROM05] Rombouts, M.; Froyen, L.; Gusarov, A.; Bentefour, E.; Glorieux, C.: *Photopyroelectric measurement of thermal conductivity of metallic powders.* In: Journal of Applied Physics, Jg. 97(2), 2005. ISSN 0021-8979. Verfügbar unter: doi:10.1063/1.1832740.

[ROM06] Rombouts, M.; Kruth, J.; Froyen, L.; Mercelis, P.: *Fundamentals of Selective Laser Melting of alloyed steel powders.* In: CIRP Annals, Jg. 55(1), S. 187-192, 2006. ISSN 00078506. Verfügbar unter: doi:10.1016/S0007-8506(07)60395-3.

[ROT21] Rottmann, M.: *Untersuchung des Wärmetransports in expandiertem Perlit zur Entwicklung einer Vakuumpulverisolation für Hochtemperatur-Anwendungen bis 800 °C.* Universitätsbibliothek der TU München, München, 2021.

[RUM75] Rumpf, H.: *Mechanische Verfahrenstechnik.* Hanser, München, 1975. ISBN 9783446119871.

[RUS91] Russel, W.; Saville, D.; Schowalter, W.: *Colloidal Dispersions.* Cambridge University Press, 1991. ISBN 9780521426008.

[SAC03] Sachlos, E.; Reis, N.; Ainsley, C.; Derby, B.; Czernuszka, J.: *Novel collagen scaffolds with predefined internal morphology made by solid freeform fabrication.* In: Biomaterials, Jg. 24(8), S. 1487-1497, 2003. ISSN 0142-9612. Verfügbar unter: doi:10.1016/S0142-9612(02)00528-8.

[SCH22] Scherer, P.: *Untersuchungen zum Einsatzpotential und zur Inkjet-Fertigung von Mischpotential-Elektrolytsystemen.* Dissertation, Universität Stuttgart, 2022.

[SCH18] Schiefer, H.; Schiefer, F.: *Statistik für Ingenieure.* Springer Fachmedien Wiesbaden, Wiesbaden, 2018. ISBN 978-3-658-20639-0.

[SCH19a] Schlink, H.: *Wirtschaftlichkeitsrechnung für Ingenieure.* Springer Fachmedien Wiesbaden, Wiesbaden, 2019. ISBN 978-3-658-22406-6.

[SCH21a] Schlißke, S.: *Substratfunktionalisierungen zur Optimierung tintenstrahlgedruckter optoelektronischer Bauteile.* Karlsruher Institut für Technologie (KIT), 2021.

[SCH20a] Schmoch, U.; Beckert, B.; Reiß, T.; Neuhäusler, P.; Rothengatter, O.: *Identifizierung und Bewertung von Zukunftstechnologien für Deutschland.* Fraunhofer-Gesellschaft, Karlsruhe, 2020.

[SCH20b] Schneider, M.: *Datenanalyse für Naturwissenschaftler, Mediziner und Ingenieure.* Springer Berlin Heidelberg, Berlin, Heidelberg, 2020. ISBN 978-3-662-61865-3.

[SCH21b] Schnell, N.; Schoeler, M.; Witt, G.; Kleszczynski, S.: *Experimental and numerical thermal analysis of the laser powder bed fusion process using in situ temperature measurements of geometric primitives.* In: Materials & Design, Jg. 209, S. 109946, 2021. ISSN 02641275. Verfügbar unter: doi:10.1016/j.matdes.2021.109946.

[SCH03] Schubert, H. (Hrsg.): *Handbuch der Mechanischen Verfahrenstechnik.* Wiley-VCH, Weinheim, 2003. ISBN 9783527603350.

[SCH12] Schubert, H. (Hrsg.): *Handbuch der Mechanischen Verfahrenstechnik : Partikeleigenschaften, Mikroprozesse, Makroprozesse, Schüttgut.* Wiley-VCH, Weinheim, 2012. ISBN 978-3-527-30577-3.

[SCH79] Schubert, H.: *Grundlagen des Agglomerierens.* In: Chemie Ingenieur Technik, Jg. 51(4), S. 266-277, 1979. ISSN 0009286X. Verfügbar unter: doi:10.1002/cite.330510404.

[SCH82] Schubert, H.: *Kapillarität in porösen Feststoffsystemen.* Springer, Berlin, Heidelberg usw., 1982. ISBN 978-3-540-11835-0.

[SCH19b] Schulze, D.: *Pulver und Schüttgüter : Fließeigenschaften und Handhabung.* 4. Auflage. Springer Berlin Heidelberg, Berlin, Heidelberg, 2019. ISBN 978-3-662-58775-1.

[SCO60] Scott, G.: *Packing of Spheres: Packing of Equal Spheres.* In: Nature, Jg. 188(4754), S. 908-909, 1960. ISSN 0028-0836. Verfügbar unter: doi:10.1038/188908a0.

[SCO69] Scott, G.; Kilgour, D.: *The density of random close packing of spheres.* In: Journal of Physics D: Applied Physics, Jg. 2(6), S. 863-866, 1969. ISSN 00223727. Verfügbar unter: doi:10.1088/0022-3727/2/6/311.

[SEH10] Sehrt, J.: *Möglichkeiten und Grenzen bei der generativen Herstellung metallischer Bauteile durch das Strahlschmelzverfahren.* Zugl.: Duisburg, Essen, Univ., Diss., 2010, 2010.

[SEY18] Seyda, V.: *Werkstoff- und Prozessverhalten von Metallpulvern in der laseradditiven Fertigung*, 2018.

[SHA21] Shange, M.; Yadroitsava, I.; Du Plessis, A.; Yadroitsev, I.: *Roughness and Near-Surface Porosity of Unsupported Overhangs Produced by High-Speed Laser Powder Bed Fusion.* In: 3D Printing and Additive Manufacturing, 2021. ISSN 2329-7662. Verfügbar unter: doi:10.1089/3dp.2020.0097.

[SHR19] Shrestha, S.; Rauniyar, S.; Chou, K.: *Thermo-Fluid Modeling of Selective Laser Melting: Single-Track Formation Incorporating Metallic Powder.* In: Journal of Materials Engineering and Performance, Jg. 28(2), S. 611-619, 2019. ISSN 1059-9495. Verfügbar unter: doi:10.1007/s11665-018-3574-5.

[SIE10] Siebertz, K.; van Bebber, D.; Hochkirchen, T.: *Statistische Versuchsplanung.* Springer Berlin Heidelberg, Berlin, Heidelberg, 2010. ISBN 978-3-642-05492-1.

[SKA20] Skalon, M.; Meier, B.; Gruberbauer, A.; Amancio-Filho, S.; Sommitsch, C.: *Stability of a Melt Pool during 3D-Printing of an Unsupported Steel Component and Its Influence on Roughness.* In: Materials (Basel, Switzerland), Jg. 13(3), 2020. ISSN 1996-1944. Verfügbar unter: doi:10.3390/ma13030808.

[SLM24] SLM Solutions: *Free Float : The support-free revolution powered by SLM Solutions.* Verfügbar unter: https://freefloat.slm-solutions.com/, [Zuletzt geprüft: 21. Mai 2024].

[SOW17] Sowade, E.: *Inkjet printing of photonic structures and thin-film transistors based on evaporation-driven material transportation and self-assembly.* Universitätsbibliothek Chemnitz, Chemnitz, 2017.

[SPA14] Spath, S.: *Einfluss der Partikelgröße von Granulaten auf deren Verarbeitung im 3D-Druck-Verfahren und die Beschaffenheit von 3D gedruckten Implantatkeramiken.* Universität Rostock, 2014.

[STE15] Steinke, Peter (Hrsg.): *Finite-Elemente-Methode.* Springer Berlin Heidelberg, Berlin, Heidelberg, 2015. ISBN 978-3-642-53936-7.

[STI09] Stieß, M.: *Mechanische Verfahrenstechnik - Partikeltechnologie 1.* Springer Berlin Heidelberg, Berlin, Heidelberg, 2009. ISBN 978-3-540-32551-2.

[STO86] Stovall, T.; Larrard, F. de; Buil, M.: *Linear packing density model of grain mixtures.* In: Powder Technology, Jg. 48(1), S. 1-12, 1986. ISSN 00325910. Verfügbar unter: doi:10.1016/0032-5910(86)80058-4.

[STO81] Stow, C.; Hadfield, M.: *An experimental investigation of fluid flow resulting from the impact of a water drop with an unyielding dry surface.* In: Proceedings of the Royal Society of London. A. Mathematical and Physical Sciences, Jg. 373(1755), S. 419-441, 1981. ISSN 0080-4630. Verfügbar unter: doi:10.1098/rspa.1981.0002.

[STR09] Stringer, J.; Derby, B.: *Limits to feature size and resolution in ink jet printing.* In: Journal of the European Ceramic Society, Jg. 29(5), S. 913-918, 2009. ISSN 09552219. Verfügbar unter: doi:10.1016/j.jeurceramsoc.2008.07.016.

[SWI09] Swimm, K.; Reichenauer, G.; Vidi, S.; Ebert, H.-P.: *Gas Pressure Dependence of the Heat Transport in Porous Solids with Pores Smaller than 10 μm.* In: International Journal of Thermophysics, Jg. 30(4), S. 1329-1342, 2009. ISSN 0195-928X. Verfügbar unter: doi:10.1007/s10765-009-0617-z.

[TAD10] Tadros, T.: *Colloids in paints.* WILEY-VCH-Verl., Weinheim, 2010. Colloids and interface science series, Bd. 6. ISBN 978-3-527-31461-4.

[THE21] ThermoFisher: *Sicherheitsdatenblatt Diamant,* 19. Februar 2021.

[THO09] Thomas, D.: *The development of design rules for selective laser melting.* Dissertation, University of Wales Institute, 2009.

[TIS24] TIS Wälzkörpertechnologie GmbH: *Siliziumnitrid Si3N4.* Verfügbar unter: https://www.tis-gmbh.info/keramikkugeln/, [Zuletzt geprüft: 21. Mai 2024].

[TOL00] Tolochko, N.; Khlopkov, Y.; Mozzharov, S.; Ignatiev, M.; Laoui, T.; Titov, V.: *Absorptance of powder materials suitable for laser sintering.* In: Rapid Prototyping Journal, Jg. 6(3), S. 155-161, 2000. ISSN 1355-2546. Verfügbar unter: doi:10.1108/13552540010337029.

[TOM09] Tomas, J.: *Produkteigenschaften ultrafeiner Partikel : Mikromechanik, Fließ- und Kompressionsverhalten kohäsiver Pulver.* Hirzel, Stuttgart, 2009. Abhandlungen der Sächsischen Akademie der Wissenschaften zu Leipzig, Technikwissenschaftliche Klasse, Bd. 1,3. ISBN 9783777616810.

[ÜBL02] Übler, W.: *Erhöhung der thermischen Leitfähigkeit elektrisch isolierender Polymerwerkstoffe.* Dissertation, Universität Erlangen-Nürnberg, 2002. Verfügbar unter: http://www.opus.ub.uni-erlangen.de/opus/volltexte/2004/48/pdf/mit%20Lebenslauf.pdf.

[USR24] US Research Nanomaterials Inc.: *Aluminum Nitride Powder / AlN Powder (AlN, 99.5%, Hexagonal).* Verfügbar unter: https://www.us-nano.com/inc/sdetail/6708, [Zuletzt geprüft: 21. Mai 2024].

[USR23] US Research Nanomaterials Inc.: *Aluminum Nitride (AlN) Powder : Safty Data Sheet,* 28. Februar 2023.

[VAN95] van der Schueren, B.; Kruth, J.: *Powder deposition in selective metal powder sintering.* In: Rapid Prototyping Journal, Jg. 1(3), S. 23-31, 1995. ISSN 1355-2546. Verfügbar unter: doi:10.1108/13552549510094241.

[VAS22] Vasileska, E.; Demir, A.; Colosimo, B.; Previtali, B.: *A novel paradigm for feedback control in LPBF: layer-wise correction for overhang structures.* In: Advances in Manufacturing, Jg. 10(2), S. 326-344, 2022. ISSN 2095-3127. Verfügbar unter: doi:10.1007/s40436-021-00379-6.

[VDI15] VDI Verein Deutscher Ingenieure : *VDI-Richtlinie 3405-3:2015-12: Additive Fertigungsverfahren Konstruktionsempfehlungen für die Bauteilfertigung mit Laser-Sintern und Laser-Strahlschmelzen.* Beuth-Verlag.

[VDI19] VDI Verein Deutscher Ingenieure e.V. (07.2019): *VDI-Richtlinie 3405-3.2 Entwurf: Additive Fertigungsverfahren.* Beuth-Verlag, 2019.

[VEL24] Velo 3D: *Flow Print Preparation Software.* Verfügbar unter: https://velo3d.com/product-brief-flow-software/, [Zuletzt geprüft: 21. Mai 2024].

[WAG02] Wagner, C.: *Untersuchungen zum selektiven Lasersintern von Metallen.* Dissertation, Technische Hochschule Aachen, 2002.

[WAN13] Wang, D.; Yang, Y.; Yi, Z.; Su, X.: *Research on the fabricating quality optimization of the overhanging surface in SLM process.* In: The International Journal of Advanced Manufacturing Technology, Jg. 65(9-12), S. 1471-1484, 2013. ISSN 0268-3768. Verfügbar unter: doi:10.1007/s00170-012-4271-4.

[WAS21] Washburn, E.: *The Dynamics of Capillary Flow.* In: Physical Review, Jg. 17(3), S. 273-283, 1921. ISSN 0031-899X. Verfügbar unter: doi:10.1103/PhysRev.17.273.

[WAß11] Waßmer, M.: *Inkjet-Druck passiver elektronischer Dickschichtbauelemente.* Dissertation, Helmut-Schmidt-Universität Hamburg, 2011.

[WEB21] Weber, S.; Montero, J.; Bleckmann, M.; Paetzold, K.: *SUPPORT-FREE METAL ADDITIVE MANUFACTURING: A STRUCTURED REVIEW ON THE STATE OF THE ART IN ACADEMIA AND INDUSTRY.* In: Proceedings of the Design Society, Jg. 1, S. 2811-2820, 2021. Verfügbar unter: doi:10.1017/pds.2021.542.

[WEI18] Wei, L.; Ehrlich, L.; Powell-Palm, M.; Montgomery, C.; Beuth, J.; Malen, J.: *Thermal conductivity of metal powders for powder bed additive manufacturing.* In: Additive Manufacturing, Jg. 21, S. 201-208, 2018. ISSN 22148604. Verfügbar unter: doi:10.1016/j.addma.2018.02.002.

[WEN36] Wenzel, R.: *RESISTANCE OF SOLID SURFACES TO WETTING BY WATER.* In: Industrial & Engineering Chemistry, Jg. 28(8), S. 988-994, 1936. ISSN 0019-7866. Verfügbar unter: doi:10.1021/ie50320a024.

[WES06] Westkämper, E.: *Einführung in die Organisation der Produktion.* Springer-Verlag, Berlin/Heidelberg, 2006. ISBN 3-540-26039-0.

[WOH23] Wohlers, T.; Campbell, R.; Diegel, O.; Kowen, J.; Huff, R.: *Wohlers Report 2023 : 3D printing and additive manufacturing : global state of the industry.* Wohlers Associates, Fort Collins, Colorado, 2023. ISBN 978-0-9913332-7-1.

[WU21] Wu, F.; Sun, Z.; Chen, W.; Liang, Z.: *The Effects of Overhang Forming Direction on Thermal Behaviors during Additive Manufacturing Ti-6Al-4V Alloy.* In: Materials (Basel, Switzerland), Jg. 14(13), 2021. ISSN 1996-1944. Verfügbar unter: doi:10.3390/ma14133749.

[WYC17] Wycisk, E.; Munsch, M.; Schmidt-Lehr, M.: *Ampower Insights: Additive Manufacturing - Make or Buy?* Unpublished, 2017.

[XIA16] Xia, M.; Gu, D.; Yu, G.; Dai, D.; Chen, H.; Shi, Q.: *Influence of hatch spacing on heat and mass transfer, thermodynamics and laser processability during additive manufacturing of Inconel 718 alloy.* In: International Journal of Machine Tools and Manufacture, Jg. 109, S. 147-157, 2016. ISSN 08906955. Verfügbar unter: doi:10.1016/j.ijmachtools.2016.07.010.

[XU18] Xu, H.: *Methode zur adaptiven thermischen Prozessführung beim Laser-Strahlschmelzverfahren.* Dissertation, Universität Bremen, 2018.

[YAD09] Yadroitsev, I.: *Selective laser melting : Direct manufacturing of 3D-objects by selective laser melting of metal powders.* LAP Lambert Academic Publ, Saarbrücken, 2009. ISBN 9783838317946.

[YAĞ24] Yağmur, A.; Pääkönen, I.; Miles, A.: *The Hitchhiker's Guide to Smart Fusion.* Verfügbar unter: https://3d.eos.info/hubfs/GatedContent/EOS_Whitepaper_TheHitchhikersGuidetoSmartFusion.pdf?_hsmi=75162864&_hsenc=p2ANqtz-8AJQnYtNTtfqHB9H2u-d0Fm9RbVjbSovlzaNsq-5XPH121UcZSgkjav-KobnLT5W_wXS74mq2Wru4UAz88PuwJK4BPpZFvi4EhnXf8TTvSu_cqJ1H0, [Zuletzt geprüft: 21. Mai 2024].

[YAN18] Yang, I.; Kim, D.; Lee, S.: *Construction and preliminary testing of a guarded hot plate apparatus for thermal conductivity measurements at high temperatures.* In: International Journal of Heat and Mass Transfer, Jg. 122, S. 1343-1352, 2018. ISSN 00179310. Verfügbar unter: doi:10.1016/j.ijheatmasstransfer.2018.02.072.

[YAN03] Yang, R.; Zou, R.; Yu, A.: *Effect of material properties on the packing of fine particles.* In: Journal of Applied Physics, Jg. 94(5), S. 3025-3034, 2003. ISSN 0021-8979. Verfügbar unter: doi:10.1063/1.1598638.

[YAN07] Yang, S.; Evans, J.R.G.: *Metering and dispensing of powder; the quest for new solid freeforming techniques.* In: Powder Technology, Jg. 178(1), S. 56-72, 2007. ISSN 00325910. Verfügbar unter: doi:10.1016/j.powtec.2007.04.004.

[YAN21] Yang, T.; Liu, T.; Liao, W.; Wei, H.; Zhang, C.; Chen, X.; Zhang, K.: *Effect of processing parameters on overhanging surface roughness during laser powder bed fusion of AlSi10Mg.* In: Journal of Manufacturing Processes, Jg. 61, S. 440-453, 2021. ISSN 15266125. Verfügbar unter: doi:10.1016/j.jmapro.2020.11.030.

[YAS16] Yasa, E.; Poyraz, O.; Solakoglu, E.; Akbulut, G.; Oren, S.: *A Study on the Stair Stepping Effect in Direct Metal Laser Sintering of a Nickel-based Superalloy.* In: Procedia CIRP, Jg. 45, S. 175-178, 2016. ISSN 22128271. Verfügbar unter: doi:10.1016/j.procir.2016.02.068.

[YAV21] Yavari, R.; Smoqi, Z.; Riensche, A.; Bevans, B.; Kobir, H.; Mendoza, H.; Song, H.; Cole, K.; Rao, P.: *Part-scale thermal simulation of laser powder bed fusion using graph theory: Effect of thermal history on porosity, microstructure evolution, and recoater crash.* In: Materials & Design, Jg. 204, S. 109685, 2021. ISSN 02641275. Verfügbar unter: doi:10.1016/j.matdes.2021.109685.

[YEU18] Yeung, H.; Lane, B.; Donmez, M.; Fox, J.; Neira, J.: *Implementation of Advanced Laser Control Strategies for Powder Bed Fusion Systems.* In: Procedia Manufacturing, Jg. 26, S. 871-879, 2018. ISSN 23519789. Verfügbar unter: doi:10.1016/j.promfg.2018.07.112.

[YEU19] Yeung, H.; Lane, B.; Fox, J.: *Part geometry and conduction-based laser power control for powder bed fusion additive manufacturing.* In: Additive Manufacturing, Jg. 30, S. 100844, 2019. ISSN 22148604. Verfügbar unter: doi:10.1016/j.addma.2019.100844.

[YU91] Yu, A.; Standish, N.: *Estimation of the porosity of particle mixtures by a linear-mixture packing model.* In: Industrial & Engineering Chemistry Research, Jg. 30(6), S. 1372-1385, 1991. ISSN 0888-5885. Verfügbar unter: doi:10.1021/ie00054a045.

[YU96] Yu, A.; Zou, R.; Standish, N.: *Modifying the Linear Packing Model for Predicting the Porosity of Nonspherical Particle Mixtures.* In: Industrial & Engineering Chemistry Research, Jg. 35(10), S. 3730-3741, 1996. ISSN 0888-5885. Verfügbar unter: doi:10.1021/ie950616a.

[YU93] Yu, A.-B.; Standish, N.; McLean, A.: *Porosity Calculation of Binary Mixtures of Nonspherical Particles.* In: Journal of the American Ceramic Society, Jg. 76(11), S. 2813-2816, 1993. ISSN 0002-7820. Verfügbar unter: doi:10.1111/j.1151-2916.1993.tb04021.x.

[ZAE10] Zaeh, M.; Branner, G.: *Investigations on residual stresses and deformations in selective laser melting.* In: Production Engineering, Jg. 4(1), S. 35-45, 2010. ISSN 0944-6524. Verfügbar unter: doi:10.1007/s11740-009-0192-y.

[ZAN14] Zangemeister, C.: *Nutzwertanalyse in der Systemtechnik : Eine Methodik zur multidimensionalen Bewertung und Auswahl von Projektalternativen.* 5. Auflage 2014 (erweitert). Zangemeister & Partner, Winnemark, 2014. ISBN 978-3-923264-00-1.

[ZEN12] Zeng, K.; Pal, D.; Stucker, B.: *A Review of Thermal Analysis Methods in Laser Sintering and Selective Laser Melting.* University of Texas at Austin, 2012.

[ZEU14] Zeugner, T.: *Thermografische Charakterisierung eines Laserstrahlschmelzprozesses bei Metallwerkstoffen.* Masterarbeit, Universität Augsburg, 2014.

[ZHA18a] Zhang, K.; Fu, G.; Zhang, P.; Ma, Z.; Mao, Z.; Zhang, D.: *Study on the Geometric Design of Supports for Overhanging Structures Fabricated by Selective Laser Melting.* In: Materials (Basel, Switzerland), Jg. 12(1), 2018. ISSN 1996-1944. Verfügbar unter: doi:10.3390/ma12010027.

[ZHA18b] Zhang, K.; Mao, Z.; Fu, G.; Zhang, D.; Liu, C.; Li, Z.: *A feasible method of support slimming based on the different thresholds of polar angles in selective laser melting.* In: Materials & Design, Jg. 157, S. 501-511, 2018. ISSN 02641275. Verfügbar unter: doi:10.1016/j.matdes.2018.07.044.

[ZHA19] Zhang, S.; Lane, B.; Whiting, J.; Chou, K.: *On thermal properties of metallic powder in laser powder bed fusion additive manufacturing.* In: Journal of Manufacturing Processes, Jg. 47, S. 382-392, 2019. ISSN 15266125. Verfügbar unter: doi:10.1016/j.jmapro.2019.09.012.

[ZHA20] Zhang, X.; Wang, J.; Kang, J.; Rong, Y.; Duan, G.; Wu, P.; Zheng, L.: *The dynamic arch bending mechanism of flat bridge structure of AlSi10Mg during SLM process.* In: Materials &

Design, Jg. 188, S. 108469, 2020. ISSN 02641275. Verfügbar unter: doi:10.1016/j.matdes.2020.108469.

[ZHU07] Zhu, H.; Fuh, J.Y.H.; Lu, L.: *The influence of powder apparent density on the density in direct laser-sintered metallic parts.* In: International Journal of Machine Tools and Manufacture, Jg. 47(2), S. 294-298, 2007. ISSN 08906955. Verfügbar unter: doi:10.1016/j.ijmachtools.2006.03.019.

Anhang

A1 Versuchsplanung Charakterisierung der Ausgangssituation

Für die Bestimmung des Einflusses der Bauteilpositionierung und -orientierung auf der Bauplatte wurde zunächst ein Vorversuch durchgeführt. In diesem Rahmen wurden 20 Prüfkörper mit einem Überhangwinkel von $\delta = 45°$ und einer Schichtdicke von $d_z = 60$ µm an unterschiedlichen Positionen der Bauplatte in unterschiedlichen Ausrichtungen gefertigt und hinsichtlich der rel. Dichte und Oberflächenrauheit analysiert (vgl. Abbildung A1.1).

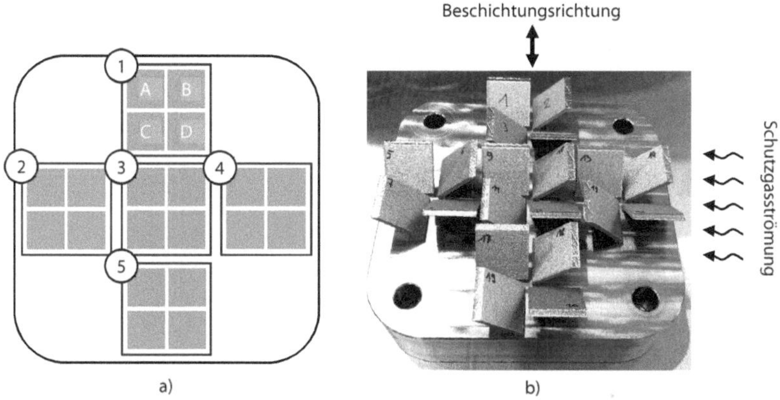

Abbildung A1.1: a) Abstrahierte Darstellung der variierten Positionierung und Orientierung der Prüfkörper sowie b) die gefertigten Prüfköper auf einer Bauplatte unter Angabe der Beschichtungsrichtung und des Schutzgasstroms

Die in den Abbildungen A1.2 bis A1.4 dargestellten Ergebnisse zeigen keinen signifikaten Einfluss der Bauteilpositionierung- und orientierung auf die rel. Dichte oder die Oberflächenrauheit der Prüfkörper. Folglich können die Prüfkörper im Rahmen der Versuche frei auf der Bauplatte angeordnet werden.

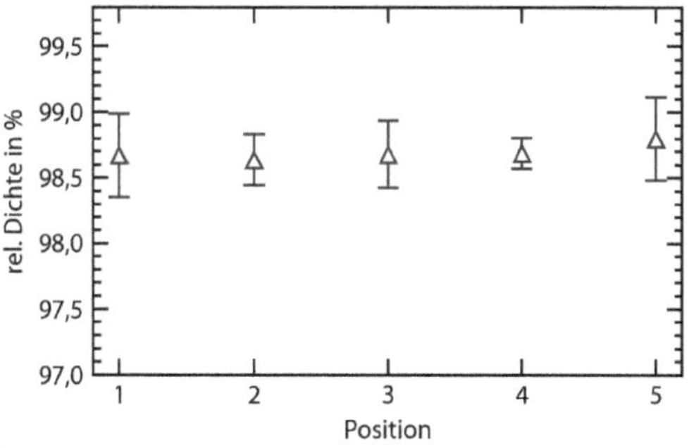

Abbildung A1.2: Rel. Dichte der Prüfkörper in Abhängigkeit der Positionierung auf der Bauplatte

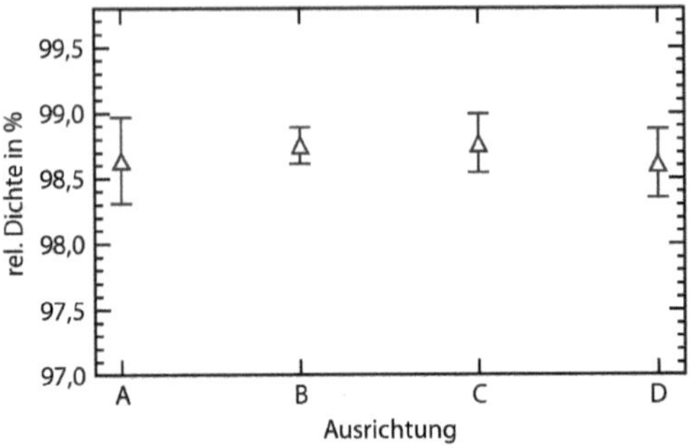

Abbildung A1.3: Rel. Dichte der Prüfkörper in Abhängigkeit der Positionierung auf der Bauplatte

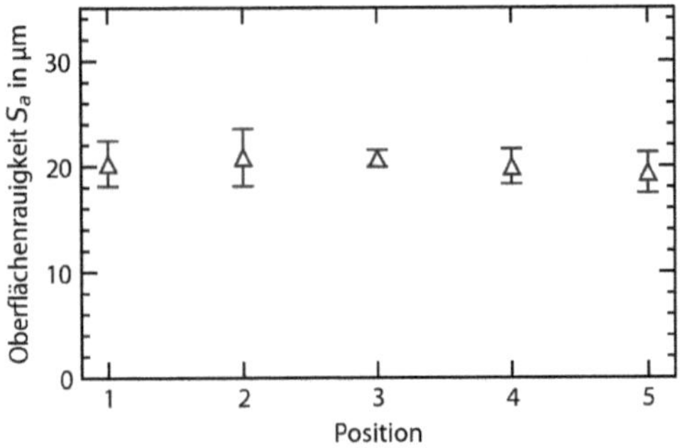

Abbildung A1.4: Rel. Dichte der Prüfkörper in Abhängigkeit der Positionierung auf der Bauplatte

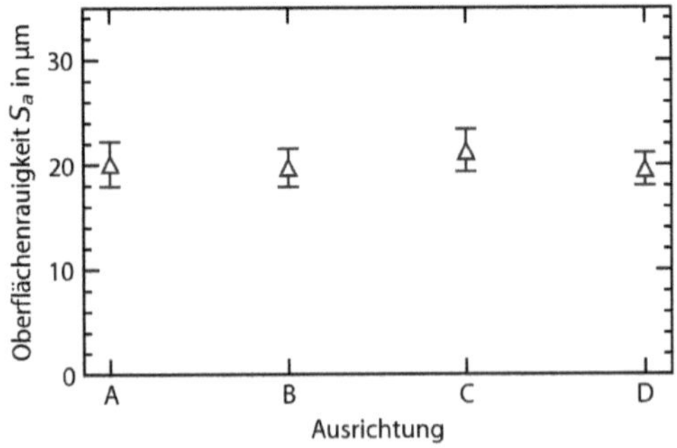

Abbildung A1.5: Rel. Dichte der Prüfkörper in Abhängigkeit der Positionierung auf der Bauplatte

Tabelle A1.1: Vollfaktorieller Versuchsplan Charakterisierung der Ausgangssituation

Einzelversuch	Überhangwinkel δ in °	Schichtdicke d_z in µm
1	10	30
2	15	30
3	20	30
4	25	30
5	30	30
6	35	30
7	40	30
8	45	30
9	60	30
10	90	30
11	10	60
12	15	60
13	20	60
14	25	60
15	30	60
16	35	60
17	40	60
18	45	60
19	60	60
20	90	60

A2 Bewertungsmaßstäbe der Nutzwertanalyse

Tabelle A2.1: Bewertungsmaßstab Wärmeleitfähigkeit

Punkte	Wärmeleitfähigkeit in W/m·K
1	<10
2	<50
3	<200
4	<500
5	>500

Tabelle A2.2: Bewertungsmaßstab Kosten

Punkte	Kosten in €/kg
1	>3000
2	<3000
3	<1000
4	<500
5	<200

Tabelle A2.3: Bewertungsmaßstab Temperaturbeständigkeit

Punkte	Schmelzpunkt in °C
1	<1100
2	<1700
3	<2300
4	<2900
5	>2900

Tabelle A2.4: Bewertungsmaßstab Reaktivität mit Sauerstoff

Punkte	Reaktivität mit Sauerstoff
1	selbstentzündend
2	hochentzündbar
3	brennbar
4	schwer entzündbar
5	nicht brennbar

Tabelle A2.5: Bewertungsmaßstab humantoxische Gefährdungen

Punkte	humantoxische Gefährdungen
1	Sehr hoch
2	Hoch
3	Mittel
4	Gering
5	Vernachlässigbar

Tabelle A2.6: Bewertungsmaßstab Reaktivität mit Wasser

Punkte	Interaktion mit Wasser
1	reaktiv
2	-
3	löslich
4	-
5	unlöslich

Tabelle A2.7: Bewertungsmaßstab Dichteunterschied

Punkte	Dichteunterschied in g/cm3
1	<1
2	<2
3	<3
4	<4
5	>4

A3 Datenblätter Pulverwerkstoffe

Technical Data Sheet

Silicon(IV)carbide

Date Issued: 2022-07-04

1 IDENTIFICATION OF THE SUBSTANCE/PREPARATION AND THE COMPANY / UNDERTAKING

Product name	Silicon(IV)carbide
Product code	NC-0002-HP
Supplier	IoLiTec Ionic Liquids Technologies GmbH Im Zukunftspark 9 D-74076 Heilbronn Germany
Telephone	+49 (0)7131 - 898390
Fax	+49 (0)7131 - 89839109
Emergency telephone	+49 (0)176 - 84850874

2 COMPOSITION / INFORMATION ON INGREDIENTS

Ingredient name	Silicon(IV)carbide
Empirical Formula	SiC
CAS No.	409-21-2
Molecular weight	40.10 amu
Purity	99 %
Average particle size	60 nm
Specific Surface Area	30 m^2/g
Color	gray green
Morphology	spherical
Crystall Phase	cubic
Loose loading density	0.05 g/cm^3

io·li·tec nanomaterials

Technical Data Sheet

Silicon(IV)carbide

Date Issued: 2022-07-04

3 X-RAY DIFFRACTION PATTERN

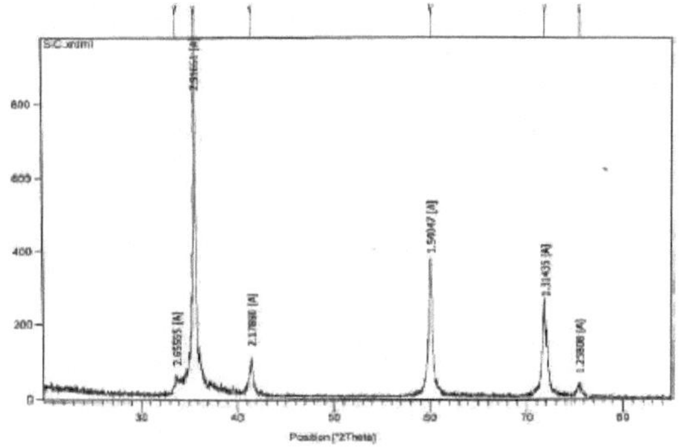

Crystal phase: cubic SiC

4 OTHER INFORMATION

DISCLAIMER

THE ABOVE INFORMATION IS BELIEVED TO BE CORRECT BUT DOES NOT PURPOPOSED TO BE ALL INCLUSIVE AND SHALL BE USED ONLY AS A GUIDE. IOLITEC SHALL NOT BE HELD LIABLE FOR ANY DAMAGE RESULTING FROM HANDLING OR FROM CONTACT WITH THE ABOVE PRODUCT. THIS INFORMATION RELATES ONLY TO THE SPECIFIC MATERIAL DESIGNATED AND MAY NOT BE VALID FOR SUCH MATERIAL USED IN COMBINATION WITH ANY OTHER MATERIALS OR ANY PROCESS. IT IS THE USERE'S RESPONISIBILTY TO SATISFY HIMSELF AS TO THE SUITABILITY OF SUCH INFORMATION FOR HIS OWN PARTICULAR USE.

IN NO WAY SHALL IOLITEC BE LIABLE FOR ANY CLAIMS, LOSSES OR DAMAGES OF ANY THIRD PARTY OR FOR THE LOST PROFITS OR ANY SPECIAL, INDIRECT, INCIDENTAL, CONSEQUENTIAL OR EXEMPLARY io·li·tec nanomaterials

Technical Data Sheet

Silicon(IV)carbide

Date Issued: 2022-07-04

DAMAGES, HOWSOEVER ARISING, EVEN IF THE COMPANY HAS BEEN ADVISED OF THE POSSIBILITY OF SUCH DAMAGES.

NC-0002-HP Page: 3/3

Abbildung A3.1: Werkstoffdatenblatt Nano-SiC

Werkstoffdatenblatt Siliciumcarbid | *Material Data Sheet Silicon Carbide* ESK-SIC GmbH

E-SINSIC 6, 10, 13, 15, 25

Typische Werte | *Typical values*

Chemische Analyse (%) / *Chemical analysis (%)* nach / *according to ISO 9286*	E-SINSIC 6	E-SINSIC 10	E-SINSIC 13	E-SINSIC 15	E-SINSIC 25
SiC	98,6	98,4	97,9	97,6	97,2
$C_{frei / free}$	0,50	0,50	0,50	0,50	0,50
$Si_{frei / free}$	0,20	0,20	0,30	0,40	0,40
$SiO_{2\,frei / free}$	0,60	0,80	1,20	1,40	1,80
Fe	0,05	0,05	0,05	0,05	0,05

Kornverteilung (µm) / *Grain size distribution (µm)*	Bestimmungsmethode / *Measurement method* Laserbeugung, nass / *Laser diffraction, wet*				
d_{s10}	4,5	2,2	1,5	1,4	1,2
d_{s50}	1,8	0,9	0,8	0,7	0,3
d_{s90}	0,6	0,2	0,2	0,2	0,1
Spezifische Oberfläche *Specific surface (m^2/g)* BET, ESK - AAW	6	10	13	15	25

Die angegebenen Werte sind typische Werkstoffkenndaten und sind als Richtwerte nicht zur Erstellung von Spezifikationen bestimmt. Sie unterliegen einer produktionsbedingten Toleranz und entsprechen dem derzeitigen Stand der Technik. Änderung der Produktkenndaten im Rahmen des technischen Fortschritts oder durch betrieblich bedingte Weiterentwicklung behalten wir uns vor.

Eine Verletzung Schutzrechte Dritter ist selbst zu überprüfen und gegebenenfalls zu beseitigen.

The data quoted in this leaflet are typical for the material. They are intended as a guide and should not be used in preparing specifications. The product data may deviate from the figures given and represent our latest findings. We reserve the right to alter product data with the scope of technical progress of new developments.

Recommendations given do not absolve the user from the obligation of investigating the possibility of infringement of third parties' rights and, if necessary, clarifying the situation.

Stand 20. Juli 2015.E-SINSIC 6 ...25 07_15.docx

ESK-SIC GmbH • Günter-Wiebke-Straße 1 • 50226 Frechen-Grefrath • Germany
Tel. +49 (0) 22 34-512-0 • Fax +49 (0) 22 34-512-100 • info@esk-sic.com • www.esk-sic.com

Abbildung A3.2: Werkstoffdatenblatt E-SINSIC 25

H.C.Starck

Number PD-9018
Issue 2-20.05.2016

STARCERAM® S UF

Chemical Formula	SiC
Chemical Name	Silicon Carbide
Description of Product	Alpha Phase SiC
Colour	Light grey
Grades Available	SiC Grade UF-05 SiC Grade UF-10 SiC Grade UF-15 SiC Grade UF-25

Chemical Characteristics
(Mass fraction in % [cg/g]; ppm [µg/g])

	Grade UF-05	**Grade UF-10**	**Grade UF-15**	**Grade UF-25**
C	29.50- 30.50 %	29.50- 30.50 %	29.0 - 30.0 %	28.50- 29.50 %
O	max. 0.70 %	max. 1.10 %	max. 1.50 %	max. 2.50 %
Al	max. 0.03 %	max. 0.03 %	max. 0.03 %	max. 0.04 %
Ca	max. 0.01 %	max. 0.01 %	max. 0.01 %	max. 0.01 %
Fe	max. 0.05 %	max. 0.05 %	max. 0.05 %	max. 0.05 %

Physical Characteristics

α-SiC	Acheson type mainly 6 H polytype			
Specific Surface Area[1)]	4 - 6 m²/g	9 - 11 m²/g	14 - 16 m²/g	23 - 26 m²/g
Green Density[2)]	1.7 - 1.9 g/cm³	1.65- 1.8 g/cm³	1.6 - 1.8 g/cm³	1.5 - 1.7 g/cm³
Particle Size Distribution[3)]	Typical Values	Typical Values	Typical Values	Typical Values
D 90 %	6.0 µm	2.2 µm	1.5 µm	1.0 µm
D 50 %	2.2 µm	0.9 µm	0.75 µm	0.65 µm
D 10 %	0.6 µm	0.45 µm	0.4 µm	0.35 µm

The data indicated relates to the test specimens from which it was obtained and is not unconditionally applicable to other forms of the same material. The data must, therefore, be regarded as indicative only.

1) AREAMETER II by BET DIN 66 132; 2) 10^3 kg/cm³; 3) MASTERSIZER 2000 by Laser Light Diffraction per ISO 13320, deagglomeration with high energy ultrasonic before analysis.

1/2

H.C. Starck

Number	PD-9018
Issue	2-20.05.2016

Product Description and Applications

SEM Photomicrograph; scale see photograph

SEM Photomicrograph
scale see photograph,
-α-SiC Grade UF-15

Packaging 25 kg steel drums with polyethylene inlet.
12 drums on euro-pallet (800x1200) = 1 Packaging unit of 300 kg.
Other packaging/quantity on request.

Storage and Handling Storage and handling are subject to the rules and regulations in the country of use.
Store in a closed container.

Hazards identification in Advertising (REGULATION (EC) No 1272/2008 Article 48)
None.

Documentation An inspection document in accordance with EN 10204 is supplied with every shipment.

H.C. Starck Ceramics GmbH
Lorenz-Hutschenreuther-Str. 81
95100 Selb/Germany
Phone +49 9287 807-0, Fax +49 9287 807-477

H.C. Starck

Further contact addresses info@hcstarck.com www.hcstarck.com

2/2

Abbildung A3.3: Werkstoffdatenblatt UF-15

œrlikon
am

Additive Manufacturing
Ti-6Al-4V Grades 5 and 23 (ELI)

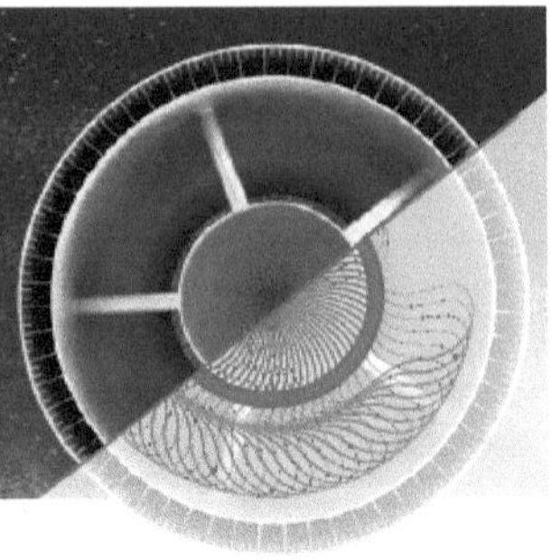

Designed for Processing in Laser Powder Bed Fusion (PBF-LB), Electron Beam Powder Bed Fusion (PBF-EB) or Directed Energy Deposition (DED) Systems

MetcoAdd™ Ti64 is a family of alpha-beta Ti-6Al-4V powders with chemistry per ASTM B348 Grades 5 or 23 (ELI). The powder has been manufactured from bar stock using an EIGA process which ensures alloy powder with high purity and spherical morphology. These alloys are known for high strength to weight ratio and excellent corrosion resistance.

Room temperature static properties of PBF-LB processed and heat treated material coupons have been shown to be comparable to those of ASTM F2924 and F3001 for respective Grades.

For reference purposes Oerlikon has processed MetcoAdd Ti64 G5-B and G23-A using PBF-LB with default parameters and 60 µm layer thickness to provide data below. Parameters for Ti-64 G23-E may be developed to enable use in the PBF-EB or DED processes.

Applications

- Aerospace and defense
- Automotive and racing
- Medical and dental
- Maritime
- High-end sports equipment
- Jewelry and art

Typical Post Heat Treatment Properties (Ti-64 G5-B, Ti-64 G23-A) [1] [2] [3]

	G5-B, EOS M290	G23-A, EOS M290	Test Method
Ultimate Tensile Strength (MPa), XY/Z	1075±5 / 1089±4	998±8 / 1008±9	ASTM E8
Yield Strength (MPa), XY/Z	972±4 / 1006±5	889±6 / 992±15	
Elongation at break (%), XY/Z	15±0.5 / 17±1	17±0.4 / 17.5±0.4	
Hardness HRC	36	34	ASTM E384-17
Density, g/cc	4.3	4.3	Archimedes

[1] Disclaimer: All data published in this datasheet has been shared for reference purposes only and is not sufficient to design or certify parts. No warranty or guarantee is made against these results.
[2] Bounds are based on one standard deviation of each population with ten samples per orientation. Test specimens were 6.35 mm diameter round bars machined from coupons 75×13×75mm (x,y,z). Direction XY data is an average of both X and Y horizontal build orientations.
[3] Vacuum Heat Treatment of all Ti-6Al-4V batches shall be conducted in accordance to AMS 2801, under vacuum (1.3x10-3 to 1.3x10-5 mbar) at a temperature of 800±10°C; hold at temperature for 2 hours ± 30 minutes, followed by cooling under inert argon atmosphere at a rate equivalent to air cool or faster

Post Heat Treatment Microstructure (×100 magnification, Vertical Build Direction)

MetcoAdd Ti64 G23-A (100×, Etched)

MetcoAdd Ti64 G5-B (100×, Etched)

MetcoAdd Ti-64 G23-A
MetcoAdd Ti-64 G5-B

Chemical Composition

	Weight percentage (nominal)										
	Ti	Al	V	O_2	N_2	C	H_2	Fe	Y	other elements each	total all others
MetcoAdd Ti64 G23-A	Balance	5.5−6.5	3.5−4.5	<0.13	≤0.05	≤0.08	≤0.015	≤0.25	≤0.005	≤0.10	≤0.40
MetcoAdd Ti64 G23-E	Balance	5.5−6.5	3.5−4.5	<0.13	≤0.05	≤0.08	≤0.015	≤0.25	≤0.005	≤0.10	≤0.40
MetcoAdd Ti64 G5-B	Balance	5.5−6.75	3.5−4.5	≤0.20	≤0.05	≤0.08	≤0.015	≤0.40	≤0.005	≤0.10	≤0.40

Particle Size Distribution

	Nominal Range [µm]	D90 [µm]	D50 [µm]	D10 [µm]
MetcoAdd Ti64 G23-A	-45+15	50	32	18
MetcoAdd Ti64 G23-E	-106+45	–	–	–
MetcoAdd Ti64 G5-B	-63+20	60	43	25

For the nominal range, particle size analysis 45 µm or above measured by sieve (ASTM B214), analysis below 45 µm by laser diffraction (ASTM C 1070, Microtrac). Fractional analysis (D90, D50, D10) are nominal values by laser diffraction.

Product Information

Classification	Alpha-beta alloys, Titanium Base
Chemistry	Ti-6Al-4V
Manufacture	EIGA (Electrode Induction Melting Gas Atomization)
Morphology	Spherical
Apparent Density	>2.0 g/cm³ (typical)
Process	Laser Powder Bed Fusion (PBF-LB), Electron Beam Powder Bed Fusion (PBF-EB), Directed Energy Deposition (DED)
Safety Data Sheet	Ti64 G23-A: 50-2100 Ti64 G23-E: 50-2106 Ti64 G5-B: 50-2100 www.oerlikon.com/metco
Package size	2.5 kg/5.5 lb approx. (stock)
Distribution	Global; See export control requirements
Order No.	Ti64 G23-A: 1315894 Ti64 G23-E: 1315895 Ti64 G5-B: 1315896

Usage Recommendations

- Blend and dry contents prior to use to prevent segregation and flowabilty issue
- Keep in the original container, or an approved alternative, tightly closed when not in use
- Powder from previously opened containers should be stored in a humidity-controlled environment

Export Control

MetcoAdd Ti-6Al-4V powder and printed products are subject to the U.S. Export Administration Regulation (EAR). These products are classified as ECCN 1C002.b.3 with NS Column 2, NP Column 1, AT Column 1 controls within the regulation. All shipments of MetcoAdd Ti-6Al-4V powder and printed products outside of the United States, in any quantity, may require an export license through BIS (Bureau of Industry and Security, U.S. Department of Commerce). Complete information regarding licensing requirements and policies, as well as the full EAR text, can be found at www.bis.doc.gov.

oerlikon
am

28 Ni Nickel | 27 Co Cobalt | 26 Fe Iron | 22 Ti Titanium

AM Metal Powder Portfolio

Check our full portfolio at https://www.oerlikon.com/am/en/offerings/metal-powders or contact us at am@oerlikon.com

We have a broad range of existing alloys, supported by ongoing development. We also know that current off-the-shelf solutions in AM cannot answer every production need. Our R&D teams can rapidly design, optimize, and produce new and custom alloy chemistries for pilot atomization and AM validation in our production facilities.

www.oerlikon.com/am

Abbildung A3.4: Werkstoffdatenblatt Ti-6Al-4V

A4 Versuchsplanung Analyse der Tinte-Metallpulver-Interaktion

Tabelle A4.1: Vollfaktorieller Versuchsplan für die Analyse der Tinte-Metallpulver-Interaktion

Einzelversuch	Tintenauftragsmenge V_T in 10^5 pl/mm³	Schichtdicke dz in µm	Bauplattentemperatur T_B in °C
1	0,4	30	20
2	1,6	30	20
3	2,4	30	20
4	0,4	60	20
5	1,6	60	20
6	2,4	60	20
7	0,4	30	50
8	1,6	30	50
9	2,4	30	50
10	0,4	60	50
11	1,6	60	50
12	2,4	60	50

A5 Versuchsplanung Analyse des Einflusses des Tintenauftrags auf den PBF-LB/M-Prozess

Tabelle A5.1: Optimaler Versuchsplan für die Analyse des Einflusses des Tintenauftrags auf den PBF-LB/M-Prozess

Einzelversuch	Überhangwinkel δ in °	Schichtdicke d_z in µm	Tintenauftragsmenge V_T in 10^5 pl/mm³
1	10	30	2,10
2	15	30	2,10
3	20	30	2,10
4	30	30	2,10
5	40	30	2,10
6	60	30	2,10
7	10	30	4,20
8	15	30	4,20
9	20	30	4,20
10	30	30	4,20
11	40	30	4,20
12	60	30	4,20
13	10	60	1,05
14	15	60	1,05
15	20	60	1,05
16	30	60	1,05
17	40	60	1,05
18	60	60	1,05
19	10	60	2,10
20	15	60	2,10
21	20	60	2,10
22	30	60	2,10
23	40	60	2,10
24	60	60	2,10

Betreute studentische Arbeiten

Im Kontext der Themenstellung der vorliegenden Dissertation entstanden im Zeitraum von 2020 bis 2024 die folgenden studentischen Arbeiten am Lehrstuhl Umweltgerechte Produktionstechnik der Universität Bayreuth unter Betreuung durch den Autor. Die erarbeiteten Ergebnisse sind teilweise in die vorliegende Arbeit eingeflossen. Allen Studierenden wird in diesem Zusammenhang herzlich für ihre Unterstützung gedankt.

Sophia Frey

Praxisevaluierung von Softwaretools für die Konstruktion und Prozessvorbereitung in der additiven Fertigung, Masterarbeit, 2020.

Andreas Huber

Analyse des Einflusses der Wärmeleitfähigkeit des Pulverbettes beim additiven Fertigungsverfahren Laserstrahlschmelzen, Bachelorarbeit, 2021.

Fabian Lucas

Entwicklung einer Methodik zur prozessnahen Bestimmung der Wärmeleitfähigkeit des Pulverbettes beim Laserstrahlschmelzen, Bachelorarbeit, 2022.

Lukas Hampel und *Christopher Fischer*

Methodische Auswahl und Validierung wärmeleitender Nanopartikel für den Einsatz beim Laserstrahlschmelzen, Teamprojektarbeit, 2022.

Felix Krohn

Analyse des Einflusses von Siliziumcarbid-Tinte auf die Bauteileigenschaften in überhängenden Bauteilbereichen beim pulverbettbasierten Schmelzen von Metallen mittels Laserstrahl, Masterarbeit, 2023.

Patrick Looshorn

Potentiale der Partikelapplikation mittels Inkjet-Druck beim pulverbettbasierten Schmelzen von Metallen mittels Laserstrahl, Masterarbeit, 2024.

Kolibri 360 GmbH
Ferdinand-Jühlke-Straße 7
99095 Erfurt, Deutschland
produktsicherheit@kolibri360.de